上古汉语
服饰词汇研究

关秀娇 著

社会科学文献出版社
SOCIAL SCIENCES ACADEMIC PRESS (CHINA)

吉林省社会科学基金项目研究成果

《上古汉语服饰词汇研究》

（项目编号：2016B266）

序

关秀娇于 2011 年来我们文学院汉语言文字学专业攻读博士学位，研究方向确定为汉语词汇与训诂，2016 年以博士论文"上古汉语服饰词汇研究"通过答辩并获得博士学位。近几年来，通过对论文的不断修改，加深研究力度，形成了一部很厚重的学术著作。作为她当年读书期间的指导教师，我为此感到由衷的高兴，祝贺她在学术研究中又向前跨越了一大步。

本书的选题很有意义，但凡研究古代汉语词汇的人都知道，专业词汇研究在其中占有极其重要的地位。词汇是社会生活的反映，古人所谓的衣食住行，衣，是排在首位的，在语言中表现这些名物的词汇，则具有相当重要的研究价值。比如，原始人类刚刚从自然脱离出来时，是不会制作衣服的，后来在生产中为了防止身体前部被野外的荆棘等擦伤，便会弄来一些野草晒干，编成类似草帘子的东西绑在腰间，犹如今日的围裙，这个名物反映在汉语言词汇里就是"韨"，《左传·桓公二年》"衮冕黻珽"孔颖达正义："郑玄《诗》笺云：'韨，大古蔽膝之象也。……以韦为之。'……《诗》云'赤韨在股'，则韨是当股之衣，故云'以蔽膝'也。郑玄《易纬乾凿度》注云：'古者田渔而食，因衣其皮，先知蔽前，后知蔽后。后王易之以布帛，而独存其蔽前者，重古道而不忘本也。'……《士冠礼》'士服皮弁玄端'，皆服韠（韠），是他服谓之韠。……经传作'黻'，或作'韨'，或作'韨'，音义同也。……魏、晋以来，用绛纱为之，是其古今异也。以其用丝，故字或有为'绂'者。"因此"韨"是人类跨入文明社会的标志之一。后来随着社会生活的演进，韨只作为一种早期文明的标志，遗留在服饰样式的群体中，但已不是草编之物了，质料上或以皮革，或以丝绵，以革者汉字为'韠'，以丝绵者汉字为'绂'，追本溯源，名异而实同。

早期的血缘家族社会，服饰成为别尊卑贵贱的重要标志之一，天子有冕服，群臣有朝服。贵族阶层按照社会生活的内容，在服饰上以礼的标准，有吉服，凶服。吉礼有吉服，凶礼有丧服，在早期的宗教观念下，尤其是丧服，是一个十分庞大的服饰系统。就丧礼来说，死者的亲属在治丧期间，要按一定的礼仪穿不同的丧服。据《仪礼·丧服》所记，丧服的规格是由重至轻，分为斩衰、齐衰、大功、小功、缌麻五个等级，又称五服。五服是按与死者血缘关系的远近来分别的。斩衰，五服中最重的一种，是用粗麻布制成的丧服，左右和下边不缝。与之配套的服饰有苴绖、杖、绞带、冠绳缨、菅屦。苴绖是用已结籽雌麻纤维织成的粗麻布带子，共有两条，一条作为腰带，称腰绖，另一条用来束发固定帽子，称首绖。绞带是用绞麻制成的绳子，与腰带相似，它的作用是代替平日礼服的革带，用来系蔽膝。冠绳缨是用麻绳为缨做成的丧冠。菅屦，是用菅草编的草鞋。齐衰，次于斩衰，因其丧服缉边缝齐，因此称齐衰。大功又次于齐衰，丧服用熟麻布制成，比齐衰稍细，比小功又粗一些，故称大功。小功又次于大功一等，丧服用熟布制成，其熟布比大功的更细一些。缌麻是五服中最轻一级的丧服，即每幅麻布抽掉一半麻缕，使质地变软，因而称缌麻。

　　汉代以后，汉语的早期分类词典开始出现，其中开始涉及服饰词汇。《小尔雅·广服第六》："治丝曰织，织，缯也。麻纻葛曰布，布，通名也。纩，绵也。絮之细者曰纩，缯之精者曰缟，缟之麤者曰素，葛之精者曰绤，麤者曰绤。在首谓之元服。弁髦，太古布冠，冠而敝之者也。……绂谓之绶，襜褕谓之童容，布褐而纮之谓之蓝缕。袴谓之褰，蔽膝谓之袡，带之垂者谓之厉。大巾谓之幂，覆帐谓之幄，幄，幕也。……在足谓之履，履尊者曰达履，谓之金舄而金絇也。"这一段文字虽然简短，但涉及的内容十分丰富，第一，涉及今人为之分类的首服名物词、体服名物词、足服名物词三大类别。第二，涉及一些服饰词汇同义词之间的细微差别及辨析，如"葛之精者曰绤，麤者曰绤"等。第三，涉及一些服饰词汇方言词之间的问题，如"襜褕谓之童容，布褐而纮之谓之蓝缕"，《小尔雅》注家有很好的解释。宋咸注："《方言》云：'楚谓凡人贫衣破丑敝为蓝缕，谓敝衣也。'言其缕破蓝蓝然。"王煦曰："《左氏宣十二年传》'荜路蓝缕'，杜注：'蓝缕，敝衣也。'正义引服虔曰：'言其缕破蓝蓝然。'即其义也。"宋翔凤曰："《方言》四：'褕谓之褴，无缘之衣谓之褴。'又云：'楚谓无缘之衣曰褴，纮衣谓之褛，秦谓之致。自关而西秦、晋之

闲无缘之衣谓之 。'《方言》三：'褛裂、须捷，斯败也。南楚凡人贫，衣被丑敝谓之须捷，或谓之褛裂，或谓之褴褛。故《左传》曰"荜路褴褛以启山林"，殆谓此也。'《方言》'衣被'，宣十二年《左传》《小尔雅》旧注引《方言》'被'并作'破'，则今本误也，谓无缘之衣又加以缝纫，故云褴褛。……今宣十二年《左传》作'蓝缕'，与《小尔雅》同，皆叚藉字。正义引服虔云'言其缕破蓝蓝然'，非正训也。蓝缕，《楚世家》作'蓝娄'。"朱骏声曰："蓝缕，双声连语，敝意也。"

综上，先秦时期的汉语服饰词汇，是一个庞杂的词义系统，作为研究课题，也是一个复杂选题。值得赞许的是，作者对此并没有采取回避的态度，而是在综合分析前人成说的基础上，从收集第一手资料做起，对于大量的服饰词语，对勘比较，复烦考证，力求追本溯源。首先，将封闭起来的服饰词汇分为首服名物词、体服名物词、足服名物词、服色词、服饰材料词五个类别进行分类描写；其次，进行服饰词汇的历时演变研究，探索这类专业词汇在词义演变过程中出现的某些规律性的现象，体现出作者清晰的研究思路。

关秀娇博士在读书期间，还承担着所任职学校大量的教学任务及一些行政性的工作，在撰写论文的日子里，能够排除杂扰，潜下心来，力攻疑难问题，这种治学精神值得提倡。希望她在学术研究的领域，再接再厉，不断有新的成果问世。

东北师范大学文学院教授、博士生导师

傅亚庶

2019 年 2 月

目　录

下编　上古汉语服饰词汇历时演变研究

前　言

　　词汇史研究是汉语史研究最薄弱的部分。词汇研究工作非常复杂：概括说，包括词汇构成研究和词义演变研究；具体说，既要完成每个历史时期、每类词汇的成员面貌与变化情况的研究，还要完成每个词在整个词汇史上的词义演变情况研究，从而总结出词汇系统性词义演变的原因、结果等规律，最终建立起词汇史。上古汉语服饰词汇研究是汉语词汇史的一小部分基础研究，旨在描写上古时期服饰类词汇全貌的基础上，探讨上古服饰词汇及词义演变规律和演变动因。

　　上古汉语词汇，是汉语词汇研究的源头，今天的基本词汇及整个汉语词汇及词义演变的规律、特征、机制，都应溯源到上古时期。上古汉语服饰词汇研究以上古时期家族庞大的服饰词汇为研究对象，首先借鉴汉语专类词汇研究的方法，对上古汉语服饰词语划分语义类别，描绘上古时期服饰词汇的概貌，考察上古汉语服饰词在上古时期共时层面的静态分布与语义差异，然后再进行上古汉语服饰词的词义历时演变研究，分析上古汉语服饰词汇及词义演变的规律及动因，希望能以服饰词汇为代表探索汉语词汇及词义演变的规律、机制。

　　上古汉语服饰词，包括上古汉语服饰名物词、上古汉语服色词、上古汉语服饰材料词。上古汉语服饰词汇研究属于特定语义范畴的断代研究，本书采用徐朝华对汉语词汇史分期的观点，将上古时期限定在东汉以前，殷商到春秋中期为上古前期，春秋后期到战国末期为上古中期，秦汉时期为上古后期。选取上古时期的二十部典范传世文献作为研究的语料，具体有：上古前期的《尚书》《诗经》《周易》，上古中期的《周礼》《仪礼》《春秋左传》《论语》《孟子》《庄子》《荀子》《韩非子》《吕氏春秋》《老子》《商君书》《管子》《孙子》，上古后期的《礼记》《战国策》《淮南子》《史记》。词汇使用情况的测查还借助了台北中研院的汉籍电子文献。主要参考的字典辞书有《汉语大词典》《汉语大字典》《王力古汉语字典》《康熙字典》《说文解字》《尔雅》《释名》等。

有些服饰词由于异体、通假等原因，出现异形同词的情形，对于属于同一个词的异体字、古今字、通假字，本书将其合并为一个词，以"A/B/C/……"的形式录入研究范围。本书用简化字完成，对于语料中与今天简化字对应的古字、异体字基本保持语料的用字原貌。

上古汉语服饰词汇研究以传统训诂学研究成果为基础，综合传统训诂学和现代词义学研究的方法，借鉴认知语义学的相关理论开展研究工作。采用的研究方法有：（1）描写与解释相结合。首先，对上古传世文献中的汉语服饰词汇进行测查，确定上古汉语服饰词词汇系统的基本面貌，按照语义特征划分类别，进而通过对比分析词项之间的同与异，从而描写上古汉语服饰词词汇系统面貌并揭示上古汉语服饰词的聚合特点与演变规律。其次，对上古汉语服饰词汇的词义引申情况进行全面考察与描写，进而探究词义引申的规律与动因。（2）定性与定量相结合。对于辞书与字书中见到的上古汉语服饰词进行穷尽性的测查，在定量测查的基础上再进行定性分析，将统计数据与典型例句相结合，考察词义特征与演变规律。（3）共时与历时相结合。共时静态描写上古汉语服饰词词汇系统基本面貌与考察词汇词义历时动态演变相结合，从而揭示上古时期汉语服饰词汇的产生发展与演变规律，探究上古汉语服饰词汇词义演变规律。（4）历史文献和文化参照相结合。对于词义的解释，既充分考察辞书与文献的注解，又注意参考上古服饰词语在文化方面的考证，对同类别词语尽量全面、细致地进行对比分析。

上古汉语服饰词的搜集、整理，词义引申情况的描写等，难免存在疏漏，敬请大方之家批评指正。上古汉语服饰词汇历时演变研究还有待于进一步细化并深入，日后定当再接再厉。

本书稿是在我的博士论文基础上修改而成的。在撰写过程中，我的导师傅亚庶教授给予了全面而细致的指导，在此对我的老师深表谢忱！此书得以出版，我所工作的学校和单位给予了大力支持，感谢给予我支持的各位领导！社会科学文献出版社非常注重编校质量，工作效率高，在本书出版过程中我们沟通合作非常愉快，编辑工作谨慎细致，在此对诸位一并表示感谢！

关秀娇

2019 年 6 月

上古汉语服饰词汇共时分类描写

服饰，从广义上说，包括服装与佩饰两方面，狭义上指服装。本书取服饰的狭义，服饰词汇指服装类词语。上古时期汉语服饰词汇非常丰富，本书重点研究上古汉语服饰名物词、服色词、服饰材料词。

　　服饰名物词、服色词、服饰材料词是上古汉语服饰词汇非常重要的三个方面。为描写清晰和行文方便，本书首先将服饰名物词分为首服名物词、体服名物词、足服名物词三个类别，并分别单列为一章进行分类描写，然后将服色词、服饰材料词各列为一章进行分类描写。

第一章　首服名物词

首服,指头上的冠戴服饰。上古冠戴服饰的产生始于生产生活的现实需要,束发、拭汗、保暖的需求,产生了缅、巾、帽等物,随着社会的发展,礼制的繁复,冠戴服饰也越来越复杂,首服词语亦随之丰富起来。

高春明在《中国服饰名物考》中指出:"古代首服有三大类别:一类为冠,一类为巾,一类为帽。三种首服用途不一:扎巾是为了敛发,戴帽是为了御寒,戴冠是为了修饰。巾、帽二物注重实用,冠则注重饰容。"①

上古时期首服名物词有冠、元服、冕、弁、委貌、毋追、章甫、冔、收、缁撮、皇、缅、巾、帻、免/绕(wèn)、笠、胄;以冠为类义素的首服名物词有皮冠、练冠、丧冠、厌冠、玄冠、素冠、黄冠、缘冠、缟冠、缁布冠、衰冠、鹬冠、圜冠、布冠、獬冠;以冕为类义素的首服名物词有希冕、麻冕;以弁为类义素的首服名物词有皮弁、韦弁、爵弁、雀弁、綦弁、弁绖;以笠为类义素的首服名物词有草笠、台笠。

首服配件名物词有笄、簪、衡、统、纮、綖、缨、矮、瑱、充耳、武、玉藻、旒;以笄为类义素的首服配件名物词有玉笄、象笄、箭笄、吉笄、恶笄。

第一节　冠类名物词

古代戴冠是"礼"的需要,冠类服饰具有明礼仪、别身份的作用。在不同历史时期冠的名称有细微的变化,不同场合又有不同的冠服,于是又产生了具有区别意义的较低一级语义类别的首服词,如"冠、冕、弁"等,我们把这一层级的首服冠类名物词称之为广义冠类名物词,属

---

① 高春明:《中国服饰名物考》,上海文化出版社,2001,第190页。

于冠类名物词的一级专名；随着社会的发展和名物的丰富，又产生了以一级专名"冠、冕、弁"为类义素的冠服名物词，它们属于冠类名物词的二级专名，其中以专名"冠"为类义素的首服名物词，我们称之为狭义冠类名物词。

上古时期首服冠类名物词及其层级关系见表1-1。

表1-1　上古首服冠类名物词汇总

总名	一级专名	二级专名	功用
冠	冠	玄冠	朝服
		黄冠	祭服
		缟冠	丧服
		练冠	
		丧冠	
		厌冠	
		衰冠	
		缫冠	
		素冠^1	
		素冠^2	宾礼之服
		鹬冠	
		圜冠	
		缁布冠	
		獬冠	
		皮冠	打猎之服
		布冠	燕服
	冕	希冕	祭服
		麻冕	丧服
	弁	皮弁	吉服
		韦弁	戎服
		爵弁	祭服
		綦弁	吉服
		雀弁	吉服
		弁绖	丧服
	委貌		周之朝服[①]

续表

总名	一级专名	二级专名	功用
冠	冔		殷之祭服②
	章甫		殷之朝服
	收		夏之祭服③
	毋追		夏之朝服
	缁撮		宾礼之服
	元服		嘉礼之服
	皇		祭服

①《仪礼·士冠礼》："委貌，周道也；章甫，殷道也；毋追，夏后氏之道也。"根据此记载和诸家的注疏推测，委貌、章甫、毋追的功用当如此。

②《仪礼·士冠礼》："周弁，殷冔，夏收。"《释名·释首饰》"冔，亦殷冠名也。"《玉篇》："冔，殷之冕也。"根据以上记载推测"冔"功用当如此。

③《释名·释首饰》："收，夏后氏冠名也。"《仪礼·士冠礼》："周弁，殷冔，夏收。"《礼记·王制》："夏后氏收而祭。"《史记·五帝本纪》："黄收纯衣。"裴骃集解引《太古冠冕图》："夏名冕曰收。"根据以上记载推测"收"功用当如此。

一　广义冠类名物词

广义冠类名物词是指以总名之"冠"为类义素的首服专名。广义冠类名物词上古时期共有 11 个，分别是冠、冕/绖、弁、元服、委貌、章甫、毋追/追、冔、收、缁撮、皇。

（一）广义冠类名物词词项语义特征

【冠】

"冠"是古代成年人礼帽的总称。《说文·冖部》："冠，絭也。所以絭发，弁冕之总名也。"宋徐铉校定引徐锴曰："取其在首，故从元。"《白虎通》："冠者，卷也。卷持其发也。"《释名》："冠，贯也，所以贯韬发也。"《后汉书·舆服志》："上古穴居野处，衣毛冒皮。后世圣人见鸟兽有冠角𩑺胡，遂制冠冕缨緌。"冠为贵族所有，是士以上贵族区别于庶人的标志之一。

【冕/绖¹（miǎn）】

"冕"是古代帝王、诸侯、卿、大夫等行朝仪、祭礼时所戴的礼帽。《说文·冃部》："冕，大夫以上冠也。"徐锴《系传》："冕，冠上加之也。长六寸，前狭圆，后广方，朱绿涂之。前后邃延，斿其前，垂珠也……以黄绵缀冕两旁，下系玉瑱，又谓之珥，细长而锐若笔头，以属耳中，无作聪明乱旧章，虚己以待人之意也。"《左传·桓公二年》："衮、冕、黻、珽。"孔颖达疏："冠者，首服之大名；冕者，冠之别号……《世本》云：'黄帝作冕。'宋仲子云：'冕，冠之有朱旒者。'"《仪礼·士冠礼》："爵弁服，纁裳，纯衣，缁带，韎韐。"贾公彦疏："凡冕以木为体，长尺六寸，广八寸，绩麻三十升布，上以玄，下以纁，前后有旒。……又名冕者，俛也，低前一寸二分，故得冕称。"①

绋¹，通"冕"。《管子·轻重己》："天子东出其国四十六里而坛，服青而绋青。"《荀子·正名》："乘轩戴绋，其与无足无以异。"《史记·礼书》："郊之麻绋。"张守节正义："绋音免，亦作'冕'。"

【弁】

弁，冠名。周代始将贵族男子穿礼服时所戴的冠称弁。吉礼之服用冕，通常礼服用弁。《释名》："弁，如两手相合抃时也。以爵韦为之谓之爵弁，以鹿皮为之谓之皮弁，以韎韦为之谓之韦弁也。"皮弁，武冠，用于田猎战伐；爵弁，文冠，用于祭祀；韦弁，用于军事征战。《说文·皃部》："覍，冕也。周曰覍，殷曰吁，夏曰收。从皃，象形。弁，或覍字。"段注："按当云冕属，转写夺属字耳。冠下云，弁冕之总名也。云总名，则弁与冕固有分矣。冕下云，大夫以上冠也。云大夫以上冠，则士无冕可知。士有爵弁，非冕也。依《礼器》，则夏殷之士有冕，周之士爵弁，亦冕之亚也。《周礼》掌弁冕之官，但曰弁师。"

【元服】

元服，头衣，指冠。行冠礼为加元服。《仪礼·士冠礼》："令月吉日，始加元服。"《汉书·昭帝纪》："（元凤）四年春正月丁亥，帝加元服。"颜师古注："元，首也。冠者，首之所着，故曰元服。"

【委貌/委】

委貌，或省称"委"，冠名，以皂绢为之。《仪礼·士冠礼》："委貌，周道也；章甫，殷道也；毋追，夏后氏之道也。"郑玄注："委，犹安也，言所以安正容貌。……三冠皆所服以行道也。"贾公彦疏："云'三冠皆所服以行道'者，以释经三代皆言道，是诸侯朝服之冠在朝以行道德者也。"

---

①　（汉）郑玄注，（唐）贾公彦疏《仪礼注疏》，上海古籍出版社，2008。

汉班固《白虎通·绋冕》："委兒者，何谓也？周朝廷理政事，行道德之冠名。"陈立疏证："《御览》引《三礼图》云，元冠亦曰委貌，今之进贤，则其遗像也。"《后汉书·舆服志下》："委貌冠、皮弁冠同制，长七寸，高四寸，形如覆杯，前高广，后卑锐，所谓夏之毋追，殷之章甫者也。"《释名·释首饰》："委貌，冠形，委曲之貌，上小下大也。"

《荀子·哀公》："鲁哀公问于孔子曰：'绅、委、章甫，有益于仁乎？'"杨倞注："绅，大带也。委，委貌，周之冠也。"《国语·晋语五》："击之以杖，折委笄。"韦昭注："委，委貌冠。笄，簪也。"

【章甫】

章甫，《释名·释首饰》："章甫，殷冠名也。甫，丈夫也。服之所以表章丈夫也。"《仪礼·士冠礼》："委貌，周道也；章甫，殷道也；毋追，夏后氏之道也。周弁，殷冔，夏收。三王共皮弁素积。"郑玄注："章，明也，殷质，言以表明丈夫也。"《礼记·儒行》："丘少居鲁，衣逢掖之衣；长居宋，冠章甫之冠。"孙希旦集解："章甫，殷玄冠之名，宋人冠之。"

【毋追/追】

毋追，夏代冠名。也作"追"。《仪礼·士冠礼》："委貌，周道也；章甫，殷道也；毋追，夏后氏之道也。周弁，殷冔，夏收。三王共皮弁素积。"郑玄注："毋，发声也，追犹堆也，夏后氏质，以其形名之。"[①]《周礼·天官·追师》："追师掌王后之首服。"郑玄注引汉郑司农曰："追，冠名。"

【冔】

冔，殷冠名。《玉篇》："冔，覆也，殷之冕也。"《仪礼·士冠礼》："周弁，殷冔，夏收。"郑玄注："冔名出于幠。幠，覆也，言所以自覆饰也。"[②]《释名·释首饰》"冔，亦殷冠名也。冔，幠也，幠之言覆，言以覆首也。"

《诗经·大雅·文王》："厥作裸将，常服黼冔。"《传》："冔，殷冠也。夏后氏曰收，周曰冕。"汉蔡邕《独断》卷下云："冕冠，周曰爵弁，殷曰冔，夏曰收。皆以三十升漆布为壳，广八寸，长尺二寸，加爵

---

①　（汉）郑玄注，（唐）贾公彦疏《仪礼注疏》，上海古籍出版社，2008，第78页。

②　（汉）郑玄注，（唐）贾公彦疏《仪礼注疏》，上海古籍出版社，2008，第78页。

冕其上，黑而微白，前大后小，有收以持笄。《诗》曰：'常服黼冔'。"①

【收】

《释名·释首饰》："收，夏后氏冠名也。言收敛发也。"《仪礼·士冠礼》："周弁，殷冔，夏收。"《礼记·王制》："夏后氏收而祭，燕衣而养老。"郑玄注："收，言所以收敛发也。"《史记·五帝本纪》："黄收纯衣，彤车乘白马。"裴骃集解引《太古冠冕图》："夏名冕曰收。"司马贞索隐："收，冕名。其色黄，故曰黄收，象古质素也。"

【缁撮】

《诗经·小雅·都人士》："彼都人士，台笠缁撮。"《传》："缁撮，缁布冠也。"《疏》："小撮持其髻而已。制小，故言撮。"王先谦《诗三家义集疏》曰："（陈奂）又云《士冠礼》：'缁布冠缺项，青组缨，属于缺，缁纚，广终幅，长六尺'"，郑注："缺读如'有频者弁'之频。"缁布冠无笄者，箸颊围发际结项中，隔为四缀，以固冠也。……《诗》之撮即《仪礼》之缺。缺为固冠之物，撮亦固冠之义。《庄子·寓言篇》："向也括撮，而今也被发。"撮即《诗》之撮。《人间世》"会撮指天"，崔譔云："会撮，项椎也"，司马彪曰："会撮，髻也。"古者髻在项中，脊曲头低，故髻指天也。《大宗师》"白赘指天"，盖赘即撮也。又《淮南子·精神训》"烛营指天"，高诱注："烛营读若括撮也。"括与会通，故会发即括发，其固缁布冠之物，是谓之缺，亦谓之撮。缺从夬声，撮从最声，古音正同。'"②朱熹集传："缁撮，缁布冠也。"

【皇】

皇，冠名。《礼记·王制》："有虞氏皇而祭。"郑玄注："皇，冕属也，画羽饰焉。""皇"应是一种冕③，"皇"是"鐀"的异体，"鐀"上部为羽，下部为王，④ 暗示羽冠是王者的首饰。⑤

（二）广义冠类名物词词项属性差异

冠、冕/绖、弁、元服、委貌/委、章甫、毋追/追、冔、收、缁撮、

---

① 转引自（清）王先谦《诗三家义集疏》，中华书局，1987，第826页。

② （清）王先谦：《诗三家义集疏》，中华书局，1987，第562页。

③ 李圃主编《古文字诂林》（第一卷），上海教育出版社，1999，第226页。

④ （汉）许慎：《说文解字》，上海古籍出版社，2007（2012重印），第75页。

⑤ 阎步克：《服周之冕——〈周礼〉六冕礼制的兴衰变异》，中华书局，2009，第47页。

皇，都是上古时期表示首服意义的词语，却有着完全不同的内在意蕴。冠是古代礼帽的总名，男子成年后出现在礼仪场合时所戴，是士及其以上贵族的专属，故冠服乃尊服；冕、弁、元服、委貌、章甫、毋追、冔、收、缁撮、皇分别是冠服的一种。该类别词语的使用情况如下。

冠，成年贵族的礼帽。在所测查的文献中共有 381 例，其中上古前期 1 例，上古中期 163 例，上古后期 217 例。

（1）"葛屦五两，冠緌双止。"（《诗经·齐风·南山》）

（2）"君子正其衣冠，尊其瞻视，俨然人望而畏之，斯不亦威而不猛乎？"（《论语·尧曰》）

（3）"为人子者，父母存，冠衣不纯素。"（《礼记·曲礼上》）

冕/絻[1]（miǎn），帝王、诸侯、卿、大夫等行朝仪、祭礼时所戴的礼帽。多用"冕"，在所测查的文献中共有 111 例，其中上古前期 11 例，上古中期 54 例，上古后期 46 例；"絻[1]"在所测查的文献中共有 13 例，其中上古中期 10 例，上古后期 3 例。

（4）"弁师掌王之五冕。"（《周礼·夏官司马·弁师》）

（5）"故古之王者，冕而前旒所以蔽明也，黈纩塞耳所以掩聪，天子外屏所以自障。"（《淮南子·主术训》）

（6）"其冠絻，其缨禁缓，其容简连。"（《荀子·非十二子》）

（7）"长安东北有神气，成五采，若人冠絻焉。"（《史记·封禅书》）

弁，贵族男子通常礼服所戴的冠。在所测查的文献中，共有 104 例，其中上古前期 3 例，上古中期 56 例，上古后期 45 例。

（8）"鸤鸠在桑，其子在梅。淑人君子，其带伊丝。其带伊丝，其弁伊骐。"（《诗经·曹风·鸤鸠》）

（9）"修冠弁衣裳，黼黻文章，雕琢刻镂，皆有等差：是所以藩饰之也。"（《荀子·君道》）

（10）"冕、弁、兵、革藏于私家，非礼也。是谓胁君。"（《礼记·礼运》）

元服，行加冠礼时首之所着礼冠。在所测查文献中有 2 例，均见于上古中期的《仪礼》。

（11）始加，祝曰："令月吉日，始加元服。弃尔幼志，顺尔成德。寿考惟祺，介尔景福。"（《仪礼·士冠礼》）

（12）醮辞曰："旨酒既清，嘉荐亶时。始加元服，兄弟具来。孝友时格，永乃保之。"（《仪礼·士冠礼》）

委貌/委，周时朝礼礼冠。在所测查的文献中有 6 例用"委"，其中上古中期和上古后期各 3 例；有 3 例相同记录用"委貌"，分别见于上古中期的《仪礼·士冠礼》和上古后期的《礼记·郊特牲》。

（13）"委貌，周道也；章甫，殷道也；毋追，夏后氏之道也。"（《仪礼·士冠礼》）

（14）"绅、委、章甫有益于仁乎？"（《荀子·哀公》）

毋追/追，夏时朝礼之冠。"毋追"在所测查的文献中有 2 例相同记录，分别见于上古中期的《仪礼·士冠礼》和上古后期的《礼记·郊特牲》，"追"有 2 例，见于上古中期的《周礼》。

（15）"委貌，周道也；章甫，殷道也；毋追，夏后氏之道也。"（《仪礼·士冠礼》）

（16）"追师掌王后之首服。为副编次追衡笄。"（《周礼·天官冢宰·追师》）

章甫，殷时朝礼礼冠。在所测查的文献中共有 11 例，其中上古中期 6 例，上古后期 5 例。

（17）"宗庙之事，如会同，端章甫，愿为小相焉。"（《论语·先进》）

（18）"毋贻盲者镜，毋予躄者履，毋赏越人章甫，非其用也。"（《淮南子·说林训》）

冔，殷祭礼冠名。在所测查的文献中共有 6 例，其中上古前期 1 例，上古中期 1 例，上古后期 4 例。

（19）"厥作裸将，常服黼冔。"（《诗经·大雅·文王之什·文王》）

（20）"周弁，殷冔，夏收。"（《仪礼·士冠礼》）

（21）"周人弁而葬，殷人冔而葬。"（《礼记·檀弓下》）

收，夏祭礼冠名。在所测查的文献中共有 5 例，其中上古中期 1 例，上古后期 4 例。

（22）"周弁，殷冔，夏收。"（《仪礼·士冠礼》）

（23）"帝尧者，放勋。其仁如天，其知如神。就之如日，望之如云。富而不骄，贵而不舒。黄收纯衣，彤车乘白马。"（《史记·五帝本纪》）

缁撮，即缁布冠。在所测查的文献中仅有 1 例，见于上古前期的

《诗经》。

（24）"彼都人士，台笠缁撮。"（《诗经·小雅·鱼藻之什·都人士》）

皇，有虞氏的祭祀礼冠。在所测查的文献中仅有 1 例，见于上古后期的《礼记》。

（25）"有虞氏皇而祭，深衣而养老。"《礼记·内则》

冕是祭祀时的重要礼仪服饰，所以在上古前期、中期和后期都是使用频率最高的冠服专名。弁是周时的礼仪服饰，用途广泛，五礼中几乎都会用到，弁的使用频率仅次于冠。毋追、收、章甫、冔是特殊历史时期对冠弁的称呼，前两者是夏时冠名，后两者是殷时冠名，使用率比较低。毋追与收的差别在于，毋追是朝服，收是祭服。章甫与冔的区别在于，章甫是朝服，冔是祭服。元服是加冠之礼所加冠服的专名。缁撮是贵族宴饮的宾礼之冠服，随着上古中期"缁布冠"的出现，"缁撮"几乎被替代了。皇是对特殊文化现象的记载，只有《礼记》中一处记载，皇是有虞氏的祭祀冠服之名。

上古时期冠服服饰词汇的丰富，亦能窥见上古时期礼制的繁复。该类别词语所指称的事物几乎都是上古时期贵族的专属，是他们社会地位、身份的象征与标志。首服是古代服饰中最重要的，而且其名称与形制都充分表达了所有者对首服的重视。

广义冠类名物词词项属性差异见表 1 - 2，词项词频统计情况见表 1 - 3。

表 1 - 2　广义冠类名物词词项属性分析

属性＼词项				冠	冕/绕[1]	弁	委貌/委	冔	章甫	收	毋追/追	缁撮	元服	皇
语义属性	表义素	类义素		贵族成年男子束发并修饰、标明等级地位的首服										
		核心义素		总名	专名	专名	专名	专名	专名	专名	专名	专名	专名	专名
		关涉义素	功用	礼服	朝服祭服	朝服戎服	朝服	祭服	朝服	祭服	朝服	宾礼服	嘉礼服	祭服
			佩戴者	贵族男	士以上男	士以上男	贵族男	贵族男	贵族男	贵族男	贵族男	贵族男	加冠男	有虞氏
			时代	上古	上古	周	周	殷	殷	夏	夏	上古	上古	上古

续表

属性 \ 词项			冠	冕/绋¹	弁	委貌/委	冔	章甫	收	毋追/追	缁撮	元服	皇
生成属性	词义来源		约定俗成	约定俗成	约定俗成	语素组合	约定俗成	语素组合	引申	语素组合	语素组合	语素组合	引申
	词形结构		单纯	单纯	单纯	单纯	单纯	单纯	单纯	单纯	单纯	复合	单纯
使用属性	使用频率	上古前期	1	11	3	0	1	0	0	0	1	0	0
		上古中期	163	54	56	3	1	6	1	3	0	2	0
		上古后期	217	46	45	3	4	5	4	1	0	0	1
		总计	381	111	104	6	6	11	5	4	1	2	1

表1-3　广义冠类名物词词频统计

文献 \ 词项		冠	冕/绋¹	弁	委貌/委	冔	章甫	收	毋追/追	缁撮	元服	皇
上古前期	尚书		11	3								
	诗经	1				1				1		
	周易											
	总计	1	11	3	0	1	0	0	0	1	0	0
上古中期	周礼	2	20	15					2			
	仪礼	55	2	31	1		1	1	1		2	
	春秋左传	16	7	5	1							
	论语	2	5				1					
	孟子	11	1									
	庄子	12	6	1			1					
	荀子	19	5	3	1		3					
	韩非子	18	1									
	吕氏春秋	19	1	1								
	老子											
	商君书											
	管子	9	6									
	孙子											
	总计	163	54	56	3	1	6	1	3	0	2	0

续表

文献		词项 冠	冕/ 统[1]	弁	委貌/ 委	冔	章甫	收	毋追/ 追	缁撮	元服	皇
上古后期	礼记	95	38	40	2	4	2	3	1			1
	战国策											
	史记	90	3	3			1	1				
	淮南子	32	5	2	1		2					
	总计	217	46	45	3	4	5	4	1	0	0	1

二 狭义冠类名物词

狭义冠类名物词，就是以专名之"冠"为类义素的冠服专名。狭义冠类名物词在上古时期共有 15 个：皮冠、练冠、丧冠、厌冠、缁布冠、玄冠、素冠[1]、素冠[2]、黄冠、缐冠、缟冠、鹬冠、圜冠、獬冠、布冠。

（一）狭义冠类名物词词项语义特征

皮冠：古代打猎时加于礼冠之上，用以御尘，亦以御雨雪，用动物的皮做成的冠。《左传·襄公十四年》："不释皮冠而与之言。"杜预注："皮冠，田猎之冠。"《左传·昭公二十年》："旃以招大夫，弓以招士，皮冠以招虞人，臣不见皮冠，故不敢进。"唐孔颖达疏："诸侯服皮冠以田，虞人掌田猎，故皮冠以招虞人也。"

练冠：厚缯或粗布之冠。古礼亲丧一周年祭礼时着练冠。《左传·昭公三十一年》："季孙练冠麻衣跣行。"孔颖达疏："练冠盖如丧服斩衰，既练之后布冠也。"《后汉书·礼仪志下》："皇帝近臣丧服如礼。醉大红，服小红，十一升都布练冠。"

丧冠：服丧时所戴的一种礼帽。《礼记·檀弓上》："邻有丧，舂不相。里有殡，不巷歌。丧冠不緌。"

厌冠：古丧礼小功以下所服之冠。《礼记·檀弓下》："国亡大县邑，公卿大夫皆厌冠，哭于大庙三日，君不举。"郑玄注："厌冠，今丧冠。"

缁布冠：古代常用的一种黑色布冠。《仪礼·士冠礼》："缁布冠，缺项，青组缨属于缺，缁纚，广终幅，长六尺。"郑玄注："纚，今之帻梁也。终，充也。纚一副长六尺，足以韬发而结之矣。"古人用黑巾笼发再加冠。缺项，冠后当人项处空缺，用青组缨结之。《礼记·玉藻》："始冠，缁布冠，自诸侯下达，冠而敝之可也。"古人行加冠礼，初加缁布冠，次加皮弁，次加爵弁。

玄冠：古代朝服冠名，黑色。《仪礼·士冠礼》："主人玄冠，朝服，缁带，素韠。"郑注："玄冠，委貌也。"《论语·乡党》："羔裘、玄冠不以吊。"杨伯峻注："羔裘、玄冠都是黑色的，古代都用作吉服。"

素冠[1]：素，无色，本色。素冠[1]，是指以麻布的本色为之的丧冠。

素冠[2]：素，白色。素冠[2]，指白色的礼帽，是贵族日常宴饮等宾礼之首服。

黄冠：古代指箬帽之类，蜡祭时戴之。《礼记·郊特牲》："黄衣黄冠而祭，息田夫也。野夫黄冠；黄冠，草服也。"郑玄注："言祭以息民，服像其时物之色，季秋而草木黄落。"孔颖达疏："黄冠是季秋之后草色之服。"后即借指农夫野老之服。南朝宋鲍照《园葵赋》："主人拂黄冠，拭藜杖，布蔬种，平圻壤。"钱振伦注："《礼记》：'黄冠，草服也。'"

缥冠：浅红色的礼帽。《仪礼·丧服》："为其妻，缥冠，葛绖带，麻衣缥缘。皆既葬除之。"贾公彦疏："'为其妻，缥冠'者，以布为缥色为冠。"

缟冠：白色生绢制的帽子，用于祥祭或凶事。《逸周书·器服解》："缟冠素纰。"《礼记·玉藻》："缟冠素纰，既祥之冠也。"孔颖达疏："缟是生绢而近吉，当祥祭之时，身着朝服，首着缟冠，以其渐吉故也。"

鹬冠：以鹬羽为饰的冠。古时亦为知天文者之冠。《左传·僖公二十四年》："郑子华之弟子臧出奔宋，好聚鹬冠。"杜预注："鹬，鸟名。聚鹬羽以为冠，非法之服。"章炳麟《国故论衡·原儒》："鹬冠者，亦曰术氏冠，又曰圜冠。"

圜冠：儒者戴的圆形帽子。也叫鹬冠。

獬冠：即獬豸冠，古代御史等执法官吏戴的帽子。《淮南子·主术训》："楚文王好服獬冠，楚国效之。"高诱注："獬豸之冠，如今御史冠。"汉蔡邕《独断》："法冠，楚冠也……秦制执法服之。今御史廷尉监平服之，谓之獬豸冠。"《后汉书·舆服志下》："法冠，一曰柱后。高五寸，以缅为展筒，铁柱卷，执法者服之，侍御史、廷尉正监平也。或谓之獬豸冠。獬豸，神羊，能别曲直，楚王尝获之，故以为冠。"

布冠：白布制的冠。

（二）狭义冠类名物词词项属性差异

冠因材料、功用、颜色、形制等的差别，形成不同的名称。以主要材料而命名的有：皮冠、练冠、缟冠、鹬冠、布冠；以功用而命名的有丧冠、厌冠；以颜色而命名的有玄冠、素冠[1]、素冠[2]、黄冠、缭冠；以材料与颜色综合命名的有缁布冠；以形状而命名的有圜冠、獬冠。它们的使用情况如下。

皮冠，以兽皮为材料、具有防御雨雪风尘作用的冠帽。在所测查的文献中共有 6 例，均见于上古中期。

（26）"二子从之，不释皮冠而与之言。"（《春秋左传·襄公十四年》）

（27）"夫弃天下而家人藏其皮冠，是不知许由者也。"（《韩非子·说林下》）

练冠，以厚缯或粗布为材料的丧冠。在所测查的文献中共有 13 例，其中上古中期 3 例，上古后期 10 例。

（28）"遭丧，将命于大夫，主人长衣、练冠以受。"（《仪礼·聘礼》）

（29）"期而小祥，练冠、缭缘，要绖不除。"（《礼记·间传》）

丧冠，服丧时所戴的礼冠。在所测查的文献中共有 4 例，均见于上古后期的《礼记》。

（30）"丧冠不緌。"（《礼记·檀弓上》）

（31）"古者冠缩缝，今也衡缝。故丧冠之反吉，非古也。"（《礼记·檀弓上》）

厌冠，小功以下丧礼所服丧冠。在所测查的文献中共有 2 例，均见于上古后期的《礼记》。

（32）"苞屦、扱衽、厌冠，不入公门。"（《礼记·曲礼下》）

（33）"国亡大县邑，公、卿、大夫、士皆厌冠，哭于大庙三日，君不举。"（《礼记·檀弓上》）

缁布冠，以缁布为材料的普通礼帽。在所测查的文献中共有 5 例，上古中期 2 例，上古后期 3 例。

（34）"爵弁、皮弁、缁布冠，各一匴，执以待于西坫南，南面，东上；宾升则东面。"（《仪礼·士冠礼》）

（35）"始冠缁布冠，自诸侯下达。冠而敝之可也。"（《礼记·玉藻》）

玄冠，黑色朝冠。在所测查的文献中共有 13 例，其中上古中期 5 例，上古后期 8 例。

（36）"主人玄冠，朝服、缁带、素韠，即位于门东，西面。"（《仪礼·士冠礼》）

（37）"玄冠朱组缨，天子之冠也。"（《礼记·玉藻》）

素冠[1]，以麻布为材料的丧冠。在所测查的文献中仅有 1 例，见于上古后期的《礼记》。

（38）"大夫士去国，踰竟，为坛位，乡国而哭，素衣、素裳、素冠，彻缘，鞮屦、素韠，乘髦马，不蚤鬋，不祭食，不说人以无罪，妇人不当御，三月而复服。"（《礼记·曲礼下》）

素冠[2]，白色的常服。在所测查的文献中仅有 1 例，见于上古前期的《诗经》。

（39）"庶见素冠兮，棘人栾栾兮。"（《诗经·桧风·素冠》）

黄冠，蜡祭时所戴的箬笠之帽。在所测查的文献中共有 2 例，上古中期和上古后期各 1 例。

（40）"庆忌者，其状若人，其长四寸，衣黄衣，冠黄冠，戴黄盖，乘小马，好疾驰，以其名呼之，可使千里外一日反报，此涸泽之精也。"（《管子·水地》）

（41）"黄衣、黄冠而祭，息田夫也。野夫黄冠。黄冠，草服也。"（《礼记·郊特牲》）

缘冠，浅红色的礼冠。在所测查的文献中仅有 1 例，见于上古中期的《仪礼》。

（42）"为其妻，缘冠，葛绖带，麻衣缘缘。皆既葬除之。"（《仪礼·丧服》）

缟冠，以白色生绢为材料的礼帽。在所测查的文献中共有 4 例，其中上古中期 1 例，上古后期 3 例。

（43）"列精子高听行乎齐愍王，善衣东布衣，白缟冠……"（《吕氏

春秋·达郁》)

（44）"缟冠素纰，既祥之冠也。"（《礼记·玉藻》）

鹬冠，以鹬羽为饰的冠。在所测查的文献中共有 2 例，均见于上古中期。

（45）"郑子华之弟子臧出奔宋，好聚鹬冠。"（《春秋左传·僖公二十四年》）

（46）"且夫趣舍声色以柴其内，皮弁鹬冠搢笏绅修以约其外……"（《庄子·天地》）

圜冠，即鹬冠，儒者戴的圆形帽子。在所测查的文献中仅有 1 例，见于上古中期的《庄子》。

（47）"周闻之，儒者冠圜冠者，知天时；履句屦者，知地形；缓佩玦者，事至而断。"（《庄子·田子方》）

獬冠，即獬豸冠，古代御史等执法官吏戴的帽子。在所测查的文献中共有 2 例，均见于上古后期的《淮南子》。

（48）"楚文王好服獬冠，楚国效之。"（《淮南子·主术训》）

布冠，白布制的冠。在所测查的文献中共有 2 例，分别见于上古中期的《吕氏春秋》和上古后期的《战国策》。

（49）"惠王布冠而拘于鄩。"（《吕氏春秋·不屈》）

（50）"梁君伐楚胜齐，制韩赵之兵，驱十二诸侯以朝天子于孟津。后子死，身布冠而拘于秦。"（《战国策·秦策五》）

凶礼与吉礼是上古时期非常重要的两种礼仪，其服饰格外讲究。缟冠、练冠、丧冠、厌冠、缘冠、素冠[1]都是丧礼首服，其中练冠、丧冠的使用频率较高。玄冠、黄冠、鹬冠是上古时期的吉礼首服，其中玄冠使用频率较高。素冠[2]、缁布冠、圜冠是宾礼首服，以缁布冠最为常用。皮冠主要用来防风尘、御雨雪，所以上古贵族田猎之时，会加戴皮冠。

狭义冠类名物词都是某一种冠的专名，而且都是由语素组合形成的复合结构合成词。该类别词语大多数产生于上古中期，这也印证了上古中期是双音节合成词大量生成的时期这一特点。

该类别词语词项属性差异见表 1-4，词频统计情况见表 1-5。

表 1－4　狭义冠类名物词词项属性分析

属性 ＼ 词项				玄冠	黄冠	缟冠	练冠	丧冠	厌冠	缌冠	素冠[1]	素冠[2]	缁布冠	鹬冠	圜冠	皮冠	布冠	獬冠
		类义素		贵族成年男子戴在头上具有束发、修饰、标明礼仪场合等作用的冠饰														
语义属性	表义素		核心义素	专名	专名	专名	专名	专名	专名	专名	专名	专名	专名	专名	专名	专名	专名	专名
		关涉义素	功用	朝服	祭服	丧服	丧服	丧服	丧服	丧服	宾礼服	宾礼服	祭服	宾礼服	田猎服	燕服	官服	官服
			材料	缯	草等	生绢	厚缯或粗布	麻布	麻布		麻布		布	鸟羽	鸟羽	兽皮	白布	
			颜色	黑色	草色	白色	白色	无色	无色	浅红	无色	白色	黑色				白色	
生成属性	词义来源			语素组合	语素组合	语素组合	语素组合	语素组合	语素组合	语素组合	语素组合	语素组合	语素组合	语素组合	语素组合	语素组合	语素组合	语素组合
	词形结构			复合	复合	复合	复合	复合	复合	复合	复合	复合	复合	复合	复合	复合	复合	复合
使用属性	使用频率	上古前期		0	0	0	0	0	0	0	1	0	0	0	0	0	0	0
		上古中期		5	1	1	3	0	0	0	0	1	2	2	1	6	1	0
		上古后期		8	1	3	10	4	2	1	0	0	3	0	0	0	1	2
		总计		13	2	4	13	4	2	1	1	1	5	2	1	6	2	2

表 1－5　狭义冠类名物词词频统计

文献 ＼ 词项		玄冠	黄冠	缟冠	练冠	丧冠	厌冠	缌冠	素冠[1]	素冠[2]	缁布冠	鹬冠	圜冠	皮冠	布冠	獬冠
上古前期	尚书															
	诗经								1							
	周易															
	总计	0	0	0	0	0	0	0	1	0	0	0	0	0	0	0
上古中期	周礼															
	仪礼	3			2					1	2					
	春秋左传				1							1		4		
	论语	1														
	孟子															
	庄子											1	1			

续表

文献	词项	玄冠	黄冠	缟冠	练冠	丧冠	厌冠	缘冠	素冠¹	素冠²	缁布冠	鹬冠	圜冠	皮冠	布冠	獬冠
上古中期	荀子	1														
	韩非子													1		
	吕氏春秋			1										1	1	
	老子															
	商君书															
	管子		1													
	孙子															
	总计	5	1	1	3	0	0	1	0	0	2	2	1	6	1	0
上古后期	礼记	8	1	3	9	4	2		1		3					
	战国策														1	
	史记															
	淮南子				1											2
	总计	8	1	3	10	4	2	0	1	0	3	0	0	0	1	2

三　冕类名物词

以"冕"为类义素的首服专名为冕类名物词。该类别词语在上古时期有希冕、麻冕/麻绕。

（一）冕类名物词词项语义特征

希冕：即希衣之冕。古代帝王祭社稷、五祀时所戴的与希衣相配的有绣饰的礼冠。希，通"黹"。《周礼·春官·司服》："祭社稷、五祀则希冕。"段玉裁《周礼汉读考》卷三："（郑玄）注：希，读为'黹'（今本作'绤'），或作'绤'（今本作'黹'）……周冕服九章，初一曰龙，次二曰山，次三曰华虫，次四曰火，次五曰宗彝，皆画以为缋，次六曰藻，次七曰粉米，次八曰黼，次九曰黻，皆黹（今本作'希'）以为绣……黹，刺粉米无画也。"按，《广韵·上旨》"黹"下引《周礼》："祭社稷、五祀则用黹冕也。""希"正作"黹"。

麻冕/麻绕："麻冕"亦作"麻绕"。麻布制的礼帽。古时一种礼服。《尚书·顾命》："王麻冕黼裳，由宾阶隮。卿士、邦君，麻冕、蚁裳，入即位。太保、太史、太宗，皆麻冕彤裳。"《论语·子罕》："子曰：'麻冕，礼也。'"朱熹集注："麻冕，缁布冠也。"《荀子·礼论》："大路之素未集也，郊之麻绖也，丧服之先散麻也，一也。"杨倞注："麻绖，缉麻为冕，所谓大裘而冕，不用衮龙之属也。"

（二）冕类名物词词项属性差异

希冕，希衣之冕。在所测查的文献中共有 2 例，均见于上古中期的《周礼》。

（51）"祭社稷五祀，则希冕。"（《周礼·春官宗伯·司服》）

麻冕/麻绖，麻布制的礼帽。在所测查的文献中共有 6 例，其中上古前期 3 例，均为"麻冕"；上古中期 2 例，"麻冕"与"麻绖"各 1 例；上古后期 1 例，为"麻绖"。

（52）"卿士、邦君，麻冕，蚁裳，入即位。"（《尚书·顾命》）

（53）"麻冕，礼也；今也纯，俭。"（《论语·子罕》）

（54）"大路之素帱也，郊之麻绖，丧服之先散麻，一也。"（《史记·礼书》）

冕类名物词词项属性差异见表 1-6，词频统计情况见表 1-7。

表 1-6　冕类名物词词项属性分析

属性		词项		希冕	麻冕/麻绖
语义属性		类义素		帝王、诸侯、卿、大夫等行朝仪、祭礼时所戴的礼帽	
	表义素	核心义素		专名	专名
		关涉义素	形制	有绣饰	
			功用	祭社稷五祀	丧服
			材料		麻布
生成属性		词义来源		语素组合	语素组合
		词形结构		复合结构	复合结构
使用属性	使用频率	上古前期		0	3
		上古中期		2	2
		上古后期		0	1
		总计		2	6

表1-7　冕类名物词词频统计

文献	词项	希冕	麻冕/麻绖
上古前期	尚书		3
	诗经		
	周易		
	总计	0	3
上古中期	周礼	2	
	仪礼		
	春秋左传		
	论语		1
	孟子		
	庄子		
	荀子		1
	韩非子		
	吕氏春秋		
	老子		
	商君书		
	管子		
	孙子		
	总计	2	2
上古后期	礼记		
	战国策		
	史记		1
	淮南子		
	总计	0	1

四　弁类名物词

以弁为类义素的首服专名为弁类名物词。上古时期弁类名物词有皮弁、韦弁、爵弁/雀弁、綦弁、弁绖。

(一) 弁类名物词词项语义特征

皮弁：冠名，用白鹿皮制成。《周礼·夏官·弁师》："王之皮弁，会五采玉瑑，象邸，玉笄。"郑玄注："会，缝中也。瑑，读如薄借綦之綦。綦，结也。皮弁之缝中，每贯结五采玉十二以为饰，谓之綦。"《周礼·春官·司服》："视朝，则皮弁服。"孙诒让正义："皮弁为天子之朝服，《论语·乡党篇》'吉月必朝服而朝'，《集解》孔安国云：'吉月，月朔也。朝服，皮弁服。'《曾子问》孔疏引郑《论语注》同。盖以彼月吉诸侯视朔，当服皮弁，而皮弁为天子之朝服，故亦通称朝服。"

爵弁/雀弁：次冕一等的礼冠。广八寸，长一尺二寸。爵，通"雀"，如雀头色，赤而微黑，故称。上古前期记作"雀弁"，如《尚书·顾命》："二人雀弁，执惠，立于毕门之内。"孔颖达疏引郑玄曰："赤黑曰雀，言如雀头色也。雀弁，制如冕，黑色，但无藻耳。"上古中后期用为"爵弁"，如《仪礼·士冠礼》："爵弁服，纁裳，纯衣，缁带，韎韐。"郑玄注："爵弁者，冕次之，其色赤而微黑，如爵头然。或谓之緅。其布三十升。"贾公彦疏："其爵弁制（与冕）大同，唯无旒，又为爵色为异。……其爵弁则前后平，故不得冕名。云'其色赤而微黑，如爵头然，或谓之緅'者，七入为缁，若以纁入黑则为绀，以绀入黑则为緅，是三入，赤，再入黑，故云'其色赤而微黑'也。云'如爵头然'者，以目验爵头赤多黑少，故以爵头为喻也。以緅再入黑汁，与爵同，故取《钟氏》缁色解之。"①

韦弁：古代礼冠之一。天子诸侯大夫兵事服饰。用熟皮制成，浅朱色，制如皮弁。《周礼·春官·司服》："凡兵事，韦弁服。"郑玄注："韦弁，以韎韦为弁。"贾公彦疏："韎是旧染谓赤色也，以赤色韦为弁。"孙诒让正义引任大椿曰："韦弁为天子诸侯大夫兵事之服。戎服用韦者，以韦革同类，服以临军，取其坚也。《晋志》韦弁制似皮弁，顶上尖，韎草染之，色如浅绛。"

綦弁：古代的一种赤黑色鹿皮冠。《尚书·顾命》："四人綦弁，执戈上刃。"孔传："綦文鹿子皮弁。"孔颖达疏："郑玄云：'青黑曰綦。'王肃云：'綦，赤黑色。'孔以为'綦文鹿子皮弁。'各以意言，无正文也。"清夏炘《学礼管释·释韦弁皮弁》："皮弁亦以鹿皮之浅毛者为之，故皮弁又谓之綦弁。"

---

① （汉）郑玄注，（唐）贾公彦疏《仪礼注疏》，上海古籍出版社，2008，第25～26页。

弁绖：古代贵族吊丧时所戴加麻的素冠。《周礼·春官·司服》："凡吊事，弁绖服。"郑玄注："弁绖者，如爵弁而素，加环绖。"孔颖达疏："今言'环绖'……谓以麻为体，又以一股麻为体，纠而横缠之，如环然，故谓之'环绖'；加于素弁之上，故言'加环绖'也。"《礼记·杂记上》："大夫之哭，大夫弁绖，大夫与殡亦弁绖。"郑玄注："弁绖者，大夫锡衰相吊之服也。"

（二）弁类名物词词项属性差异

皮弁，以白鹿皮为材料的礼冠。在所测查的文献中共有33例，其中上古中期17例，上古后期16例。

（55）"爵弁、皮弁、缁布冠，各一算，执以待于西坫南，南面，东上；宾升则东面。"（《仪礼·士冠礼》）

（56）"故大路越席，皮弁布裳，朱弦洞越，大羹玄酒，所以防其淫侈，救其凋敝。"（《史记·礼书》）

爵弁/雀弁，次冕一等的赤黑色礼冠。在所测查的文献中"雀弁"仅有1例，见于上古前期的《尚书》；"爵弁"共有10例，上古中期的《仪礼》和上古后期的《礼记》各5例。

（57）"二人雀弁执惠，立于毕门之内。"（《尚书·顾命》）

（58）"宾降三等，受爵弁加之。"（《仪礼·士冠礼》）

（59）"君以卷，夫人以屈狄，大夫以玄赪，世妇以襢衣，士以爵弁，士妻以税衣。"（《礼记·丧大记》）

韦弁，以熟皮为材料的天子诸侯大夫兵事首服。在所测查的文献中共有6例，均见于上古中期。

（60）"诸侯及孤卿大夫之冕，韦弁、皮弁、弁绖各以其等为之。"（《周礼·夏官司马·弁师》）

（61）"天子山冕，诸侯玄冠，大夫裨冕，士韦弁，礼也。"（《荀子·大略》）

綦弁，赤黑色鹿皮冠。在所测查的文献中仅有1例，见于上古前期的《尚书》。

（62）"四人綦弁，执戈上刃夹两阶戺。"（《尚书·顾命》）

弁绖，古代贵族吊丧时所戴的加麻的素冠。在所测查的文献中共有

13 例，其中上古中期的《周礼》4 例，上古后期的《礼记》9 例。

（63）"凡丧，为天王斩衰，为王后齐衰，王为三公六卿锡衰，为诸侯缌衰，为大夫士疑衰。其首服皆弁绖。"（《周礼·春官宗伯·司服》）

（64）"弁绖葛而葬，与神交之道也，有敬心焉。"（《礼记·檀弓下》）

弁是周以降比较常用的首服，因其材料、颜色等的不同，又有了一些比较具体的专名，也有了不同的分工。"爵弁/雀弁"是祭服，应用比较早，上古前期的《尚书》便有记载。"綦弁"因颜色而得名，是吉服，但仅见于上古前期。上古中期和上古后期以"皮弁"和"韦弁"最为常用。"皮弁"白色，是通常礼服，就使用情况来看，"皮弁"是适用者和适用场合都比较广的一种首服，"皮弁"的使用频率最高。"韦弁"是戎服，使用频率相对较少。因丧礼的重要性，"弁绖"是比较重要的丧服，上古中期的《仪礼》和上古后期的《礼记》都对"弁绖"记载较多。

弁类名物词词项属性差异见表 1 - 8，词频统计情况见表 1 - 9。

表 1 - 8　弁类名物词词项属性分析

属性			词项	皮弁	爵弁/雀弁	韦弁	綦弁	弁绖
语义属性	表义素	类义素		贵族成年男子在特殊礼仪场合所戴的弁饰				
		核心义素		专名	专名	专名	专名	专名
		关涉义素	功用	吉服	祭服	戎服	吉服	丧服
			材料	鹿皮	细布或丝	熟皮	鹿皮	加麻
			颜色	白色	赤黑色	浅朱色	青黑色	素色
生成属性	词义来源			语素组合	语素组合	语素组合	语素组合	语素组合
	词形结构			复合	复合	复合	复合	复合
使用属性	使用频率	上古前期		0	1	0	1	0
		上古中期		17	5	6	0	4
		上古后期		16	5	0	0	9
		总计		33	11	6	1	13

表 1 - 9　弁类名物词词频统计

文献	词项	皮弁	爵弁/雀弁	韦弁	綦弁	弁绖
上古前期	尚书		1		1	
	诗经					
	周易					
	总计	0	1	0	1	0
上古中期	周礼	3		1		4
	仪礼	13	5	4		
	春秋左传					
	论语					
	孟子					
	庄子	1				
	荀子			1		
	韩非子					
	吕氏春秋					
	老子					
	商君书					
	管子					
	孙子					
	总计	17	5	6	0	4
上古后期	礼记	12	5			9
	战国策					
	史记	3				
	淮南子	1				
	总计	16	5	0	0	9

第二节　巾类名物词

巾类名物词是指表示具有敛发功能的首服专名。上古时期的首服巾类名物词主要有缅、巾、帻、免/绖（wèn）。

一　巾类名物词词项语义特征

【缅】

缅，束发的帛。《说文》："冠织也。"《释名》："缅，以韬发者也，以缅为之，因以为名。"《仪礼·士冠礼》："缁缅，广终幅，长六尺。"郑玄注："缅一幅长六尺，足以韬发而结之矣。"《汉书·江充传》："冠禅缅步摇冠，飞翮之缨。"颜师古注："缅，织丝为之，即今方目纱是也。"清恽敬《说弁二》："古者敛发以缅，如后世之巾帻焉。"

【巾】

巾，裹头的头巾。《洪武正韵》："蒙首衣也。"《玉篇》："佩巾，本以拭物，后人着之于头。"《急就篇》注："巾者，一幅之巾，所以裹头也。"扬雄《方言》："覆结，谓之帻巾。"《释名》："巾，谨也。二十成人，士冠，庶人巾，当自谨修于四教也。"明李时珍《本草纲目·服器·头巾》："古以尺布裹头为巾。后世以纱、罗、布、葛缝合，方者曰巾，圆者曰帽，加以漆制曰冠。"

【帻】

帻，古代包扎发髻的巾。《说文·巾部》："发有巾曰帻。"《玉篇》："覆髻也。"《急就篇》注："帻者，韬发之巾，所以整嫧发也。常在冠下，或但单之。"扬雄《方言》："覆结谓之帻巾。"《广雅》："承露帻，覆结也。"蔡邕《独断》："帻者，古之卑贱执事不冠者之所服也……元帝额有壮发，不欲使人见，始进帻服之，群臣皆随焉，然尚无巾，如今半头帻而已。至王莽内加巾，故言王莽秃，帻施屋。"《后汉书·舆服志》："古者有冠无帻，秦加武将首饰为绛袙，以表贵贱。其后稍稍作颜题。汉兴，续其颜，却摞之，施巾连题，却覆之，今丧帻是其制也，名之曰帻。帻者，赜也，头首严赜也。至孝文，乃高颜题，续之为耳，崇其巾为屋，合后施收，上下群臣贵贱皆服之。文者长耳，武者短耳。尚书赜收方三寸，名曰纳言。未冠童子帻无屋。"

【免/绕（wèn）】

免，古代丧服，去冠括发，以布缠头。《礼记·檀弓上》："公仪仲子之丧，檀弓免焉。"陆德明释文："以布广一寸，从项中而前，交于额上，又却向后，绕于髻。"《仪礼·士丧礼》："众主人免于房。"郑玄注：

"齐衰将祖，以免代冠……今文免皆作绋。"《左传·僖公十五年》："使以免服衰绖逆，且告。"杜预注："免、衰绖，遭丧之服。"《左传·哀公二年》："使大子绋。"杜预注："绋者，始发丧之服。绋音问。"孔颖达疏："此用麻布为之，状如今之着幓头矣。"

二　巾类名物词词项属性差异

绸，束发的帛。在所测查的文献中共有 8 例，均见于上古中期的《仪礼》。

（65）"宾盥，正绸如初，降二等，受皮弁，右执项，左执前，进，祝，加之如初，复位。"（《仪礼·士冠礼》）

巾，裹头的头巾。在所测查的文献中，仅 2 例，《诗经》和《仪礼》各 1 例。

（66）"缟衣綦巾，聊乐我员……缟衣茹藘，聊可与娱。"（《诗经·郑风·出其东门》）

帻，古代包扎发髻的巾。在所测查的文献中仅有 1 例，见于上古中期的《春秋左传》。

（67）"齐侯赏犁弥，犁弥辞，曰：'有先登者，臣从之，皙帻而衣狸制。'"（《春秋左传·定公九年》）

——杨伯峻注：帻，《说文》："发有巾曰帻。"段玉裁注引《方言》："覆髻谓之帻巾。"

免/绋（wèn），古代丧礼中去冠括发、以布缠头的首服。多用"免"。在所测查的文献中，"免"有 55 例，其中上古中期 7 例，上古后期 44 例；"绋"有 4 例，其中上古中期 3 例，上古后期 1 例。

（68）"主人髻发祖，众主人免于房。"（《仪礼·士丧礼》）

（69）"季氏不绋，放绖而拜。"（《春秋左传·哀公十二年》）

首服有"分贵贱、别等威"的作用，上古时期最为显著。同是敛发，贵族用冠，平民扎巾，贵贱从头开始便一目了然了。上古文献对于平民生活的记录非常有限，所以首服"巾"类词语的使用频率是极低的，不是因为其在日常生活中的缺失，而是因为巾的使用者的低贱。

由用巾裹头，发展为用巾包扎发髻，帻便成了平民敛发的重要物品。但在汉以前，二者的应用还是限于平民的。绸，是敛发的帛，仅见于

《仪礼》。缅在现实生活中，贵族会先使用它敛发，然后再戴冠。免/绖（wèn），古代丧服，相当于丧冠，去冠括发，以布缠头。

巾类名物词词项属性差异见表 1 –10，词频统计情况见表 1 –11。

表 1 –10　巾类名物词词项属性分析

属性 \ 词项				缅	巾	帻	免/绖（wèn）
语义属性	表义素	类义素		用布敛发的首服			
		核心义素		专名	总名	专名	专名
		关涉义素	功用	敛发	裹头	包扎发髻	括发
			材料	帛	布	布	布
生成属性		词义来源		引申	引申	约定俗成	约定俗成
		词形结构		单纯	单纯	单纯	单纯
使用属性	使用频率	上古前期		0	1	0	0
		上古中期		8	1	1	10
		上古后期		0	0	0	45
		总计		8	2	1	55

表 1 –11　巾类名物词词频统计

文献 \ 词项		缅	巾	帻	免/绖（wèn）
上古前期	尚书				
	诗经		1		
	周易				
	总计	0	1	0	0
上古中期	周礼				
	仪礼	8	1		5
	春秋左传			1	4
	论语				
	孟子				
	庄子				
	荀子				1
	韩非子				
	吕氏春秋				

续表

文献	词项	缅	巾	帻	免/绕（wèn）
上古中期	老子				
	商君书				
	管子				
	孙子				
	总计	8	1	1	10
上古后期	礼记				44
	战国策				
	史记				1
	淮南子				
	总计	0	0	0	55

第三节　帽类名物词

帽类名物词是指表示具有覆盖、防护头部等保护功能的首服词语，上古时期首服帽类名物词主要有笠、胄/軸；以笠为类义素的首服名物词有台笠、草笠。

一　帽类名物词词项语义特征

【笠】

笠，斗笠，用竹篾或草编成的遮阳挡雨的帽子。罗愿《尔雅翼》卷八："笠，编笋皮及箬叶为之。"《说文》："笠，簦无柄也。"《急就篇》注："簦、笠，皆所以御雨。大而有把，手执以行，谓之簦。小而无把，首戴以行，谓之笠。"

《诗经·小雅·无羊》："尔牧来思，何蓑何笠，或负其糇。三十维物，尔牲则具。"《传》："蓑，所以备雨。笠，所以御暑。"《说文·衣部》："衰，艸雨衣。秦谓之萆。从衣，象形。"《说文·艹部》："萆，雨衣。一曰衰衣。"王先谦认为："衰从艹，后人加之也。"[1] 按，蓑即雨

---

① （清）王先谦：《诗三家义集疏》，中华书局，1987，第655页。

衣。段注:"汪氏龙曰:笠本以御暑,亦可御雨。故《良耜传》:笠所以御暑雨。《无羊传》:蓑所以御雨,笠所以备暑。《都人士传》:台所以御雨,笠所以御暑。三传相合,今《都人士》暑雨互讹,以《南山有台》疏、《文选》注正。"①《诗经原始》:"蓑笠,备雨具也。"②

《礼记·郊特牲》郑注:"《诗》曰'其饷伊黍,其笠伊纠。'言野人之服也。"陈乔枞云:"《说文》:'纠,三合绳也。'《郊特牲》言'草笠而至,尊野服也。'是《诗》'其笠伊纠'谓以草为笠,其绳为三合之耳。"③按,此《诗》之笠为农民所戴御暑雨的草帽。

草笠:用草编制的斗笠。《礼记·郊特牲》:"草笠而至,尊野服也。"唐孔颖达疏:"草笠,以草为笠也。"草被收割之后制成笠子,颜色通常由青变黄,因此,草笠又被称作"黄冠"。草笠是根据其质料命名的,因其所用材料是草,因而得"草笠"之名。草笠之所以又被称为"黄冠",是因为统治阶级祭田的需要,将其在祭祀仪式中所戴的草笠美其名曰"黄冠"。《礼记·郊特牲》:"黄衣黄冠而祭,息田夫也。野夫黄冠。黄冠,草服也。"后黄冠用作百姓服饰的谑称,进而指没有官职的黎民。唐杜甫《遣兴》诗:"上疏乞骸骨,黄冠归故乡。"④

台笠:用台皮制成的斗笠。《诗经·小雅·鱼藻之什·都人士》:"彼都人士,台笠缁撮。"一说台笠是二物,各有所用;一说台笠是以台皮为之的笠。《传》:"台,所以御暑。笠,所以御雨也。缁撮,缁布冠也。"《笺》:"台,夫须也。都人之士以台皮为笠,缁布为冠。"王先谦《诗三家义集疏》:"'台笠'者,谢玄晖《卧病诗》注引此《传》云:'台,所以御雨。'又《无羊传》:'衰,所以备雨。笠,所以御暑。'则《传》本'台为御雨,笠为御暑',今本暑、雨字乃后人转写误倒。笠本以御暑,而亦可御雨,故《良耜传》曰:'笠,所以御暑雨。'陈奂云:'《南山有台传》:'台,夫须。'台皮可以为衰,因之御雨之物即谓之'台'。此《传》'台御雨',《无羊传》'衰备雨',则'台'即'衰'矣。台与笠明是二物,《笺》云'以台皮为笠',与'缁撮'对语,则合

①　(清)段玉裁:《说文解字注》,上海古籍出版社,1981,第195页。
②　(清)方玉润:《诗经原始》,中华书局,1986(2009年重印),第387页。
③　(清)方玉润:《诗经原始》,中华书局,1986(2009年重印),第387页。
④　高春明:《中国服饰名物考》,上海文化出版社,2001,第318页。

为一物。……郑或本三家《诗》。'（愚案，当本齐义。）"马瑞辰《毛诗传笺通释》："《尔雅正义》引陆《疏》：'旧说：夫须，莎草也。可以为蓑笠。'是台可为笠，古有其说。……又按《说文》：'簦，笠盖也。'簦与台双声。"① 周振甫《诗经译注》："台：草名，可以作笠。"② 按，郑说是。

【胄／轴】

胄，古代作战时戴的头盔。《说文·冃部》："胄：兜鍪也。"《荀子·议兵》："冠 轴带剑。"杨倞注："轴与胄同。"《尚书·说命》"惟甲胄起戎"注："胄，兜鍪也。"同"轴"。《说文》："兜鍪，首铠也。"《诗经·鲁颂·閟宫》："公徒三万，贝胄朱绶，烝徒增增。"《传》："贝胄，贝饰也。朱绶，以朱绶缀之。"方玉润《诗经原始》："贝胄，贝饰胄也。朱绶，所以饰也。"③《礼记·少仪》郑注："《诗》云：'公徒三万，贝胄朱绶。'亦铠饰也。"按，胄即首铠。《周礼·夏官·司甲》疏："古用皮，谓之甲。今用金，谓之铠。"《初学记》："首铠谓之兜鍪，亦曰胄。"《尚书·费誓》："善敕，乃甲胄。"孔颖达疏引《说文》："胄，兜鍪也。"

二　帽类名物词词项属性差异

笠，斗笠，用竹篾或草编成的遮阳挡雨的帽子。在所测查的文献中共有 11 例，其中上古前期 2 例，上古中期 5 例，上古后期 4 例。

（70）"尔牧来思，何蓑何笠，或负其糇。三十维物，尔牲则具。"（《诗经·小雅·无羊》）

（71）"燕器，杖、笠、翣。"（《仪礼·既夕礼》）

（72）"或谓笠，或谓簦。头虱与空木之瑟，名同实异也。"（《淮南子·说林训》）

草笠，以草为材料的斗笠。在所测查的文献中仅有 1 例，见于上古后期的《礼记》。

（73）"草笠而至，尊野服也。"（《礼记·郊特牲》）

---

① （清）王先谦：《诗三家义集疏》，中华书局，1987，第 362 页。

② 周振甫：《诗经译注》，中华书局，2010（2013 年重印），第 353 页。

③ （清）方玉润：《诗经原始》，中华书局，1986（2009 年重印），第 641 页。

台笠，以台皮为材料的斗笠。在所测查的文献中仅 1 例，见于上古前期的《诗经》。

（74）"彼都人士，台笠缁撮。"（《诗经·小雅·鱼藻之什·都人士》）

胄/轴，古代作战时戴的头盔。"胄"在所测查的文献中共有 16 例，其中上古前期 1 例，上古中期 12 例，上古后期 3 例；"轴"有 1 例，见于上古中期的《荀子》。

（75）"公徒三万，贝胄朱綅，烝徒增增。"（《诗经·鲁颂·闷宫》）

（76）"三十三年春，秦师过周北门，左右免胄而下，超乘者三百乘。"（《春秋左传·僖公三十三年》）

（77）"魏氏之武卒，以度取之，衣三属之甲，操十二石之弩，负服矢五十个，置戈其上，冠轴带剑，赢三日之粮……"（《荀子·议兵》）

具有保护性作用的首服，上古时期主要有笠和胄。笠是平民百姓生产劳动中御暑雨之物，以草或竹为材料，又有草笠和台笠之别；胄是将士们战场上御风沙、护头颅的首服，上古以兽皮为材料。笠的使用从上古前期到上古后期呈微增之势，可见其名称比较稳定。胄的使用在上古中期最多，上古后期渐少，可见该名词的时代性是比较强的。

帽类名物词词项属性差异见表 1–12，词频统计情况见表 1–13；笠类名物词词项属性差异见表 1–14，词频统计情况见表 1–15。

表 1–12　帽类名物词词项属性分析

属性		词项	笠	胄/轴
语义属性		类义素	具有覆盖、防护头部等保护功能的首服	
	表义素	核心义素	专名	专名
		关涉义素 功用	御雨暑	御风沙兵器
		关涉义素 材料	草或竹	兽皮
生成属性		词义来源	约定俗成	约定俗成
		词形结构	单纯	单纯
使用属性	使用频率	上古前期	2	1
		上古中期	5	12
		上古后期	4	3
		总计	11	16

表 1-13 帽类名物词词频统计

文献 \ 词项		笠	冑/轴
上古前期	尚书		
	诗经	2	1
	周易		
	总计	2	1
上古中期	周礼		
	仪礼	2	1
	春秋左传		8
	论语		
	孟子		
	庄子		
	荀子		1
	韩非子		1
	吕氏春秋		1
	老子		
	商君书		
	管子	3	
	孙子		
	总计	5	12
上古后期	礼记		2
	战国策		1
	史记	1	
	淮南子	3	
	总计	4	3

表 1-14 笠类名物词词项属性分析

属性 \ 词项			笠	草笠	台笠
语义属性	类义素		用草或竹篾做的具有遮阳挡雨作用的首服		
	表义素	核心义素	总名	专名	专名
		关涉义素 功用	御雨暑	御雨暑	御雨暑
		材料	竹或草	草	台皮

续表

属性	词项		笠	草笠	台笠
生成属性	词义来源		约定俗成	语素组合	语素组合
	词形结构		单纯	复合	复合
使用属性	使用频率	上古前期	2	0	1
		上古中期	5	0	0
		上古后期	4	1	0
		总计	11	1	1

表 1-15　笠类名物词词频统计

文献	词项	笠	草笠	台笠
上古前期	尚书			
	诗经	2		1
	周易			
	总计	2	0	1
上古中期	周礼			
	仪礼	2		
	春秋左传			
	论语			
	孟子			
	庄子			
	荀子			
	韩非子			
	吕氏春秋			
	老子			
	商君书			
	管子	3		
	孙子			
	总计	5	0	0
上古后期	礼记		1	
	战国策			

文献	词项	笠	草笠	台笠
上古后期	史记	1		
	淮南子	3		
	总计	4	1	0

第四节　首服配件名物词

首服配件是指辅助首服敛发、固发或固定首服不可或缺的物件，或者是首服的一部分配件。上古时期的首服配件名物词有：笄、簪、衡、纮、紞、綖、缨、緌、瑱、充耳、武/委武、玉藻、旒、纰；以笄为类义素的首服配件名物词有玉笄、象笄、箭笄、吉笄、恶笄。

一　首服配件名物词词项语义特征

【笄】

笄，簪，古时用以固定弁、冠。《说文·竹部》："笄，簪也。"段注："先也，先各本作簪，今正。先下曰：'首笄也，俗作簪。'戴氏曰：'无冠笄而冕弁有笄，笄所以贯之于其左右，是以冠无之。凡无笄者缨。冕制：延前圆垂旒，后方。延有纽，自延左右垂，笄贯之以为固。纮以组，自颐屈而上，左右属之笄，垂其馀。凡冕弁笄，有笄者纮。'《记》曰：'天子冕而朱纮，诸侯冕而青纮。'《士冠礼》：'皮弁笄，爵弁笄，朱组纮缥边。'"《释名》："笄，系也，所以系冠使不坠也。"毕沅曰："《士冠礼》有'皮弁笄，爵弁笄。'郑注：'笄，今之簪也。'"

【簪】

簪，古人用来固冠的长针。《韩非子·内储说上》："周主亡玉簪，令吏求之，三日不能得也。"《史记·滑稽列传》："前有坠珥，后有遗簪。"

【衡】

衡，用以使冠冕固着于发上保持端正的簪。《周礼·天官·追师》："掌王后之首服，为副编次追衡笄。"郑玄注："衡，维持冠者。"《春秋左传·桓公二年》："衡纮紞綖，昭其度也。"杨伯峻注："此四物皆冕之饰。衡即横笄。笄音鸡，簪也。笄有二，有安发之笄，有固冠之笄。衡笄，固冠者也。固冠之笄，长一尺二寸，天子以玉，诸侯以似玉之石。"①

【紞】

紞，冠冕上用以系瑱的丝绳。《说文·糸部》："紞，冕冠塞耳者。"《春秋左传·桓公二年》："衡纮紞綖，昭其度也。"晋杜预注："紞，冠之垂者。"唐孔颖达疏："紞者，悬瑱之绳，垂于冠之两旁，若今之绦绳。"杨伯峻注："紞，音胆，悬瑱之绳，织线为之，垂于冠之两旁，当两耳，下悬以瑱。瑱音填去声，又音镇。以美石之似玉者为之，紞与瑱皆可谓之充耳。"《国语·鲁语下》："王后亲织玄紞。"韦昭注："紞，所以悬瑱当耳者也。"

【纮】

纮，冠冕上系于颔下的带子。《说文》："纮，冠卷也。"《仪礼·士冠礼》："缁组纮。"郑注："屈组为纮，垂为饰。"《礼记·杂记》："管仲镂簋朱纮。"注："冠有笄者为纮，纮在缨处两端，上属下不结。"《春秋左传·桓公二年》："衡纮紞綖，昭其度也。"晋杜预注："纮，缨从下而上者。"唐孔颖达疏："纮缨皆以组为之，所以结冠于人首也。纮用一组，从下屈而上属之于两旁，结之于颔下，垂其馀也。"杨伯峻注："纮音宏，冠冕之系，以一条绳先属一头于左耳笄上，以一头绕于颐下，屈而向上，结于右旁之笄上，垂其馀以为饰，亦所以固冕弁者。"

【綖】

綖，覆在冠冕上的装饰。《春秋左传·桓公二年》："衡纮紞綖，昭其度也。"杜预注："綖，冠上覆。"孔颖达疏："此四物者，皆冠之饰也。"杨伯峻注："綖音延，以版为质，以玄布裹之。冕之大体有二，加于首者曰卷，亦曰武；其覆于卷上者曰延，亦作綖，綖所以属于武者。"②

【缨】

缨，系冠的带子。以二组系于冠，结在额下。《说文·糸部》："缨，冠系也。"段注："冠系，可以系冠者也。系者，系也。以二组系于冠卷

---

① 杨伯峻编著《春秋左传注》，中华书局，1981，第 87 页。

② 杨伯峻编著《春秋左传注》，中华书局，1981，第 87 页。

结颐下是谓缨，与纮之自下而上系于笄者不同。冠用缨，冕弁用纮。缨以固武，即以固冠，故曰冠系。《玉藻》之记曰：'玄冠朱组缨，天子之冠也。缁布冠缋缕，诸侯之冠也。玄冠丹组缨，诸侯之齐冠也。玄冠綦组缨，士之齐冠也。'许此冠字专谓冠，不该冕弁。"

《释名》："缨，颈也，自上而下系于颈也。"王先谦《释名疏证补》："缨，冠系也。郑注《仪礼·士冠礼》云：'有笄者屈组为纮垂为饰，无笄者缨而结其条。'贾公彦疏：'屈组谓以一条组于左笄上系定，绕颐下右相向上仰，属于笄屈系之有馀，因垂为饰也。无笄则以二条组为缨，两相属于颊其所垂条于颐下结之。故云缨而结其条也。'此言自上而下系于颈则是二条组两相垂下者也。"

【緌】

緌，冠帽带末端下垂的部分。《说文·糸部》："緌，系冠缨也。谓缨之垂者。"段注："系冠缨垂者。各本作系冠缨也，《韵会》无也字，皆非。今正。緌与缨无异材，垂其馀则为緌，不垂则舌于缨卷间。《内则》'冠緌缨'注曰：'緌者，缨之饰也。'正义曰：'结缨颔下以固冠，结之馀者散而下垂谓之緌。'"《尔雅·释诂》："緌，继也。"《礼记·内则》："冠緌缨。"孔颖达疏："结缨颔下以固冠，结之馀者，散而下垂，谓之緌。"

【瑱】

瑱，古人垂在冠冕两侧用以塞耳的玉坠。《诗经·墉风·君子偕老》："玉之瑱也，象之揥也，扬且之皙也。"毛传："瑱，塞耳也。"《左传·昭公二十六年》："夏，齐侯将纳公，命无受鲁货，申丰从女贾，以币锦二两，缚一如瑱，适齐师。"孔颖达疏："礼以一条五采横冠上，两头下垂系黄绵，绵下又悬玉为瑱以塞耳。"《荀子·礼论》："丧礼者，以生者饰死者也……充耳而设瑱。"王先谦集解："《士丧礼》：'瑱用白纩。'郑云：'瑱，充耳；纩，新绵也。'"

【充耳】

充耳，挂在冠冕两旁的饰物，下垂及耳，可以塞耳避听，也叫"瑱"。《诗经·卫风·淇奥》："有匪君子，充耳琇莹。"毛传："充耳谓之瑱；琇莹，美石也。天子玉瑱，诸侯以石。"清王夫之《诗经稗疏·小雅》："充耳者，瑱也，冕之饰也。"

【武/委武】

武，冠卷，古时冠上的结带。《礼记·玉藻》："缟冠玄武，子姓之冠也。"郑玄注："武，冠卷也。"《礼记·杂记上》："大白冠，缁布之冠，皆不蕤，委武玄缟而后蕤。"郑玄注："委武，冠卷也，秦人曰委，齐东曰武。"

【玉藻】

玉藻，帝王冕冠前后悬垂的贯以玉珠的五彩丝绳。《礼记·玉藻》："天子玉藻，十有二旒。前后邃延，卷龙以祭。"孔颖达疏："天子玉藻者，藻，谓杂采之丝绳，以贯于玉，以玉饰藻，故云玉藻也。"

【旒】

旒，冕前后悬垂的玉串。《礼记·玉藻》："天子玉藻，十有二旒。"《孔子家语·入官》："古者圣主冕而前旒，所以蔽明也。"

【纰】

纰，冠服等的缘饰。《礼记·玉藻》："缟冠素纰，既祥之冠也。"郑玄注："纰，缘边也。"

二　首服配件名物词词项属性差异

笄，古时用以固定弁、冠的簪子。在所测查的文献中共有 14 例，其中上古中期 10 例，上古后期 4 例。

（78）"皮弁笄、爵弁笄；缁组纮纁边；同箧。"（《仪礼·士冠礼》）

（79）"中国冠笄，越人劗鬋，其于服，一也。"（《淮南子·齐俗训》）

簪，古人用来绾定发髻或固冠的长针。在所测查的文献中共有 13 例，其中上古中期 6 例，上古后期 7 例。

（80）"周主亡玉簪，商太宰论牛矢。"（《韩非子·内储说上》）

（81）"前有坠珥，后有遗簪，髡窃乐此，饮可八斗而醉二参。"（《史记·滑稽列传》）

衡，用以使冠冕固着于发上保持端正的簪。在所测查的文献中共有 7 例，其中上古中期 3 例，上古后期 4 例。

（82）"追师掌王后之首服。为副编次追衡笄。"（《周礼·天官冢宰·追师》）

（83）"一命缊韨幽衡，再命赤韨幽衡，三命赤韨葱衡。"（《礼记·

玉藻》）

纮，冠冕上用以系瑱的丝绳。在所测查的文献中仅有 1 例，见于上古中期的《春秋左传》。

（84）"衮、冕、黻、珽，带、裳、幅、舄，衡、纮、纭、綖，昭其度也。"（《春秋左传·桓公二年》）

纭，冠冕上系于颌下的带子。在所测查的文献中共有 8 例，其中上古中期和上古后期各 4 例。

（85）"皆玄冕朱里延纽，五采缫，十有二就，皆五采玉十有二，玉笄朱纭。"（《周礼·夏官司马·弁师》）

（86）"管仲镂簋，朱纭，山节，藻棁，君子以为滥矣。"（《礼记·礼器》）

——孔颖达疏："纭，冕之饰，用组为之，以其组从下屈而上属之于两旁，垂馀为缨。"

綖，覆在冠冕上的装饰。在所测查的文献中仅有 1 例，见于上古中期的《春秋左传》。

（87）"衮、冕、黻、珽，带、裳、幅、舄，衡、纮、纭、綖，昭其度也。"（《春秋左传·桓公二年》）

缨，系冠的带子。在所测查的文献中共有 45 例，其中上古中期 29 例，上古后期 16 例。

（88）"缁布冠缺项，青组缨属于缺。"（《仪礼·士冠礼》）

（89）"遂以冠缨绞王，杀之，因自立也。"（《战国策·楚策四》）

緌，冠帽带的下垂部分。在所测查的文献中共有 7 例，其中上古前期和上古中期各 1 例，上古后期 5 例。

（90）"葛屦五两，冠緌双止。"（《诗经·齐风·南山》）

（91）"大古冠布，齐则缁之。其緌也，孔子曰：'吾未之闻也。冠而敝之可也。'"（《仪礼·士冠礼》）

（92）"丧冠不緌。"（《礼记·檀弓上》）

瑱，古人垂在冠冕两侧用以塞耳的玉坠。在所测查的文献中共有 9 例，其中上古前期 1 例，上古中期 5 例，上古后期 3 例。

（93）"玉之瑱也，象之掮也，扬且之皙也。"（《诗经·墉风·君子偕老》）

（94）"充耳而设瑱，饭以生稻，唅以槁骨，反生术矣。"（《荀子·礼论》）

（95）"夫函牛之鼎沸而蝇蚋弗敢入，昆山之玉瑱而尘垢弗能污也。"（《淮南子·诠言训》）

充耳，挂在冠冕两旁，可以塞耳避听并下垂及耳的饰物。在所测查的文献中共有5例，均见于上古前期的《诗经》。

（96）"有匪君子，充耳琇莹，会弁如星。"（《诗经·卫风·淇奥》）

武/委武，冠卷，冠上的结带。在所测查的文献中共有5例，均见于上古后期的《礼记》。

（97）"缟冠玄武，子姓之冠也。"（《礼记·玉藻》）

玉藻，即帝王冕冠前后悬垂的贯以玉珠的五彩丝绳。在所测查的文献中共有2例，均见于上古后期的《礼记》。

（98）"天子玉藻，十有二旒，前后邃延，卷龙以祭。"（《礼记·玉藻》）

旒，冕前后悬垂的玉串。在所测查的文献中共4例，均见于上古后期。

（99）"故古之王者，冕而前旒所以蔽明也，黈纩塞耳所以掩聪，天子外屏所以自障。"（《淮南子·主术训》）

纰，冠服等的缘饰。在所测查的文献中共有1例，见于上古后期的《礼记》。

（100）"缟冠素纰，既祥之冠也。"（《礼记·玉藻》）

上古时期的名物词是非常丰富的，不仅物各有名，而且物上的某一部分也都有专名。首服配件的名称有14个。用来固定冠弁的有贯发的笄、簪，笄是簪的前身，簪是笄的后世，上古时期还是以笄为主；系冠的丝带叫缨，缨系结后垂馀的部分叫绥，冠卷叫武。冕是非常隆重的礼冠，其附属配件也有专属的名称。固冕的贯发长针称作衡笄，简称衡，固冕的组绳叫纮，冕上覆盖的版叫延，冕两旁悬垂的饰物叫瑱，或称之为充耳，系瑱的丝带叫纮，冕前后的玉串称之为旒，贯以玉珠的五彩丝绳叫玉藻，冠服的缘饰为纰。

首服配件名物词词项属性差异见表1-16，词频统计情况见表1-17。

表 1 – 16　首服配件名物词词项属性分析

属性			笄	簪	衡	紞	紘	綖	缨	緌	瑱	充耳	武/委武	玉藻	旒	纰
语义属性	类义素		辅助首服敛发、固发或固定首服的对象，或者是首服的一部分配件													
语义属性	表义素	核心义素	固冠物	固冠物	冕配件	冕配件	冕配件	冕配件	冠带	冠带垂余	冠冕饰物	冠冕饰物	冠卷	冕配件	冕配件	冠缘饰
语义属性	表义素	关涉义素 · 功用	固冠	固冠	固冕	系瑱	固冕	饰冕	系冠	饰冠	饰冕	饰冕	饰冠	饰冕	饰冕	饰缘
语义属性	表义素	关涉义素 · 形制	针形	针形	针形	带	绳	版	带结	带垂	绳坠	绳坠	结带	绳	串	条带
语义属性	表义素	关涉义素 · 材料	骨竹玉	骨竹玉	骨竹玉	丝	组	布与木	组	组	玉或石	玉或石	丝或布	玉彩绳	玉	丝织物
生成属性	词义来源		约定俗成	约定俗成	引申	约定俗成	引申	约定俗成	约定俗成	约定俗成	约定俗成	引申	约定俗成	语素组合	约定俗成	引申
生成属性	词形结构		单纯	单纯	单纯	单纯	单纯	单纯	单纯	单纯	单纯	复合	单纯	复合	单纯	单纯
使用属性	使用频率	上古前期	0	0	0	0	0	0	0	1	1	5	0	0	0	0
使用属性	使用频率	上古中期	10	6	3	1	4	1	29	1	5	0	0	0	0	0
使用属性	使用频率	上古后期	4	7	4	0	4	0	16	5	3	0	5	2	4	1
使用属性	使用频率	总计	14	13	7	1	8	1	45	7	9	5	5	2	4	1

表 1 – 17　首服配件名物词词频统计

文献		笄	簪	衡	紞	紘	綖	缨	緌	瑱	充耳	武/委武	玉藻	旒	纰
上古前期	尚书														
上古前期	诗经								1	1	5				
上古前期	周易														
上古前期	总计	0	0	0	0	0	0	0	1	1	5	0	0	0	0
上古中期	周礼	2		2		2				1					
上古中期	仪礼	5	1			1		9	1	2					
上古中期	春秋左传			1	1	1	1	5		1					
上古中期	论语														
上古中期	孟子							4							
上古中期	庄子							3							

续表

	词项 文献	笄	簪	衡	纮	紞	綖	缨	緌	瑱	充耳	武/委武	玉藻	旒	纰
上古中期	荀子	1	1					1		1					
	韩非子		3					7							
	吕氏春秋	2													
	老子														
	商君书														
	管子		1												
	孙子														
	总计	10	6	3	1	4	1	29	1	5	0	0	0	0	0
上古后期	礼记	3		4		4		7	5	1		5	2	3	1
	战国策							2		1					
	史记		5					6							
	淮南子	1	2					1		1				1	
	总计	4	7	4	0	4	0	16	5	3	0	5	2	4	1

以笄为类义素的首服配件名物词有玉笄、象笄、箭笄、吉笄、恶笄。

玉笄，以玉为材料的笄。在所测查的文献中共有 3 例，均见于上古中期的《周礼》。

（101）"玉笄朱纮。诸侯之缫斿九就。"（《周礼·夏官司马·弁师》）

象笄，以象骨为材料的笄。在所测查的文献中仅有 1 例，见于上古中期的《仪礼》。

（102）"吉笄者，象笄也。"（《仪礼·丧服》）

箭笄，丧服服饰，以筊竹为材料的笄。在所测查的文献中共有 3 例，其中上古中期的《仪礼》2 例，上古后期的《礼记》1 例。

（103）"箭笄终丧三年。"（《礼记·丧服小记》）

吉笄，古代指行吉礼时所用的发簪。在所测查的文献中共有 4 例，均见于上古中期的《仪礼》。

（104）"箭笄长尺，吉笄尺二寸。"（《仪礼·丧服》）

恶笄，丧服服饰，以榛木或柞木制成的笄。在所测查的文献中共有 4 例，见于上古中期的《仪礼》和上古后期的《礼记》。

（105）"恶笄者，栉笄也。"（《仪礼·丧服》）

（106）"齐衰：恶笄、带以终丧。"（《礼记·丧服小记》）

首服配件笄类名物词词项属性差异见表 1 –18，词频统计情况见表 1 –19。

表 1 –18　首服配件笄类名物词词项属性分析

属性			词项	玉笄	象笄	箭笄	吉笄	恶笄
语义属性	表义素	类义素		用以固定冠弁的笄				
		核心义素		专名	专名	专名	类名	类名
		关涉义素	材料	玉	象骨	筱竹	玉或象骨	筱竹
			功用	吉礼	吉礼	丧礼	吉礼	凶礼
生成属性	词义来源			语素组合	语素组合	语素组合	语素组合	语素组合
	词形结构			复合	复合	复合	复合	复合
使用属性	使用频率	上古前期		0	0	0	0	0
		上古中期		3	1	2	4	3
		上古后期		0	0	1	0	1
		总计		3	1	3	4	4

表 1 –19　首服配件笄类名物词词频统计

文献		词项	玉笄	象笄	箭笄	吉笄	恶笄
上古前期	尚书						
	诗经						
	周易						
	总计		0	0	0	0	0
上古中期	周礼		3				
	仪礼			1	2	4	3
	春秋左传						
	论语						
	孟子						
	庄子						

文献 \ 词项		玉笄	象笄	箭笄	吉笄	恶笄
上古中期	荀子					
	韩非子					
	吕氏春秋					
	老子					
	商君书					
	管子					
	孙子					
	总计	3	1	2	4	3
上古后期	礼记			1		1
	战国策					
	史记					
	淮南子					
	总计	0	0	1	0	1

第二章　体服名物词

上古时期的体服名物词是非常丰富的，既有专指某件服装的词，也有指整套服装的词，还有指服装某一部件的词。根据语义特征，现将体服名物词分为四类：一是专指某一件服装的词，即或衣或裳等的名字；二是上古礼服不可缺少的组成部分带、韠、韍等的名称；三是指称上古某一整套礼服的词语；四是指称体服某一部件的词。

第一节　衣裳类名物词

上衣和下装在上古时期是用不同词语来指称的，上衣为衣，下装为裳。体服衣裳类名物词就是指上古时期某一件服装的名称。根据语义特征，为方便比较分析，首先将衣裳类名物词从词形结构上进行分类，然后根据语义类别对多音节词语再进行分类，分为衣类、裘类、衮类、裳类等多音节名物词。

一　单音节衣裳类名物词

上古时期单音节衣裳类体服名物词有 20 个：衣、裘、衮/卷、衷、袒、禅、绢（jiōng）、褶、茧、袍、襦、襄、袆、私、衰/缞、襗/泽、褐、裳、襄、绔/袴。

（一）单音节衣裳类名物词词项语义特征

【衣】

衣，上古时期指上衣。《说文》："衣，依也。上曰衣，下曰裳。"《六书故》："上服也。象衣之领袂袪。衣之象形。"《释名》："人所以依以庇寒暑也。"《周易·系辞》："黄帝、尧、舜垂衣裳而天下治，盖取诸乾坤。"《诗经·邶风·绿衣》："绿衣黄裳。"毛传："上曰衣，下曰裳。"

【裘】

裘，用毛皮制成的御寒衣服。《诗经·豳风·七月》："一之日于貉，取彼狐狸，为公子裘。"《初学记》卷二六引汉班固《白虎通》："古者缁衣羔裘、黄衣狐裘，禽兽众多，独以狐羔，取其轻暖。"

【衮/卷】

衮/卷，古代帝王及上公穿的绘有卷龙图案的礼服。《周礼·春官·司服》："享先王则衮冕。"郑玄注引郑司农曰："衮，卷龙衣也。"孙诒让正义："案卷龙者，谓画龙于衣，其形卷曲，其字《礼记》多作卷。郑《王制》注云：'卷俗读也，其通则曰衮。'是衮虽取卷龙之义，字则以衮为正，作卷者借字也。"《后汉书·张衡传》："申伯、樊仲、实干周邦，服衮而朝，介圭作瑞。"《春秋左传·桓公二年》："衮冕黻珽。"杨伯峻注："衮音滚，古代天子及上公之礼服，祭祀时用之，画卷曲龙于衣上。"[1]

【衷】

衷，贴身内衣。《说文·衣部》："衷，里亵衣。"段注："亵衣，有在外者，衷则在内者也。"王筠《说文解字句读》（清同治四年安丘王氏刊本）："衷，里亵衣。上文释亵字只是私居之服耳，衷则私服之在中者，故言里以别之。然衷为衣名经典不见，《仓颉篇》衷别内外之词也。"唐兰《长沙马王堆汉轪侯妻辛追墓出土随葬遣策考释》："'衷二丈二尺，广五尺'，衷就是中字。穿在衣服里面的叫做衷。"

【衵】

衵，贴身衣。《说文·衣部》："衵，日日所常衣也。"《玉篇》："衵，近身衣也，日日所着衣。"《左传·宣公九年》："陈灵公与孔宁、仪行父通于夏姬，皆衷其衵服，以戏于朝。"杜预注："衵服，近身衣。"《后汉书·文苑传（下）·祢衡》："于是先解衵衣，次释馀服，裸身而立。"

【禅】

禅，单衣。《说文》："衣不重也。"《礼记·玉藻》："禅为绚。"郑玄注："绚，有衣裳而无里。"《释名·释衣服》："有里曰复，无里曰禅。"扬雄《方言》："汗襦，或谓之禅襦。"《汉书·江充传》："初，充召见犬

---

① 杨伯峻编著《春秋左传注》，中华书局，1981，第86页。

台宫，衣纱縠襌衣。"颜师古注："襌衣制若今之朝服中襌也。"

【绱】

绱，襌衣，罩在外面的单衣。《韵会》："襌衣也。"《礼记·玉藻》："襌为绱。"郑玄注："有衣裳而无里。"《礼记·中庸》引《诗》："衣锦尚绱。"朱熹集传："'褧'，'绱'同；襌衣也。"

【褶（dié）】

褶，夹衣。《礼记·玉藻》："襌为绱，帛为褶。"郑玄注："衣有表里而无着也。"陆德明释文："褶音牒，夹也。"《礼记·丧大记》："君褶衣褶衾。"郑玄注："褶，袷也。君衣尚多，去其着也。"《急就篇》注："褶，谓重衣之最在上者也。其形若袍，短身而广袖。"

【茧】

茧，絮丝绵的衣服。后作"襽"。《礼记·玉藻》："纩为茧，缊为袍，襌为绱，帛为褶。"郑玄注："衣有着之异名也。"孙希旦集解："衣以纩着之者谓之茧。"《左传·襄公二十一年》："重茧衣裘，鲜食而寝。"杜预注："茧，绵衣也。"孔颖达疏："茧是袍之别名。谓新绵着袍，故云绵衣。"

【袍】

袍，棉袍，即有夹层、中着绵絮的长衣。《说文》："襽也。"《释名》："袍，丈夫着下至跗者也。袍，苞也。苞，内衣也。妇人以绦作衣裳，上下连，四起施缘，亦曰袍，义亦然也。"《诗经·秦风·无衣》："岂曰无衣，与子同袍。"毛传："袍，襽也。"孔颖达疏："纯着新绵名为襽，杂用旧絮名为袍。虽着有异名，其制度是一。故云：袍，襽也。"

【襦】

襦，短衣，短袄。襦有单、复，单襦则近乎衫，复襦则近袄。《说文》："襦，短衣也。"段注："《方言》：襦，西南蜀汉之间谓之曲领，或谓之襦。《释名》有反闭襦，有单襦，有要襦。颜注《急就篇》曰：'短衣曰襦，自膝以上。'按，襦若今袄之短者，袍若今之袄之长者。"

【蓑】

蓑，蓑衣，用草制成的雨衣。《集韵》："衰，蓑本字。"《说文·衣部》："衰，草雨衣，秦谓之革。"《石经》作蓑。《广雅·释器》："革谓之衰。"王念孙疏证："《越语》云：'譬如蓑笠，时雨既至，必求之．'经传或从艹作蓑。"今本《国语·越语上》作"蓑笠"。《玉篇》："蓑，草衣也。"《诗经·小雅·无羊》："何蓑何笠。"毛传："蓑所以备雨。"

【袆】

袆，绘有野鸡图纹的王后祭服。古礼规定在随从君王祭祀先王时所服。《周礼·天官·内司服》："掌王后之六服，袆衣、揄狄、阙狄、鞠衣、展衣、缘衣。"郑玄注："袆衣，画翚者……从王祭先王时服袆衣。"《礼记·祭统》："君卷冕立于阼，夫人副袆立于东房。"

【私】

私，指日常衣服，便服。《诗经·周南·葛覃》："薄污我私，薄浣我衣。"毛传："私，燕服也。"孔颖达疏引王肃曰："言私，燕服，谓六服之外常着之服，则有污垢，故须浣。"

【袢/泽】

泽，汗衣，内衣。《诗经·秦风·无衣》："岂曰无衣？与子同泽。"郑玄笺："泽，亵衣，近污垢。"朱熹集传："泽，里衣也。以其亲肤，近于垢泽，故谓之泽。"《释名·释衣服》："汗衣，近身受汗垢之衣也。《诗》谓之泽，受汗泽也。"后作"袢"。袢，亵衣，贴身的衣裤。《周礼·天官·玉府》："掌王之燕衣服。"汉郑玄注："燕衣服者，巾絮寝衣袍袢之属。"孙诒让正义："盖凡着袍襦者必内着袢，次着袍，次着中衣，次加礼服为表。"《诗经·秦风·无衣》："与子同泽。"汉郑玄笺："袢，亵衣，近污垢。"孔颖达疏："《说文》云：'袢，袴也'，是其亵衣近污垢也；袢是袍类，故《论语》注云：'亵衣，袍袢也。'"

【衰（cuī）/缞】

衰，古代男子的上身丧服。衰，本义是指缀于胸前的一块麻布，表明子丧父母有摧心之痛，后引申用于泛指五服之上衣，如斩衰、齐衰、功衰、缌衰等。[1]《类篇》："衰，同缞，丧服也。"《礼记·丧服小记》："斩衰括发以麻，齐衰恶笄以终丧。"《周礼·天官·内司服》："共丧衰亦如之。"《礼记·曲礼下》："衰，凶器，不以告，不入公门。"孔颖达疏："衰者，孝子丧服也。"《左传·襄公十七年》："晏婴粗缞斩。"唐孔

---

① 丁凌华：《五服制度与传统法律》，商务印书馆，2013，第20页。

颖达疏："衰用布为之，广四寸，长六寸，当心。故云'在胸前'也。"张舜徽《说文解字约注》卷二五"缞"："此字本但作衰。从糸之缞，则后起增偏旁体耳。古人居丧，前有衰，后有负版，左右有辟领，皆以粗布为之，不缝不缉。"

缞，古时用于服丧的粗麻布条，披于胸前。《说文·糸部》："缞，服衣。"明赵宦光《说文长笺》："礼，缞长六寸博四寸，盖独指当颐下，拭泪佩巾也。"《左传·襄公十七年》："齐晏桓子卒，晏婴粗缞斩。"

【褐】

褐，指粗布衣，古时贫贱者所服，最早用葛、兽毛，后通常指大麻、兽毛的粗加工品。《说文》："褐，……一曰粗衣。"《孟子·滕文公上》："许子衣褐。"赵岐注："以毳织之，若今马衣也。或曰：褐，枲衣也；一曰粗布衣也。"焦循正义："任氏大椿《深衣释例》云：'……凡此言褐者，必曰短褐'。师古《贡禹传》注，以褐为布长襦。《演繁露》又以褐为'裾垂至地'，岂褐之长短，亦有古今之异与？'"

【裳】

裳，古人上穿衣，下穿裳，裳亦曰裙，男女皆服。《说文》："裳，下裙也。"《释名》："下曰裳。裳，障也，所以自障蔽也。"《左传·昭公十二年》："裳，下之饰也。"《诗经·小雅·斯干》"载衣之裳"，郑笺"昼日衣也"。《诗经·魏风·葛屦》"可以缝裳"，郑笺"男子之下服"。《诗经·邶风·绿衣》："绿兮衣兮，绿衣黄裳。"毛传："上曰衣，下曰裳。"钱玄《三礼名物通释·衣服·衣裳》："古时衣与裳有分者，有连者。男子之礼服，衣与裳分；燕居得服衣裳连者，谓之深衣。妇人之礼服及燕居之服，衣裳均连。"

【襗】

襗，套裤。《说文·衣部》："襗，绔也。"段玉裁注："襗之本义谓绔。"《左传·昭公二十五年》："公在乾侯，征褰与襦。"杜预注："褰，袴。"

【绔/袴】

绔，又作"袴"，左右各一，分裹两胫的套裤，以别于满裆的"裈"。《说文》："绔，胫衣也。"段玉裁《说文解字注》："今所谓套袴也，左右各一，分衣两胫，古之所谓绔，亦谓之襗，亦谓之襗，见衣部。

若今之满当袴，则古谓之挥，亦谓之幒，见巾部。此名之宜别者也。"
《集韵》："或作袴。"《急就篇》注："袴，胫衣也。"《史记·赵世家》：
"夫人置儿绔中。"又《司马相如传》："绔白虎。"注："绔，古袴字。"
《汉书·景十三王传》："短衣，大绔，长剑。"《淮南子·原道训》："短
绻不绔。"《礼记·内则》："衣不帛襦袴。"孙希旦集解："袴，下衣。"

（二）单音节衣裳类名物词词项属性差异

衣，上衣。在所测查的文献中共有 236 例，其中上古前期 32 例，上
古中期 142 例，上古后期 62 例。

（1）"东方未明，颠倒衣裳。"（《诗经·齐风·东方未明》）

（2）"与妇人蒙衣乘辇而入于闳。"（《春秋左传·成公十七年》）

（3）"重耳踰垣，宦者追斩其衣袪。"（《史记·晋世家》）

裘，用毛皮制成的御寒衣服。在所测查的文献中共有 66 例，其中上
古前期 2 例，上古中期 28 例，上古后期 36 例。

（4）"一之日于貉，取彼狐狸，为公子裘。"（《诗经·豳风·七
月》）

（5）"重茧，衣裘，鲜食而寝。"（《春秋左传·襄公二十一年》）

（6）"黑貂之裘弊，黄金百斤尽，资用乏绝，去秦而归。"（《战国
策·秦一·苏秦始将连横》）

衮/卷，古代帝王及上公穿的绘有卷龙图案的礼服。在所测查的文献
中共有 4 例，其中上古中期 1 例，用"衮"；上古后期 3 例，用"卷"。

（7）"衮、冕、黻、珽，带、裳、幅、舄，衡、纮、綖、綖，昭其
度也。"（《春秋左传·桓公二年》）

（8）"制：三公一命卷，若有加，则赐也，不过九命。"（《礼记·王
制》）

衷，贴身内衣。在所测查的文献中仅有 1 例，见于上古中期的《春
秋左传》。

（9）"服之不衷，身之灾也。"（《春秋左传·僖公二十四年》）

袒，每天都穿的贴身衣。在所测查的文献中仅有 1 例，见于上古中
期的《春秋左传》。

（10）"陈灵公与孔宁、仪行父通于夏姬，皆衷其袒服，以戏于朝。"

《春秋左传·宣公九年》

禅，单衣。在所测查的文献中仅有 1 例，见于上古后期《礼记》。

（11）"纩为茧，缊为袍，禅为䌷，帛为褶。"（《礼记·玉藻》）

䌹（jiōng），罩在外面的单衣。在所测查的文献中共有 2 例，均见于上古后期的《礼记》。

（12）"《诗》曰'衣锦尚䌹'，恶其文之著也。"（《礼记·中庸》）

褶，夹衣。在所测查的文献中共有 2 例。分别见于上古中期的《仪礼》和上古后期的《礼记》。

（13）"襚者以褶，则必有裳，执衣如初。"（《仪礼·士丧礼》）

茧，絮丝绵的衣服。在所测查的文献中共有 3 例，其中上古中期 1 例，上古后期 2 例。

（14）"重茧衣裘，鲜食而寝。"（《春秋左传·襄公二十一年》）

袍，棉袍，即有夹层、中着绵絮的长衣。在所测查的文献中共有 10 例，其中上古前期 1 例，上古中期 2 例，上古后期 7 例。

（15）"衣敝缊袍，与衣狐貉者立，而不耻者，其由也与？"（《论语·子罕》）

（16）"袍必有表，不禅，衣必有裳，谓之一称。"（《礼记·丧大记》）

襦，短衣，短袄。在所测查的文献中共有 7 例，其中上古中期 4 例，上古后期 3 例。

（17）"公在乾侯，征褰与襦。"（《春秋左传·昭公二十五年》）

（18）"罗襦襟解，微闻芗泽。"（《史记·滑稽列传》）

蓑，蓑衣，用草制成的雨衣。在所测查的文献中共有 8 例，其中上古前期 1 例，上古中期 3 例，上古后期 4 例。

（19）"被蓑以当铠镭，菹笠以当盾橹。"（《管子·禁藏》）

袆，王后随从君王祭祀先王时所服的绘有野鸡图纹的祭服。在所测查的文献中共有 5 例，均见于上古后期。

（20）"遂副、袆而受之，因少牢以礼之。"（《礼记·祭义》）

私，日常衣服，便服。在所测查的文献中仅有 1 例，见于上古前期的《诗经》。

（21）"薄污我私，薄浣我衣。"（《诗经·周南·葛覃》）

祥/泽，亵衣。在所测查的文献中仅有 1 例，见于上古前期的《诗经》。

（22）"岂曰无衣？与子同泽。"（《诗经·秦风·无衣》）

衰/缞，古代男子的上身丧服。在所测查的文献中，"衰"共有 45 例，其中上古中期 32 例，上古后期 8 例；"缞"有 5 例，上古中期 4 例，上古后期 1 例。

（23）"凡衰外削幅，裳内削幅。"（《仪礼·丧服》）

（24）"夫渊然清静者，缞绖之色也。"（《管子·小问》）

褐，粗布衣。在所测查的文献中共有 19 例，其中上古中期 10 例，上古后期 9 例。

（25）"是以圣人被褐怀玉。"（《老子·七十章》）

（26）"臣闻之，贲、诸怀锥刃而天下为勇，西施衣褐而天下称美。"（《战国策·楚三·唐且见春申君》）

裳，下身衣裙。在所测查的文献中共有 102 例，其中上古前期 23 例，上古中期 57 例，上古后期 22 例。

（27）"绿兮衣兮，绿衣黄裳。"（《诗经·邶风·绿衣》）

（28）"童子不衣裘、裳，立必正方，不倾听。"（《礼记·曲礼上》）

褰，套裤。在所测查的文献中仅有 1 例，见于上古中期的《春秋左传》。

（29）"公在乾侯，征褰与襦。"（《春秋左传·昭公二十五年》）

绔/袴，套裤。在所测查的文献中共有 8 例，其中上古中期 3 例，上古后期 5 例。

（30）"居无何，而朔妇免身生男，屠岸贾闻之，索于宫中，夫人置儿绔中。"（《史记·赵世家》）

（31）"十年，出就外傅，居宿于外，学书计。衣不帛襦袴。"（《礼记·内则》）

上古时期的 20 个单音节体服衣裳类名物词，"衣"是上身衣服的总名，"裘、衮/卷、衰、袒、禅、绀（jiōng）、褶、蛮、袍、襦、襄、袆、私、衰/缞"等都分别指称不同的穿在上身的衣服；"裳、褰、绔/袴、祥/泽"等则是指称穿在下身的衣服。"衣"指上衣；"裘"指毛皮制成的冬衣；"衮"指绘有衮龙图案且为帝王和上公专享的衣服；"衷、袒"为贴身衣，"袒"更突出每天都穿的特点；"禅、绀"为单衣，"绀"更强调罩衣的作用；"褶"为夹衣；"茧、袍"为有棉絮的衣服，"茧"用新绵，"袍"用旧絮，且"袍"为长衣，"襦"为短衣短袄；"蓑"指雨衣；"祎"指王后随从君王祭祀先王时所服的绘有野鸡图纹的衣服；"私"为日常便服；"祥/泽"是男子的贴身吸汗内衣；"衰/缞"是男子丧服的上衣。"裳"是穿在下身的类似于今天的裙的衣服，男女都穿；"褰，绔/袴"指穿在腿上的套裤，两腿是分开的，所以成对。

20 个单音节衣裳类名物词，都是单纯结构，只有"衰/缞、茧、私、祥/泽、褐"的词义是引申而来，其他都是约定俗成的。

"衣"的使用频率是最高的，其次是"裳"，再次是"裘"。但是，上古中期以后，"衣"和"裳"作为单音词出现的频率明显降低，这与体服双音节词语的大量涌现和"衣"词义的演变是分不开的。

单音节衣裳类名物词词项属性差异见表 2-1，词频统计情况见表 2-2。

表 2-1　单音节衣裳类名物词词项属性分析

属性 词项	语义属性					生成属性		使用属性			
	类义素	表义素				词义来源	词形结构	使用频率			
		核心义素	关涉义素					上古前期	上古中期	上古后期	总计
			功用	材料	服者						
衣	穿在上身或下身的单件衣服	上衣				约定俗成	单纯	32	142	62	236
衮/卷		外衣	祭服		大王	约定俗成	单纯	0	1	3	4
裘		皮衣	御寒	兽皮		约定俗成	单纯	2	28	36	66
衷		内衣	贴身			约定俗成	单纯	0	1	0	1
袒		内衣				约定俗成	单纯	0	1	0	1
襌		单衣				约定俗成	单纯	0	0	1	1
絅		单罩衣				约定俗成	单纯	0	0	2	2
褶		夹衣				约定俗成	单纯	0	1	1	2
茧		绵衣		新绵		引申	单纯	0	1	2	3
袍		长衣		旧絮		约定俗成	单纯	1	2	7	10
襦		短衣				约定俗成	单纯	0	4	3	7
蓑		雨衣	御雨	草		约定俗成	单纯	1	3	4	8
祎		礼衣	祭服		王后	约定俗成	单纯	0	0	5	5

续表

属性＼词项	语义属性					生成属性		使用属性			
	类义素	表义素				词义来源	词形结构	使用频率			
		核心义素	关涉义素					上古前期	上古中期	上古后期	总计
			功用	材料	服者						
私		便服				引申	单纯	1	0	0	1
裈/泽		内衣	吸汗		男子	引申	单纯	1	0	0	1
衰/缞		丧服	丧服	麻/布	男子	引申	单纯	0	36	9	45
褐		粗布衣		麻	贫贱者	引申	单纯	0	10	9	19
裳		下衣	障蔽			约定俗成	单纯	23	57	22	102
襗		套裤	护胫			约定俗成	单纯	0	1	0	1
绔/袴		套裤	护胫			约定俗成	单纯	0	3	5	8

表2-2　单音节衣裳类名物词词频统计（1）

文献	词项	衣	裳	衮/卷	衷	袒	禅	绸	褶	茧	袍
上古前期	尚书	3									
	诗经	26	2								1
	周易	3									
	总计	32	2	0	0	0	0	0	0	0	1
上古中期	周礼	12	4								
	仪礼	22							1		
	春秋左传	13	4	1	1	1				1	
	论语	3	2								1
	孟子	5									
	庄子	14	2								1
	荀子	20	1								
	韩非子	10	6								
	吕氏春秋	32	8								
	老子										
	商君书	3									
	管子	8	1								
	孙子										
	总计	142	28	1	1	1	0	0	1	1	2

续表

文献	词项	衣	裘	袞/卷	衷	衵	禅	绹	褶	茧	袍
上古后期	礼记	14	6	3			1	2	1	2	2
	战国策	12	6								
	史记	30	12								4
	淮南子	6	12								1
	总计	62	36	3	0	0	1	2	1	2	7

表 2－2 单音节衣裳类名物词词频统计表 (2)

文献	词项	襦	襄	袆	私	衰/缞	褐	裳	襄	绔/袴	祥/泽
上古前期	尚书							4			
	诗经		1		1			16			1
	周易							3			
	总计		1	0	1	0	0	23	0	0	1
上古中期	周礼					4		2			
	仪礼	1	1			15		26			
	春秋左传	1				14		10	1		
	论语							1			
	孟子						4				
	庄子	1				1	3	2			
	荀子					1	1	7			
	韩非子									3	
	吕氏春秋	1					1	5			
	老子						1				
	商君书							1			
	管子		2			1		3			
	孙子										
	总计	4	3	0	0	36	10	57	1	3	0
上古后期	礼记	1		4		8		18		1	
	战国策			1			1	1			
	史记	2					8	1		2	
	淮南子		4			1		2		2	
	总计	3	4	5	0	9	9	22	0	5	0

二　多音节衣类名物词

古人重衣轻裳，上衣有内有外，有长有短，有单有棉，有素有彩，有绢有皮，有礼服，有便服。体服衣类名物词在单音节的基础上，形成了大量的多音节词语，以双音节为主。其中以衣为类义素的上古体服多音节衣类名物词共有 40 个。

（一）多音节衣类名物词词项语义特征

端委：古代礼衣。《左传·昭公元年》："吾与子弁冕端委，以治民临诸侯。"杜预注："端委，礼衣。"孔颖达疏引服虔曰："礼衣端正无杀，故曰端；文德之衣尚褒长，故曰委。"

丝衣：祭服也。《诗经·周颂·丝衣》："丝衣其纤，载弁俅俅。"毛传："丝衣，祭服也。"

玄衣：古代祭祀穿的一种赤黑色礼服，天子祭群小祀时服之。《周礼·春官·司服》："祭群小祀则玄冕。"郑玄注："玄者，衣无文、裳刺黻而已……凡冕服皆玄衣纁裳。"亦为卿大夫的命服。《礼记·王制》："周人冕服而祭，玄衣而养老。"孔颖达疏："《仪礼》：'朝服缁布衣素裳。'缁则玄，故为玄衣素裳。"

纯（chún）衣：士人一级的祭服，以丝为之。《仪礼·士冠礼》："爵弁，服纁裳、纯衣、缁带、韎韐。"郑玄注："纯衣，丝衣也。馀衣皆用布，唯冕与爵弁服用丝耳。"

宵衣/绡衣：宵，通"绡"，黑色的丝服。古代妇女助祭时所穿。《仪礼·士昏礼》："姆纚笄宵衣在其右。"郑玄注："宵，读为《诗》'素衣朱绡'之绡；《鲁诗》以绡为绮属也；姆，亦玄衣；以绡为领，因以为名，且相别耳。"《仪礼·特牲馈食礼》："主妇纚笄宵衣，立于房中，南面。"郑玄注："宵，绮属也。此衣染之以黑，其缯本名宵……凡妇人助祭者同服也。"

黼衣：绣有黑白斧形花纹的礼服。《荀子·哀公》："黼衣、黻裳者，不茹荤。"杨倞注："黼衣、黻裳，祭服也。白与黑为黼。"《文选》韦孟《讽谏》诗："黼衣朱黻，四牡龙旗。"李善注引应劭曰："黼衣，衣上画为斧形，而白与黑为采。"汉王粲《神女赋》："袭罗绮之黼衣，曳缛绣之华裳。"

朝衣：君臣上朝时穿的礼服。《孟子·公孙丑上》："立于恶人之朝，与恶人言，如以朝衣朝冠坐于涂炭。"

缁衣：古代用黑色帛做的朝服。《诗经·郑风·缁衣》："缁衣之宜兮，敝予又改为兮。"毛传："缁，黑也，卿士听朝之正服。"

紫衣：紫色衣服，春秋战国时国君服用紫。《左传·哀公十七年》："良夫乘衷甸两牡，紫衣狐裘。至，袒裘，不释剑而食。大子使牵以退，数之以三罪而杀之。"杜预注："紫衣，君服。三罪，紫衣、袒裘、带剑。"

褧衣：用枲麻类植物纤维织布制成的单罩衣。古代女子出嫁时在途中所穿，罩在锦衣外面以蔽尘土。《说文》："褧，檾也。"段玉裁注："檾者，枲属。绩枲为衣，是为褧衣。"《诗经·卫风·硕人》："硕人其颀，衣锦褧衣。"毛传："夫人德盛而尊，嫁则锦衣加褧襜。"郑玄笺："盖以禅縠为之，中衣裳用锦而上加禅縠焉，为其文之大者也。国君夫人翟衣而嫁。今衣锦者，在途之所服也。"明杨慎《升庵经说·毛诗·褧衣》："褧衣，或作絅衣，《说文》作檾衣，《仪礼》作颎衣，又作景衣，音义并同，皆嫁时在途之衣也。"

朱襦：红色短袄，为古代大射之服。《仪礼·大射》："小臣正赞袒，公袒朱襦。卒袒，小臣正退俟于东堂。"

襏襫：蓑衣之类的防雨衣。《集韵》："襏襫，蓑雨衣也。"《国语·齐语》："首戴茅蒲，身衣襏襫，沾体涂足，暴其发肤，尽其四支之敏，以从事于田野。"韦昭注："茅蒲，蹲笠也。襏襫，蓑襞衣也。"

素衣[1]：白色丧服。《礼记·曲礼下》："大夫、士去国，踰竟，为坛位，向国而哭，素衣、素裳、素冠。"郑玄注："言以丧礼自处也。"孔颖达疏："素衣、素裳、素冠者，今既离君，故其衣、裳、冠皆素，为凶饰也。"

麻衣：丧服。《礼记·间传》："又期而大祥，素缟麻衣。"郑玄注："谓之麻者，纯用布，无采饰也。"

练衣：用经过煮练加工的布所制之衣。古礼，亲丧小祥可着练布衣冠。《礼记·檀弓上》："练，练衣黄里；縓，缘。"郑玄注："小祥，练冠、练中衣，以黄为内，縓为饰。"孔颖达疏："练，小祥也，小祥而着练冠、练中衣，故曰练也。练衣者，练为中衣，黄里者，黄为中衣里者。"

端衰：古丧服上衣。《礼记·杂记上》："端衰，丧车，皆无等。"孔颖达疏："端衰，谓丧服上衣，以其缀六寸之衰于心前，故衣亦曰衰。端，正也。"

深衣：上衣下裳相连的诸侯、大夫、士所穿的家居常服、庶人的常礼服。《礼记·深衣》："古者深衣，盖有制度，以应规矩，绳权衡。"郑玄注："名曰深衣者，谓连衣裳而纯之以采也。"孔颖达疏："凡深衣皆用诸侯、大夫、士夕时所着之服，故《玉藻》云：'朝玄端，夕深衣。'庶人吉服，亦深衣。"

襜褕：古代一种衣裳相连的直裾长衣。为男女通用的非正朝之服，因其宽大而长作襜襜然状，故名。《史记·魏其武安侯列传》："元朔三年，武安侯坐衣襜褕入宫，不敬。"司马贞索隐："襜，尺占反。褕音踰。谓非正朝衣，若妇人服也。"《汉书·隽不疑传》："始元五年，有一男子乘黄犊车，建黄旄，衣黄襜褕，着黄冒，诣北阙，自谓卫太子。"颜师古注："襜褕，直裾禅衣。"

缟衣：缟，细而白的丝织品。缟衣，以缟为材料的上衣，即白绢衣。《礼记·王制》："殷人冔而祭，缟衣而养老。"郑玄注："殷尚白而缟衣裳。"《列子·黄帝》："子华之门徒皆世族也，缟衣乘轩，缓步阔视。"

缊袍：以新旧混合的绵絮或乱絮为絮的袍子，古为贫者所服。缊，新旧混合的绵絮，乱絮。《礼记·玉藻》："纩为茧，缊为袍。"郑玄注："纩谓今之新绵也。缊谓今纩及旧絮也。"《汉书·东方朔传》："以韦带剑，莞蒲为席，兵木无刃，衣缊无文。"颜师古注："缊，乱絮也。"《论语·子罕》："衣敝缊袍，与衣狐貉者立，而不耻者，其由也与？"朱熹集注："缊，枲着也；袍，衣有著者也。盖衣之贱者。"

短褐/竖褐/裋褐：粗布短衣，古代多为贫贱者所服的短窄粗陋布衣。《墨子·非乐上》："昔者齐康公，兴乐万，万人不可衣短褐，不可食糟糠。"孙诒让闲诂："短褐，即裋褐之借字。"晋陶潜《五柳先生传》："短褐穿结，箪瓢屡空，晏如也。"逯钦立注："短褐，粗布短衣。"《荀子·大略》："衣则竖褐不完。"唐杨倞注："竖褐，僮竖之褐，亦短褐也。"《荀子·大略》："古之贤人，贱为布衣，贫为匹夫，食则馆粥不足，衣则竖褐不完。"杨倞注："竖褐，僮竖之褐，亦短褐也。"《史记·

秦始皇本纪》："夫寒者利裋褐。"唐司马贞索隐："裋，一音竖。谓褐布竖裁，为劳役之衣，短而且狭，故谓之短褐，亦曰竖褐。"

中衣：《释名》："中衣，言在外。小衣之外，大衣之中也。"古时穿在祭服、朝服内的里衣。《礼记·郊特牲》："绣黼丹朱中衣。"孔颖达疏："中衣，谓以素为冕服之里衣。"《后汉书·舆服志上》："大夫台门旅树反坫，绣黼丹朱中衣。"刘昭注引郑玄曰："绣黼丹朱以为中衣领缘也。"

素衣[2]：白色丝绢中衣。《诗经·唐风·扬之水》："素衣朱襮，从子于沃。"陈奂传疏："素衣，谓中衣也……孔疏云：'中衣，谓冕及爵弁之中衣，以素为之。'"《论语·乡党》："（君子）缁衣羔裘，素衣麑裘，黄衣狐裘。"何晏集解："孔曰：'服皆中外之色相称也。'"

裼衣：夹衣。《礼记·丧大记》："君裼衣裼衾，大夫士犹小敛也。"郑玄注："裼，袷也。君衣尚多，去其着也。"

明衣：干净的内衣。一是斋戒期间沐浴后所穿，《论语·乡党》："斋，必有明衣，布。"何晏集解："孔曰：'以布为沐浴衣。'"一是死者洁身后所穿，《仪礼·士丧礼》："明衣裳用布。"贾公彦疏："下浴讫，先设明衣，故知亲身也。"

亵衣[1]：内衣，贴身之衣。《礼记·檀弓下》："季康子之母死，陈亵衣。敬姜曰：'妇人不饰不敢见舅姑。将有四方之宾来，亵衣何为陈于斯？'命彻之。"

亵衣[2]：脏衣，已穿过的衣服。《仪礼·既夕礼》："彻亵衣，加新衣。"郑玄注："故衣垢污，为来人秽恶之。"贾公彦疏："'彻亵衣'据死者而言，则生者亦去故衣，服新衣矣。'彻亵衣'谓故玄端已有垢污，故来人秽恶，是以彻去之。'加新衣'者，谓更加新朝服。《丧大记》亦云：'彻亵衣，加新衣。'郑注云：'彻亵衣，则所加者新朝服矣，互言之也。'"

税衣：有赤色边缘装饰的黑衣。《礼记·杂记上》："茧衣裳，与税衣，纁袡为一。"郑玄注："税衣，若玄端而连衣裳者也。"孔颖达疏："税，谓黑衣也。"《礼记·杂记上》："夫人税衣揄狄，狄税素沙。"陈澔集说："税衣，色黑而缘以纁。"

朱衣：大红色的公服。《礼记·月令》："（孟夏之月）天子居明堂左个，乘朱路，驾赤骊，载赤旗，衣朱衣，服赤玉，食菽与鸡，其器高以粗。"

黄衣：黄色的衣服。一是古代帝王蜡祭时所穿的衣服。《礼记·郊特牲》："黄衣黄冠而祭。"二是穿在狐裘外面的黄色罩衣。《礼记·玉藻》："（君子）狐裘，黄衣以裼之。锦衣狐裘，诸侯之服也。犬羊之裘不裼。"《论语·乡党》："缁衣，羔裘；素衣，麑裘；黄衣，狐裘。"杨伯峻注："这三句表示衣服里外的颜色应该相称。古代穿皮衣，毛向外，因之外面一定要用罩衣，这罩衣就叫裼衣。这里的'缁衣''素衣''黄衣'的衣指的正是裼衣。"

白衣：白色的衣服。《礼记·月令》："（孟秋之月）天子居总章左个，乘戎路，驾白骆，载白旗，衣白衣，服白玉，食麻与犬，其器廉以深。"

黑衣：黑色的衣服。《礼记·月令》："（孟冬之月）天子居玄堂大庙，乘玄路，驾铁骊，载玄旗，衣黑衣，服玄玉，食黍与彘，其器闳以奄。"

青衣：青色的衣服，帝王、后妃的春服。《礼记·月令》："（孟春之月）天子居青阳左个，乘鸾路，驾仓龙，载青旗，衣青衣，服仓玉，食麦与羊，其器疏以达。"郑玄注："皆所以顺时气也。"

采衣：彩色之衣，亦指未冠者之服。《仪礼·士冠礼》："将冠者，采衣，纷。"郑玄注："采衣，未冠者所服。"

锦衣：精美华丽的衣服，指显贵者的服装。《诗经·秦风·终南》："君子至止，锦衣狐裘。"毛传："锦衣，采色也。"孔颖达疏："锦者，杂采为文，故云采衣也。"

袗衣：绘绣有文采的华贵衣服，指天子所穿的盛服。《孟子·尽心下》："舜之饭糗茹草也，若将终身焉，及其为天子也，被袗衣，鼓琴。"赵岐注："袗，画也……被画衣，黼黻絺绣也。"

赭衣：古代囚衣。因以赤土染成赭色，故称。《荀子·正论》："杀，赭衣而不纯。"杨倞注："以赤土染衣，故曰赭衣……杀之，所以异于常人之服也。"

纻衣：苎麻所织之衣。《左传·襄公二十九年》："聘于郑，见子产，如旧相识。与之缟带，子产献纻衣焉。"杜预注："吴地贵缟，郑地贵纻，故各献己所贵，示损己而不为彼货利。"

罗襦：绸制短衣。《史记·滑稽列传》："罗襦襟解，微闻芗泽。"

绣衣：彩绣的丝绸衣服。古代贵者所服，今多指饰以刺绣的丝质服装。《左传·闵公二年》："（卫懿公）与夫人绣衣，曰：'听于二子！'"

绨衣：厚缯制成之衣。《史记·孝文本纪》："上常衣绨衣，所幸慎夫人，令衣不得曳地，帏帐不得文绣，以示敦朴，为天下先。"北周庾信《三月三日华林园马射赋序》："克己备于礼容，威风总于戎政；加以卑宫菲食，皂帐绨衣，百姓为心，四海为念。"

（二）多音节衣类名物词词项属性差异

端委，礼衣。在所测查的文献中共有 3 例，均见于上古中期的《春秋左传》。

（32）"大伯端委以治周礼，仲雍嗣之，断发文身，嬴以为饰，岂礼也哉？"（《春秋左传·哀公七年》）

丝衣，祭服。在所测查的文献中仅有 1 例，见于上古前期的《诗经》。

（33）"丝衣其纾，载弁俅俅。"（《诗经·周颂·丝衣》）

玄衣，赤黑色礼服。在所测查的文献中共有 4 例。其中上古中期的《周礼》1 例，上古后期的《礼记》3 例。

（34）"玄衣朱裳。执戈扬盾。"（《周礼·夏官司马·方相氏》）

（35）"周人冕而祭，玄衣而养老。"（《礼记·王制》）

纯衣，以丝为之的祭服。在所测查的文献中共有 5 例，其中上古中期的《仪礼》3 例，上古后期的《礼记》和《史记》各 1 例。

（36）"女次，纯衣纁袡，立于房中南面。"（《仪礼·士昏礼》）

宵衣/绡衣，黑色的丝服。在所测查的文献中共有 4 例，其中"宵衣"有 3 例，均见于上古中期的《仪礼》，"绡衣"有 1 例，见于上古后期的《礼记》。

（37）"夙兴，妇沐浴，缅、笄、宵衣以俟见。"（《仪礼·士昏礼》）

（38）"君子狐青裘豹褎，玄绡衣以裼之。"（《礼记·玉藻》）

黼衣，绣有黑白斧形花纹的礼服。在所测查的文献中仅 1 例，见于上古中期的《荀子》。

（39）"黼衣黼裳者不茹葷，非口不能味也，服使然也。"（《荀子·哀公》）

朝衣，君臣上朝时穿的礼服。在所测查的文献中共有 5 例，其中上古中期的《孟子》2 例，上古后期的《史记》3 例。

（40）"于是历吉日以斋戒，袭朝衣，乘法驾，建华旗，鸣玉鸾，游乎六艺之圃，骛乎仁义之涂，览观春秋之林。"（《史记·司马相如列传》）

缁衣，黑色帛做的朝服。在所测查的文献中共有 11 例，其中上古前期 3 例，上古中期 7 例，上古后期 1 例。

（41）"杨朱之弟杨布衣素衣而出，天雨，解素衣，衣缁衣而反，其狗不知而吠之。"（《韩非子·说林下》）

紫衣，紫色衣服，春秋战国时国君服用紫。在所测查的文献中共有 4 例，均见于上古中期。

（42）"委蛇，其大如毂，其长如辕，紫衣而朱冠。"（《庄子·达生》）

裧衣，古代女子出嫁途中用以蔽尘土的单罩衣。在所测查的文献中共有 3 例，均见于上古前期的《诗经》。

（43）"衣锦裧衣，裳锦裧裳。叔兮伯兮，驾予与行。"（《诗经·郑风·丰》）

朱襦，红色短袄，为古代大射之服。在所测查的文献中共有 3 例，均见于上古中期的《仪礼》。

（44）"君袒朱襦以射，小臣以巾执矢以授。"（《仪礼·乡射礼》）

襏襫，襏衣之类的防雨衣。在所测查的文献中仅有 1 例，见于上古中期的《管子》。

（45）"首戴茅蒲，身服襏襫，沾体涂足，暴其发肤，尽其四支之力，以从事于田野。"（《管子·小匡》）

素衣[1]，丧服。在所测查的文献中仅有 1 例，见于上古后期的《礼记》。

（46）"大夫士去国，踰竟，为坛位，向国而哭，素衣、素裳、素冠，彻缘，鞮屦，素幦，乘髦马，不蚤鬋，不祭食，不说人以无罪，妇人不当御，三月而复服。"（《礼记·曲礼下》）

麻衣，丧服。在所测查的文献中共有 5 例，其中上古中期 3 例，上古后期 2 例。

（47）"大夫卜宅与葬日，有司麻衣、布衰、布带，因丧屦，缁布冠不蕤，占者皮弁。"（《礼记·杂记上》）

练衣，用经过煮练加工的布所制之衣。在所测查的文献中仅有1例，见于上古后期的《礼记》。

（48）"练，练衣黄里、縓缘，葛要绖，绳屦无绚，角瑱，鹿裘衡、长、袪。"（《礼记·檀弓上》）

端衰，丧服上衣。在所测查的文献中仅有1例，见于上古后期的《礼记》。

（49）"端衰、丧车，皆无等。"（《礼记·杂记上》）

深衣，上衣下裳相连的诸侯、大夫、士所穿的家居常服、庶人的常礼服。在所测查的文献中共有8例，均见于上古后期的《礼记》。

（50）"将军文子之丧，既除丧而后越人来吊，主人深衣、练冠，待于庙，垂涕洟。"（《礼记·檀弓上》）

襜褕，古代一种衣裳相连的直裾长衣。在所测查的文献中仅有1例，见于上古后期的《史记》。

（51）"元朔三年，武安侯坐衣襜褕入宫，不敬。"（《史记·魏其武安侯列传》）

缟衣，白绢衣。在所测查的文献中共有5例，其中上古前期2例，上古后期3例。

（52）"缟衣茹藘，聊可与娱。"（《诗经·郑风·出其东门》）

缊袍，以新旧混合的绵絮或乱絮为絮的袍子。在所测查的文献中共有3例，其中上古中期2例，上古后期1例。

（53）"衣敝缊袍，与衣狐貉者立，而不耻者，其由也与？"（《论语·子罕》）

（54）"曾子居卫，缊袍无表，颜色肿哙，手足胼胝。"（《庄子·让王》）

短褐/竖褐/裋褐，粗布短衣，古代多为贫贱者所服的短窄粗陋布衣。在所测查的文献中共有13例，"短褐"居多，有11例，其中上古中期4例，上古后期7例；"竖褐"与"裋褐"各有1例，"竖褐"见于上古中期的《荀子》，"裋褐"见于上古后期的《史记》。

（55）"旄象豹胎必不衣短褐而食于茅屋之下，则锦衣九重，广室高台。"（《韩非子·喻老》）

（56）"荆有长松、文梓、梗、枏、豫樟，宋无长木，此犹锦绣之与短褐也。"（《战国策·宋卫·公输般为楚设机》）

（57）"古之贤人，贱为布衣，贫为匹夫，食则饘粥不足，衣则竖褐不完；然而非礼不进，非义不受，安取此？"（《荀子·大略》）

（58）"夫寒者利裋褐而饥者甘糟糠，天下之嗷嗷，新主之资也。"（《史记·秦始皇本纪》）

中衣，古时穿在祭服、朝服内的里衣。在所测查的文献中仅有 1 例，见于上古后期的《礼记》。

（59）"台门而旅树，反坫，绣黼丹朱中衣，大夫之僭礼也。"（《礼记·郊特牲》）

素衣^2，白色丝绢中衣。在所测查的文献中共有 6 例，其中上古前期 3 例，见于《诗经》；上古中期 3 例，见于《论语》1 例《韩非子》2 例。

（60）"素衣朱绣，从子于鹄。"（《诗经·唐风·扬之水》）

（61）"缁衣羔裘，素衣麑裘，黄衣狐裘。"（《论语·乡党》）

褶衣，夹衣。在所测查的文献中仅有 1 例，见于上古后期的《礼记》。

（62）"君褶衣、褶衾，大夫士犹小敛也。"（《礼记·丧大记》）

明衣，干净的内衣。在所测查的文献中共有 7 例，上古中期 6 例，上古后期 1 例。

（63）"乃袭三称，明衣不在筭。"（《仪礼·士丧礼》）

褻衣^1，内衣。在所测查的文献中共有 4 例，其中上古中期的《荀子》1 例，上古后期的《礼记》3 例。

（64）"设褻衣，袭三称，缙绅而无钩带矣。"（《荀子·礼论》）

褻衣^2，已穿过的脏衣。在所测查的文献中此义共有 2 例，分别见于上古中期的《仪礼》和上古后期的《礼记》。

（65）"彻褻衣，加新衣，体一人。"（《礼记·丧大记》）

税衣，有赤色边缘装饰的黑衣。在所测查的文献中共有 3 例，均见于上古后期的《礼记》。

（66）"士以爵弁，士妻以税衣，皆升自东荣。"（《礼记·丧大记》）

朱衣，大红色的公服。在所测查的文献中共有 5 例，其中上古中期 2 例，上古后期 3 例。

（67）"天子居明堂太庙，乘朱辂，驾赤骝，载赤旗，衣朱衣，服赤

玉，食菽与鸡。其器高以觕。养壮狡。"（《吕氏春秋·仲夏纪》）

黄衣，黄色的衣服。在所测查的文献中共有 9 例，其中上古中期 3 例，上古后期 6 例。

（68）"黄衣、黄冠而祭，息田夫也。"（《礼记·郊特牲》）

白衣，白色的衣服。在所测查的文献中共有 7 例，其中上古中期 3 例，上古后期 4 例。

（69）"天子居总章大庙，乘戎路，驾白骆，载白旂，衣白衣，服白玉，食麻与犬，其器廉以深。"（《礼记·月令》）

黑衣，黑色的衣服。在所测查的文献中共有 9 例，其中上古中期 3 例，上古后期 6 例。

（70）"天子居玄堂大庙，乘玄路，驾铁骊，载玄旗，衣黑衣，服玄玉，食黍与彘，其器闳以奄。"（《礼记·月令》）

青衣，青色的衣服。在所测查的文献中共有 8 例，其中上古中期 3 例，上古后期 5 例。

（71）"管仲父出，朱盖青衣，置鼓而归，庭有陈鼎，家有三归。"（《韩非子·外储说左下》）

采衣，彩色之衣，亦指未冠者之服。在所测查的文献中仅有 1 例。见于上古中期的《仪礼》。

（72）"将冠者，采衣，纷"。（《仪礼·士冠礼》）

锦衣，精美华丽的衣服。在所测查的文献中共有 5 例，其中上古前期 1 例，上古中期 2 例，上古后期 2 例。

（73）"墨子见荆王，锦衣吹笙，因也。"（《吕氏春秋·慎大览第三·贵因》）

袗衣，指天子所穿的绘绣有文采的华贵衣服。在所测查的文献中仅有 1 例，见于上古中期的《孟子》。

（74）"舜之饭糗茹草也，若将终身焉，及其为天子也，被袗衣，鼓琴。"（《孟子·尽心下》）

赭衣，古代以赤土染成赭色的囚衣。在所测查的文献中共有 2 例，分别见于上古中期的《荀子》和上古后期的《史记》。

（75）"唯孟舒、田叔等十余人赭衣自髡钳，称王家奴，随赵王敖至长安。"（《史记·田叔列传》）

纻衣，苎麻所织之衣。在所测查的文献中共有 2 例，分别见于上古中期的《春秋左传》和上古后期的《战国策》。

（76）"伯乐遭之，下车攀而哭之，解纻衣以幂之。"（《战国策·楚四·汗明见春申君》）

罗襦，绸制短衣。在所测查的文献中仅有 1 例，见于上古后期的《史记》。

（77）"主人留髡而送客，罗襦襟解，微闻芗泽。"（《史记·滑稽列传》）

绣衣，彩绣的丝绸衣服。在所测查的文献中共有 3 例，其中上古中期 1 例，上古后期 2 例。

（78）"无不被绣衣而食菽粟者。"（《战国策·齐四·鲁仲连谓孟尝》）

绨衣，厚缯制成之衣。在所测查的文献中仅有 1 例，见于上古后期的《史记》。

（79）"上常衣绨衣，所幸慎夫人，令衣不得曳地，帏帐不得文绣，以示敦朴，为天下先。"（《史记·孝文本纪》）

上古时期以衣为类义素的多音节衣类名物词共有 40 个。这类词都是语素组合形成的复合结构的双音节合成词，用来指称上衣。"端委、丝衣、玄衣、纯衣、宵衣/绡衣、黼衣"都指称祭服，"纯衣"是士人一级的祭服，"宵衣/绡衣"是妇人的祭服，"玄衣"是黑色的，"黼衣"是有黑白斧形花纹的；"朝衣、缁衣、紫衣"都是朝服，"缁"与"紫"是表示颜色的义素；"褧衣"是嘉礼服，新娘在出嫁途中用来蔽尘土的单罩衣；"朱襦"是表颜色的义素"朱"与表形制的义素"襦"的组合，是大射之服；"裯襫"是防雨之衣；"素衣[1]、麻衣、练衣、端衰"都是丧服之衣；"深衣、襜褕、缟衣、缊袍、短褐/竖褐/裋褐"都是日常便服，"短褐/竖褐/裋褐"是贫贱者的粗陋之衣，所以短窄；"中衣、素衣[2]"都是中衣；"褶衣"指夹衣；"明衣、亵衣[1]"指内衣；"亵衣[2]"指脏衣；"税衣"指有赤色边缘装饰的黑衣；"朱衣、黄衣、白衣、黑衣、青衣、采衣、锦衣、袗衣、赭衣、绣衣"都是用表示颜色、花纹的"义素"与"衣"组合形成的词语，来指称不同颜色的衣服；"罗襦、绨衣"是因服饰材料而命名。

该类别词语上古前期即有的只有"丝衣、缁衣、褧衣、缟衣、素衣[2]、锦衣"6个，其中"丝衣、裘衣"在上古中后期所测查的文献中便再没有用例了。其他词语的使用大多出现在上古中期，上古后期使用更多。这一现象从一定程度上说明，汉语词汇的发展从单音节到双音节的发展，上古中期是一个高峰，上古后期更加成熟。

多音节衣类名物词词项属性差异见表2-3，词频统计情况见表2-4。

表2-3 多音节衣类名物词词项属性分析

属性 / 词项	语义属性				生成属性		使用属性			
	类义素	表义素			词义来源	词形结构	使用频率			
		核心义素	关涉义素				上古前期	上古中期	上古后期	总计
			功用	颜色	服者						
端委	穿在上身的衣服	礼衣	祭服			语素组合	复合	0	3	0	3
丝衣		丝衣	祭服			语素组合	复合	1	0	0	1
玄衣		礼服	祭服	赤黑		语素组合	复合	0	1	3	4
纯衣		丝衣	祭服		士人	语素组合	复合	0	3	2	5
宵衣/绡衣		丝服	祭服	黑色	妇人	语素组合	复合	0	3	1	4
黼衣		黼衣	祭服	黑白		语素组合	复合	0	1	0	1
朝衣		朝衣	朝服			语素组合	复合	0	2	3	5
缁衣		缁衣	朝服	黑色		语素组合	复合	3	7	1	11
紫衣		紫衣	朝服	紫色		语素组合	复合	0	4	0	4
袅衣		单罩衣	蔽尘土		新娘	语素组合	复合	3	0	0	3
朱襦		短袄	大射服	大红		语素组合	复合	0	3	0	3
袯襫		雨衣	御雨			语素组合	复合	0	1	0	1
素衣[1]		素衣	丧服	白色		语素组合	复合	0	0	1	1
麻衣		麻衣	丧服			语素组合	复合	0	3	2	5
练衣		练衣	丧服			语素组合	复合	0	0	1	1
端衰		丧服	丧服			语素组合	复合	0	0	1	1
深衣		长衣	常服			语素组合	复合	0	0	8	8
襜褕		长衣	常服			语素组合	复合	0	0	1	1
缟衣		绢衣	燕居	白色		语素组合	复合	2	0	3	5
缊袍		绵袍				语素组合	复合	0	2	1	3
短褐/竖褐/裋褐		短衣				语素组合	复合	0	5	8	13

续表

属性 \ 词项	类义素	核心义素	关涉义素 功用	关涉义素 颜色	关涉义素 服者	词义来源	词形结构	上古前期	上古中期	上古后期	总计
中衣		里衣				语素组合	复合	0	0	1	1
素衣²		素衣				语素组合	复合	3	3	0	6
褶衣		夹衣				语素组合	复合	0	0	1	1
明衣						语素组合	复合	0	6	1	7
亵衣¹		内衣				语素组合	复合	0	1	3	4
亵衣²		脏衣				语素组合	复合	0	1	1	2
税衣						语素组合	复合	0	0	3	3
朱衣				红色		语素组合	复合	0	2	3	5
黄衣				黄色		语素组合	复合	0	3	6	9
白衣				白色		语素组合	复合	0	3	4	7
黑衣				黑色		语素组合	复合	0	3	6	9
青衣				青色		语素组合	复合	0	3	5	8
采衣		彩衣		彩色		语素组合	复合	0	1	0	1
锦衣		华服				语素组合	复合	1	2	2	5
衿衣		绣衣				语素组合	复合	0	1	0	1
赭衣		囚衣		赭色	囚犯	语素组合	复合	0	1	1	2
纻衣		麻衣				语素组合	复合	0	1	1	2
罗襦		绸衣				引申	复合	0	0	1	1
绣衣		绣衣		彩绣		语素组合	复合	0	1	2	3
绨衣		缯衣				语素组合	复合	0	0	1	1

表 2-4　多音节衣类名物词词频统计（1）

文献 \ 词项		端委	丝衣	玄衣	纯衣	宵/绡衣	纁衣	朝衣	缁衣	紫衣	裘衣	朱襦	袯襫	素衣¹
上古前期	尚书													
	诗经		1						3		3			
	周易													
	总计	0	1	0	0	0	0	0	3	0	3	0	0	0

续表

文献	词项	端委	丝衣	玄衣	纯衣	宵/绡衣	黼衣	朝衣	缁衣	紫衣	褻衣	朱襦	袯襫	素衣¹
上古中期	周礼			1										
	仪礼				3	3						3		
	春秋左传	3							1	1				
	论语								1					
	孟子							2						
	庄子									1				
	荀子						1							
	韩非子								1	2				
	吕氏春秋								4					
	老子													
	商君书													
	管子												1	
	孙子													
	总计	3	0	1	3	3	1	2	7	4	0	3	1	0
上古后期	礼记			3	1	1			1					1
	战国策													
	史记				1			3						
	淮南子													
	总计	0	0	3	2	1	0	3	1	0	0	0	0	1

表 2－4　多音节衣类名物词词频统计（2）

文献	词项	麻衣	练衣	端衰	深衣	襜褕	缟衣	缊袍	短褐	中衣	素衣²	褶衣	明衣	袭衣¹	袭衣²
上古前期	尚书														
	诗经						2				3				
	周易														
	总计	0	0	0	0	0	2	0	0	0	3	0	0	0	0
上古中期	周礼														
	仪礼	2											5	1	
	春秋左传	1													
	论语							1			1		1		

续表

文献	词项	麻衣	练衣	端衰	深衣	襜褕	缟衣	缊袍	短褐	中衣	素衣²	褶衣	明衣	襃衣¹	襃衣²
上古中期	孟子														
	庄子							1							
	荀子								1					1	
	韩非子								3		2				
	吕氏春秋								1						
	老子														
	商君书														
	管子														
	孙子														
	总计	3	0	0	0	0	0	2	5	0	3	0	6	1	1
上古后期	礼记	2	1	1	8		2			1		1		3	1
	战国策								2						
	史记					1		1	1						
	淮南子						1		5				1		
	总计	2	1	1	8	1	3	1	8	1	0	1	1	3	1

表 2 − 4　多音节衣类名物词词频统计（3）

文献	词项	税衣	朱衣	黄衣	白衣	黑衣	青衣	采衣	锦衣	衫衣	赭衣	纻襦	罗襦	绣衣	绨衣
上古前期	尚书														
	诗经								1						
	周易														
	总计	0	0	0	0	0	0	0	1	0	0	0	0	0	0
上古中期	周礼														
	仪礼								1						
	春秋左传											1		1	
	论语			1											
	孟子									1					
	庄子														
	荀子										1				
	韩非子						1		1						

续表

文献	词项	税衣	朱衣	黄衣	白衣	黑衣	青衣	采衣	锦衣	袗衣	褚衣	纻衣	罗襦	绣衣	绨衣
上古中期	吕氏春秋		2	1	3	3	2		1						
	老子														
	商君书														
	管子			1											
	孙子														
	总计	0	2	3	3	3	3	1	2	1	1	1	0	1	0
上古后期	礼记	3	3	3	3	3	1		2						
	战国策						1					1		2	
	史记					1	1					1		1	1
	淮南子			3	1	3									
	总计	3	3	6	4	6	5	0	2	0	1	1	1	2	1

三　多音节裘类名物词

"裘"是用毛皮制成的御寒衣服。上古时期的裘服是重要的服饰，以"裘"为类义素的多音节裘类名物词有 11 个：大裘、良裘、功裘、羔裘、鹿裘、黼裘、狐白裘/狐白、狐裘、麑裘、麝裘、裹裘。

（一）多音节裘类名物词词项语义特征

大裘：黑羔裘，古时天子祭天的礼服。《周礼·天官·司裘》："司裘掌为大裘，以共王祀天之服。"郑玄注引郑司农云："大裘，黑羔裘，服以祀天，示质。"《周礼·春官·司服》："祀昊天上帝，则服大裘而冕，祀五帝亦如之。"《孔子家语·郊问》："天子大裘以黼之，被衮象天，乘素车，贵其质也。"

良裘：精制的皮衣，古代供君王所服。《周礼·天官·司裘》："中秋，献良裘，王乃行羽物。"郑玄注引郑司农曰："良裘，王所服也。"孙诒让正义："王所服凡冕服弁服之裘，皆是以尊者所亲御，当择毛物纯缛，人功密致者献之，故称良裘。"

功裘：古代天子赐给卿大夫穿的一种皮袄，其做工略粗于国君所穿的"良裘"。《周礼·天官·司裘》："季秋，献功裘以待颁赐。"郑玄注：

"功裘，人功微粗，谓狐青麛裘属。郑司农云：'功裘，卿大夫所服。'"

羔裘：用紫羔皮制的皮衣。古时为诸侯、卿、大夫的朝服。《诗经·郑风·羔裘》："羔裘如濡，洵直且侯。"《论语·乡党》："缁衣，羔裘；素衣，麑裘；黄衣，狐裘。"刘宝楠正义："郑注云：'缁衣羔裘，诸侯视朝之服，亦卿、大夫、士祭于君之服。'……经传凡言羔裘，皆谓黑裘，若今称紫羔矣。"《韩非子·外储说左下》："（孙叔敖）冬羔裘，夏葛衣，面有饥色，则良大夫也。"

鹿裘：鹿皮做的大衣，常用为丧服及隐士之服。《礼记·檀弓上》："鹿裘衡、长、袪。"孔颖达疏："鹿裘者，亦小祥后也，为冬时吉凶衣，里皆有裘。吉时则贵贱有异，丧时则同用大鹿皮为之，鹿色近白，与丧相宜也。"《列子·天瑞》："孔子游于太山，见荣启期行乎郕之野，鹿裘带索，鼓琴而歌。"

黼裘：用羔和狐白杂为黼文的皮衣。《礼记·玉藻》："唯君有黼裘以誓省。"郑玄注："黼裘，以羔与狐白杂为黼文也。省，当为狝。狝，秋田也。国君有黼裘誓狝田之礼。"孔颖达疏："黼裘，以黑羊皮杂狐白为黼文以作裘也。"孙希旦集解："誓众尚严断，故服黼裘。"

狐白裘/狐白：用狐腋的白毛皮做成的衣服。《礼记·玉藻》："君衣狐白裘，锦衣以裼之。"《史记·孟尝君列传》："此时孟尝君有一狐白裘，直千金，天下无双。"裴骃集解引韦昭曰："以狐之白毛皮为裘，谓集狐腋之毛，言美而难得者。"亦省作"狐白。"《礼记·玉藻》："士不衣狐白。"

狐裘：用狐皮制的外衣。《诗经·秦风·终南》："君子至止，锦衣狐裘。"朱熹集传："锦衣狐裘，诸侯之服也。"《史记·田敬仲完世家》："狐裘虽敝，不可补以黄狗之皮。"

麛裘：麛，幼鹿。《说文》："麛，鹿子也。"《仪礼·士相见礼》："上大夫相见以羔，饰之以布，四维之结于面，左头如麛执之。"贾公彦疏："麛是鹿子，与鹿同时献之。"麛裘，即以幼鹿皮制成的白衣服，同麑裘。

麑裘：麑，通"麛"，幼鹿。麑裘，用幼鹿皮制成的白衣服。

亵裘：家居常穿的皮衣。

（二）多音节裘类名物词词项属性差异

大裘，黑羔裘，古时天子祭天的礼服。在所测查的文献中共有 4 例，其中上古中期 2 例，上古后期 2 例。

（80）"礼不盛，服不充，故大裘不裼，乘路车不式。"（《礼记·玉藻》）

良裘，古代君王所服的精制的皮衣。在所测查的文献中仅有 1 例，见于上古中期的《周礼》。

（81）"中秋，献良裘，王乃行羽物。"（《周礼·天官·司裘》）

功裘，古代天子赐给卿大夫穿的一种做工略粗于国君所穿的"良裘"的皮袄。在所测查的文献中仅有 1 例，见于上古中期的《周礼》。

（82）"季秋，献功裘以待颁赐。"（《周礼·天官·司裘》）

羔裘，用紫羔皮制的皮衣。在所测查的文献中共有 16 例，其中上古前期 7 例，上古中期 6 例，上古后期 3 例。

（83）"羔裘、玄冠，夫子不以吊。"（《礼记·檀弓上》）

鹿裘，鹿皮做的大衣。在所测查的文献中共有 4 例，均见于上古后期。

（84）"昔令尹子文，缁帛之衣以朝，鹿裘以处。"（《战国策·楚一·威王问于莫敖子华》）

黼裘，用羔和狐白杂为黼文的皮衣。在所测查的文献中仅有 1 例，见于上古后期的《礼记》。

（85）"唯君有黼裘以誓省，大裘非古也。"（《礼记·玉藻》）

狐白裘/狐白，用狐腋的白毛皮做成的衣服。在所测查的文献中共有 7 例，均见于上古后期，其中"狐白裘"有 4 例，"狐白"有 2 例。

（86）"文绣狐白，人之所好也，而尧布衣揜形，鹿裘御寒。"（《淮南子·精神训》）

狐裘，用狐皮制的外衣。在所测查的文献中共有 18 例，其中上古前期 5 例，上古中期 6 例，上古后期 7 例。

（87）"锦衣狐裘，诸侯之服也。"（《礼记·玉藻》）

麑裘，即以幼鹿皮制成的白衣服。在所测查的文献中共有 3 例，其中上古中期 2 例，上古后期 1 例。

（88）"麑裘青豻褎，绞衣以裼之。"（《礼记·玉藻》）

麂裘，用幼鹿皮制成的白衣服。在所测查的文献中共有 2 例，均见于上古中期。

（89）"冬日麂裘，夏日葛衣。"（《韩非子·五蠹》）

　　亵裘,家居常穿的皮衣。在所测查的文献中仅有 1 例,见于上古中期的《论语》。

　　(90)"亵裘长。短右袂。必有寝衣,长一身有半。"(《论语·乡党》)

　　"裘"是用毛皮制成的御寒衣服。上古时期以"裘"为类义素的 11 个多音节裘类名物词都是语素组合形成的双音节复合结构合成词。"大裘、良裘、功裘"的"大""良""功"等义素都说明了"裘"的突出特点,天子祭天是上古时期最重大的祭祀活动,此时所用的裘服自然是特别重大意义的象征,所以名为"大裘","良裘"是供君王所服,所以做工精致,故为"良裘","功裘"是有别于"良裘"的指称,卿大夫不及君王尊贵,故做工也不及良裘精致,所以称之为"功裘";"羔裘、麑裘、狐白裘/狐白、狐裘、麝裘、麛裘"都是用表示材料的义素与"裘"组合形成的词语;"黼裘"的"黼"是表示"花纹"的义素。这些关涉义素与类义素的组合,形成了丰富的双音节词语的一部分。

　　在该类词语中,"羔裘"和"狐裘"是使用最早和使用频率最高的,这与羔裘与狐裘使用之广密切相关;其次是"狐白裘/狐白",再次是"大裘、麑裘",可见上古时期祭礼与丧礼的重要。

　　多音节裘类名物词词项属性差异见表 2-5,词频统计情况见表 2-6。

表 2-5　多音节裘类名物词词项属性分析

属性\词项	语义属性				生成属性		使用属性			
	类义素	表义素			词义来源	词形结构	使用频率			
			关涉义素				上古前期	上古中期	上古后期	总计
		功用	服者	材料						
大裘	用毛皮制成的御寒衣服	祭天	天子	黑羔皮	语素组合	复合	0	2	2	4
良裘		服	君王		语素组合	复合	0	1	0	1
功裘			卿大夫		语素组合	复合	0	1	0	1
羔裘		朝服	诸侯、卿、大夫	紫羔	语素组合	复合	7	6	3	16
麑裘		丧服或归隐	服丧者或隐士	麑皮	语素组合	复合	0	0	4	4
黼裘		誓众	君王	羔皮和狐白	语素组合	复合	0	0	1	1

续表

属性	语义属性					生成属性		使用属性			
	类义素	表义素				词义来源	词形结构	使用频率			
			关涉义素					上古前期	上古中期	上古后期	总计
词项		功用	服者	材料							
狐白裘/狐白			士以上	狐白		语素组合	复合	0	0	7	7
狐裘				狐皮		语素组合	复合	5	6	7	18
麑裘				幼鹿皮		语素组合	复合	0	2	1	3
麛裘				幼鹿皮		语素组合	复合	0	2	0	2
褻裘		家居				语素组合	复合	0	1	0	1

表 2-6　多音节裘类名物词词频统计

文献		大裘	良裘	功裘	羔裘	鹿裘	繡裘	狐白裘	狐裘	麑裘	麛裘	褻裘
上古前期	尚书											
	诗经				7				5			
	周易											
	总计	0	0	0	7	0	0	0	5	0	0	0
上古中期	周礼	2	1	1								
	仪礼											
	春秋左传				3				4			
	论语				2				1		1	1
	孟子											
	庄子											
	荀子											
	韩非子				1						1	
	吕氏春秋								1	2		
	老子											
	商君书											
	管子											
	孙子											
	总计	2	1	1	6	0	0	0	6	2	2	1

文献	词项	大裘	良裘	功裘	羔裘	鹿裘	黼裘	狐白裘	狐裘	麑裘	麛裘	褻裘
上古后期	礼记	2			3	1	1	2	3	1		
	战国策					1						
	史记					1		4	2			
	淮南子					1		1	2			
	总计	2	0	0	3	4	1	7	7	1	0	0

四　多音节衮类名物词

"衮"是古代帝王及上公穿的绘有卷龙图案的礼服。衮服是上古时期重要的祭祀礼服,以"衮"为类义素的多音节体服名物词有4个:衮衣/卷衣、龙衮/龙卷、玄衮/玄裷、袾裷。

(一)多音节衮类名物词词项语义特征

衮衣/卷衣:古代帝王及上公穿的绘有卷龙图案的礼服。《诗经·豳风·九罭》:"我觏之子,衮衣绣裳。"毛传:"衮衣,卷龙也。"陆德明释文:"天子画升龙于衣上,公但画降龙。"卷衣,衮衣。帝王及上公的礼服。《礼记·杂记上》:"公襲,卷衣一。"陆德明释文:"卷,音衮。"

龙衮/龙卷:"龙衮"又作"龙卷",上绣龙纹的天子或上公的礼服。《礼记·玉藻》:"龙卷以祭。"郑玄注:"龙卷,画龙于衣。"

玄衮/玄裷:"玄衮"亦作"玄裷",古代帝王及上公所穿的一种绣着卷龙图案的黑色礼服。《诗经·小雅·采菽》:"又何予之,玄衮及黼。"毛传:"玄衮,卷龙也。"郑玄笺:"玄衮,玄衣而画以卷龙也。"《荀子·富国》:"天子袾裷衣冕,诸侯玄裷衣冕。"杨倞注:"'裷'与'衮'同,画龙于衣谓之衮。"

袾裷:赤色的衮衣。《荀子·富国》:"故天子袾裷衣冕。"杨倞注:"袾,古'朱'字。裷,与'衮'同。画龙于衣谓之衮,朱衮以朱为质也。"

(二)多音节衮类名物词词项属性差异

衮衣/卷衣,古代帝王及上公穿的绘有卷龙图案的礼服。在所测查的文献中"衮衣"有 2 例，均见于上古前期的《诗经》；"卷衣"有 2 例，均见于上古后期的《礼记》。

（91）"是以有衮衣兮，无以我公归兮，无使我心悲兮。"（《诗经·豳风·九罭》）

（92）"卷衣投于前，司服受之。"（《礼记·丧大记》）

龙衮/龙卷，上绣龙纹的天子或上公的礼服。在所测查的文献中"龙衮"和"龙卷"各有 1 例，均见于上古后期的《礼记》。

（93）"礼有以文为贵者：天子龙衮，诸侯黼，大夫黻，士玄衣纁裳。"（《礼记·礼器》）

（94）"天子玉藻，十有二旒，前后邃延，龙卷以祭。"（《礼记·玉藻》）

玄衮/玄卷，古代帝王及上公所穿的一种绣着卷龙图案的黑色礼服。在所测查的文献中共有 2 例，上古前期和上古中期各 1 例。

（95）"又何予之，玄衮及黼。"（《诗经·小雅·采菽》）

（96）"天子袾裷衣冕，诸侯玄裷衣冕。"（《荀子·富国》）

袾裷，赤色的衮衣。在所测查的文献中仅有 1 例，见于上古中期的《荀子》。

（97）"故天子袾裷衣冕。"（《荀子·富国》）

词语承载着丰富的文化内涵。中国古代的等级文化从上古就已经开始，服饰本身就是等级文化的一个重要产物。帝王、上公等，作为等级社会的金字塔尖，自然享有最为尊贵的礼遇，他们由中华民族龙子龙孙的精英而成为代言者，伴随着这种文化心理而创造了相应的服饰，指称该类别服饰的词汇就产生了。

古代帝王及上公穿的绘有卷龙图案的礼服称之为"衮"，以"衮"为类义素的多音节名物词，上古时期共有 4 个，虽然使用频率都不是很高，但是对独特文化的记录。上古前期使用的有"衮衣/卷衣、玄衮/玄卷"；上古中期使用的有"玄衮/玄卷、袾裷"，上古后期使用的有"衮衣/卷衣、龙衮/龙卷"。"衮衣/卷衣"的使用频率相对最高，"袾裷"的使用频率最低。

多音节衮类名物词词项属性差异见表 2－7，词频统计情况见表 2－8。

表 2-7　多音节衮类名物词词项属性分析

属性 / 词项	语义属性		生成属性		使用属性			
	类义素	表义素 颜色	词义来源	词形结构	使用频率			
					上古前期	上古中期	上古后期	总计
衮衣/卷衣	古代帝王及上公穿的绘有卷龙的礼服		语素组合	复合	2	0	2	4
龙衮/龙卷			语素组合	复合	0	0	2	2
玄衮/玄卷		黑色	语素组合	复合	1	1	0	2
袾裷		赤色	语素组合	复合	0	1	0	1

表 2-8　多音节衮类名物词词频统计

文献	词项	衮衣/卷衣	龙衮/龙卷	玄衮/玄卷	袾裷
上古前期	尚书				
	诗经	2		1	
	周易				
	总计	2	0	1	0
上古中期	周礼				
	仪礼				
	春秋左传				
	论语				
	孟子				
	庄子				
	荀子			1	1
	韩非子				
	吕氏春秋				
	老子				
	商君书				
	管子				
	孙子				
	总计	0	0	1	1
上古后期	礼记	2	2		
	战国策				
	史记				
	淮南子				
	总计	2	2	0	0

五　多音节裳类名物词

"裳"是古人穿在下身用以障蔽下体的衣服，即下衣。以"裳"为类义素的多音节体服名物词有 12 个：帷裳、黼裳、甲裳、缌裳、素裳、纁裳、玄裳、杂裳、黄裳、蚁裳、素积、绣裳。

（一）多音节裳类名物词词项语义特征

帷裳：用整幅布制成，不加裁剪的下裙，古代朝祭的服装。《论语·乡党》："非帷裳，必杀之。"刘宝楠正义："郑注云，帷裳，谓朝祭之服，其制，正幅如帷也。"泛指下裳，裙子。《汉书·外戚传下·孝成班倢仔》："感帷裳兮发红罗，纷綷縩兮纨素声。"

黼裳：绣有黑白斧形图案的下裳，王的祭服。《尚书·顾命》："王麻冕黼裳，由宾阶隮。"蔡沉集传："吕氏曰，麻冕黼裳，王祭服也。"

甲裳：皮革制的战袍，腰以上谓之甲衣，腰以下谓之甲裳。《左传·宣公十二年》："赵旃弃车而走林，屈荡搏之，得其甲裳。"杜预注："下曰裳。"杨伯峻注："此甲裳即《函人》之下旅，《汉书》苏林注所谓髀裈也。"

缌裳：用细而疏的麻布制成的丧服下衣。《礼记·檀弓上》："县子曰：'绤衰缌裳，非古也。'"孔颖达疏："缌，布疏者。"

素裳：白色下衣。古代凶丧之服，亦用于礼服。《礼记·曲礼下》："大夫、士去国，踰竟，为坛位，向国而哭，素衣、素裳、素冠。"孔颖达疏："素衣、素裳、素冠者，今既离君，故其衣、裳、冠皆素，为凶饰也。"

纁裳：浅绛色之裳。《诗经·周颂·丝衣》："丝衣其紑。"孔颖达疏："爵弁之服，玄衣纁裳，皆以丝为之。"《礼记·礼器》："礼有以文为贵者，天子龙衮，诸侯黼，大夫黻，士玄衣纁裳。"

玄裳：黑色的下衣。《国语·吴语》："右军亦如之，皆玄裳、玄旗、黑甲、乌羽之矰，望之如墨。"

杂裳：古代下士穿的前黑后黄的下衣。《仪礼·士冠礼》："玄端、玄裳、黄裳、杂裳可也。"郑玄注："上士玄裳，中士黄裳，下士杂裳。杂裳者，前玄后黄。"《仪礼·特牲馈食礼》："唯尸、祝、佐食，玄端、玄裳、黄裳、杂裳可也。"郑玄注："周礼，士之齐服有玄端、素端。然则玄裳，上士也；黄裳，中士；杂裳，下士。"

黄裳：黄色的下衣。《周易·坤》："六五：黄裳，元吉。"高亨注："元，大也。裳，裙也，裤也。周人认为黄裳是尊贵吉祥之物，代表吉祥之征，故筮遇此爻大吉……黄裳黄裙内服之美，比喻人内德之美，故大吉。"

蚁裳：玄色下衣。《尚书·顾命》："卿士邦君，麻冕蚁裳，入即位。"孔传："蚁，裳名，色玄。"孔颖达疏："蚁者，蚍蜉虫也。此虫色黑，知蚁裳色玄，以色玄如蚁，故以蚁名之。"

素积：腰间有褶裥的素裳，是古代的一种礼服。《释名·释衣服》："素积，素裳也。辟积其要中，使踧，因以名之也。"《礼记·郊特牲》："三王共皮弁素积。"孙希旦集解："素积，以素缯为裳而襞积之也。素言其色，积言其制。"《荀子·富国》："士皮弁服。"唐杨倞注："素积为裳，用十五升布为之。积，犹辟也，辟蹙其腰中，故谓之素积也。"

绣裳：彩色下衣。古代官员的礼服。《诗经·秦风·终南》："君子至止，黻衣绣裳。"毛传："黑与青谓之黻，五色备谓之绣。"汉张衡《思玄赋》："袭温恭之黻衣兮，被礼仪之绣裳。"

（二）多音节裳类名物词词项属性差异

帷裳，用整幅布制成，不加裁剪的下裙。在所测查的文献中仅有 1 例，见于上古中期的《论语》。

（98）"非帷裳，必杀之。"（《论语·乡党》）

黼裳，绣有黑白斧形花纹的下裳。在所测查的文献中共有 2 例，分别见于上古前期的《尚书》和上古中期的《荀子》。

（99）"黼衣黼裳者不茹荤，非口不能味也，服使然也。"（《荀子·哀公》）

甲裳，皮革制的腰以下的下裳。在所测查的文献中共有 2 例，分别见于上古中期的《春秋左传》和《吕氏春秋》。

（100）"邾之故法，为甲裳以帛。"（《吕氏春秋·有始览·去尤》）

缌裳，用细而疏的麻布制成的丧服下衣。在所测查的文献中仅有 1 例，见于上古后期的《礼记》。

（101）"县子曰：'绤衰缤裳，非古也。'"（《礼记·檀弓上》）

素裳，白色下衣。在所测查的文献中仅有 1 例，见于上古后期的《礼记》。

（102）"大夫、士去国，踰竟，为坛位，向国而哭，素衣、素裳、素冠。"（《礼记·曲礼下》）

缤裳，浅绛色之裳。在所测查的文献中共有 5 例，均见于上古后期的《礼记》。

（103）"爵弁服：缤裳，纯衣，缁带，韎韐。"（《仪礼·士冠礼》）

玄裳，黑色的下衣。在所测查的文献中共有 3 例，均见于上古中期，其中《仪礼》2 例，《荀子》1 例。

（104）"不必然，夫端衣玄裳，绕而乘路者，志不在于食荤。"（《荀子·哀公》）

杂裳，古代下士穿的前黑后黄的下衣。在所测查的文献中共有 2 例，均见于上古中期的《仪礼》。

（105）"唯尸、祝、佐食玄端，玄裳、黄裳、杂裳可也，皆爵绊。"（《仪礼·特牲馈食礼》）

黄裳，黄色的下衣。在所测查的文献中共有 7 例，其中上古前期 3 例，上古中期 4 例。

（106）"绿兮衣兮，绿衣黄裳。"（《诗经·邶风·绿衣》）

蚁裳，玄色下衣。在所测查的文献中仅有 1 例，见于上古前期的《尚书》。

（107）"卿士邦君，麻冕蚁裳，入即位。"（《尚书·顾命》）

素积，腰间有褶裥的白色下衣。在所测查的文献中共有 9 例，其中上古中期 4 例，上古后期 5 例。

（108）"素积白屦，以魁柎之，缁绚、繶、纯，纯博寸。"（《仪礼·士冠礼》）

绣裳，彩色下衣。在所测查的文献中仅有 2 例，均见于上古前期的《诗经》。

（109）"我觏之子，衮衣绣裳。"（《诗经·豳风·九罭》）

以"裳"为类义素的多音节体服名物词都是用以指称"穿在下身用以障蔽下体的衣服"的名称，共有 12 个，都是由语素组合形成的复合结构合成词。其中"帷裳、黼裳"都是祭服，"帷裳"是整幅布不加剪裁制成的朝祭之裳，"黼裳"是有黑白斧形花纹的下裳；"甲裳"是戎服，因以皮革为材料而得名；"缞裳、素裳"是丧服，"缞裳"以麻布为材料，"素裳"是白色的，故而为"素"；"纁裳、玄裳、杂裳、黄裳、绣裳"都以颜色而得名，均是礼服，其中下士因为地位的地下，裳的颜色也不纯色，是前黑后黄，故为"杂"；"蚁裳"为黑色，因"蚁"色黑而得名，"素积"指腰间有褶裥的白色下衣。

因为古人重衣轻裳，所以该类别词语的使用频率都不高，在所测查的文献中，只有"黼裳、黄裳、蚁裳、绣裳"在上古前期即有使用，"缞裳、素裳、纁裳"直到上古后期才有使用。

多音节裳类名物词词项属性差异见表 2 - 9，词频统计情况见表 2 - 10。

表 2 - 9　多音节裳类名物词词项属性分析

属性 / 词项	语义属性				生成属性		使用属性			
	类义素	表义素			词义来源	词形结构	使用频率			
			关涉义素				上古前期	上古中期	上古后期	总计
		功用	颜色	材料						
帷裳	穿在下身以蔽护下体的衣服	朝祭		整幅布	语素组合	复合	0	1	0	1
黼裳		祭服	黑白斧形		语素组合	复合	1	1	0	2
甲裳		戎服		皮革	语素组合	复合	0	2	0	2
缞裳		丧服		麻布	语素组合	复合	0	0	1	1
素裳		丧服	白色		语素组合	复合	0	0	1	1
纁裳		礼服	浅绛		语素组合	复合	0	0	5	5
玄裳		礼服	黑色		语素组合	复合	0	3	0	3
杂裳		下士礼服	黑黄		语素组合	复合	0	2	0	2
黄裳		礼服	黄色		语素组合	复合	3	4	0	7
蚁裳		礼服	黑色		语素组合	复合	1	0	0	1
素积		礼服	白色		语素组合	复合	0	4	5	9
绣裳		官服	彩色		语素组合	复合	2	0	0	2

表 2－10　多音节裳类名物词词频统计

文献	词项	帷裳	黼裳	甲裳	缞裳	素裳	纁裳	玄裳	杂裳	黄裳	蚁裳	素积	绣裳
上古前期	尚书		1								1		
	诗经									1			2
	周易									2			
	总计	0	1	0	0	0	0	0	0	3	1	0	2
上古中期	周礼												
	仪礼							2	2	2		4	
	春秋左传			1						2			
	论语	1											
	孟子												
	庄子												
	荀子		1					1					
	韩非子												
	吕氏春秋			1									
	老子												
	商君书												
	管子												
	孙子												
	总计	1	1	2	0	0	0	3	2	4	0	4	0
上古后期	礼记				1	1	5					5	
	战国策												
	史记												
	淮南子												
	总计	0	0	0	1	1	5	0	0	0	0	5	0

第二节　带韠类名物词

"带"指"束衣的带子"，"韠"指"蔽膝"，这两者是古代服饰不可或缺的部件，有了它们，体服才算完整，所以，带韠类名物词是体服名物词的一部分。根据带韠所指称事物的不同，将带韠类服饰名物词分为带类和韠类两个类别，经是带中比较特殊的一种，是古代丧服的重要部分，所以单独成为一个小类。

一　带类名物词

带类名物词是指称"束衣的带子"意义的词语，共有 19 个：带、大带、绅、素带、练带、锦带、缟带、鞶、鞶带、鞶鉴、革带、韦带、杂带、麻带、葛带、布带、散带、绞带、绳带。

（一）带类名物词词项语义特征

带：束衣的带子。古代多用皮革、金玉、犀角或丝织物制成，有革带，有大带。《诗经·卫风·有狐》："心之忧矣，之子无带。"毛传："带，所以申束衣也。"《诗经·曹风·鸤鸠》："淑人君子，其带伊丝。"郑笺："其带伊丝，谓大带也。大带用素丝，有杂色饰焉。"《春秋左传·桓公二年》："衮、冕、黻、珽，带、裳、幅、舃，衡、纮、紞、綖，昭其度也。"杨伯峻注："带，此带是大带，杜注以为革带，误。大带宽四寸，以丝为之，用以束腰，垂其馀以为绅。大带之制：天子素（生帛）带，以大红色为里，全带两侧饰以缋彩。诸侯亦素带，但无朱里，亦以缋彩饰全带之侧。大夫素带，唯下垂部分饰以缋彩。士练（已煮漂之熟帛）带，密缉带之两边，唯其末饰以缋彩。"[①]

大带：古代贵族礼服用带，有革带、大带之分。革带以系佩韨，大带加于革带之上，用素或练制成。《礼记·玉藻》："大夫大带四寸。"郑玄注："大夫以上以素，皆广四寸；士以练，广二寸。"《诗经·曹风·鸤鸠》："其带伊丝"。郑玄笺："'其带伊丝'，谓大带也。大带用素丝，有杂色饰焉。"

绅：古代士大夫束于腰间，一头下垂的大带。《论语·卫灵公》："子张书诸绅。"邢昺疏："此带束腰，垂其馀以为饰，谓之绅。"《礼记·玉藻》："绅长，制：士三尺，有司二尺有五寸。"郑玄注："绅，带之垂者也。"

素带：即绅，白绢缝制的大带。束于腰间，一端下垂。古代天子、诸侯、大夫用素带。《礼记·玉藻》："天子素带朱里，终辟。"郑玄注：

---

① 杨伯峻编著《春秋左传注》，中华书局，1981，第 87 页。

"谓大带也。"

练带：白色熟绢制的带子。《礼记·玉藻》："士练带，率下辟。"孔颖达疏："士用孰帛练为带。"孙希旦集解："愚谓练，白色熟绢也。"

锦带：锦制的带子。《礼记·玉藻》："居士锦带，弟子缟带。"孔颖达疏："锦带者，以锦为带。"

缟带：白色生绢带，朴质之衣饰。泛指学子之服。《礼记·玉藻》："居士锦带，弟子缟带。"孔颖达疏："弟子缟带者，用生缟为带，尚质也。"

鞶：古代男子束衣的腰带，革制，常用佩玉饰。《左传·桓公二年》："鞶、厉、游、缨，昭其数也。"杜预注："鞶，绅带也。一名大带。"孔颖达疏："以带束腰，垂其馀以为饰，谓之绅，上带为革带，故云。鞶，绅带。"《文选》张衡《思玄赋》："辬贞亮以为鞶兮，离伎艺以为珩。"李善注："鞶，所以带佩也。"

鞶带：皮制的大带，为古代官员的服饰。《周易·讼》："或锡之鞶带，终朝三褫之。"孔颖达疏："鞶带，谓大带也。"

鞶鉴：古代用铜镜作装饰的革带。《左传·庄公二十一年》："郑伯之享王也，王以后之鞶鉴予之。"杜预注："鞶，带而以镜为饰也，今西方羌胡犹然。古之遗服。"

革带：皮革做的束衣带。《礼记·玉藻》："肩革带，博二寸。"郑玄注："凡佩系于革带。"

韦带：古代平民或未仕者所系的无饰的皮带。《汉书·贾山传》："布衣韦带之士，修身于内，成名于外。"颜师古注："言贫贱之人也。韦带，以单韦为带，无饰也。"《后汉书·周磐传》："居贫养母，俭薄不充。尝诵《诗》至《汝坟》之卒章，慨然而叹，乃解韦带，就孝廉之举。"李贤注："以韦皮为带，未仕之服也，求仕则服革带，故解之。"

杂带：古代诸侯和大夫便服上的带子。《礼记·玉藻》："杂带，君朱绿，大夫玄华。"孙希旦集解："杂带，杂服之带，燕居之服之所用也。君、大夫大带之外，别有杂带，其饰则君以朱绿，大夫以玄华也。君、大夫大带五采，而杂带唯二采，杂带降于大带也。"

麻带：丧礼所服麻制的腰带。简称"麻"。《礼记·少仪》："葛绖而麻带。"孔颖达疏："妇女尚质，所贵在要带，有除无变，终始是麻，故云麻带也。"

葛带：古代丧服中用葛制成的腰带。《礼记·郊特牲》："葛带榛杖，丧杀也。"

布带：古丧礼中齐衰以下以麻布为带，故称布带。[1]

散带：丧服散垂于腰的麻带。《礼记·杂记上》："大功以上散带。"孔颖达疏："大功以上，散此带垂，不忍即成之，至成服，乃绞。"

绞带：古代丧制斩衰服所系之带，绞麻为绳而成。《仪礼·丧服》："丧服，斩衰裳，苴绖、杖、绞带。"郑玄注："绞带者，绳带也。"贾公彦疏："绳带也者，以绞麻为绳作带，故云绞带。"《礼记·奔丧》："袭绖于序东，绞带反位，拜宾成踊。"孙希旦集解："绞带，绞且麻为之。吉时有大带，有革带，凶时有要绖，象大带，又有绞带，以象革带也。"

绳带：用麻绳做的带子，即古代丧服所用之绞带，先由散麻绞合成细股，再由细股多股编而成绳，结构细密，故又称绳带。《仪礼·丧服》："绞带者，绳带也。"贾公彦疏："'绞带者，绳带也'者，以绞麻为绳作带，故云绞带也。"

（二）带类名物词词项属性差异

带，古代多用皮革、金玉、犀角或丝织物制成用以束衣的带子。在所测查的文献中共有 98 例，其中上古前期 7 例，上古中期 42 例，上古后期 49 例。

（1）"若父则游目，毋上于面，毋下于带。"（《仪礼·士相见礼》）

（2）"齐晏桓子卒，晏婴麤（粗）缞斩，苴绖、带、杖，菅屦，食鬻，居倚庐，寝苫、枕草。"（《春秋左传·襄公十七年》）

（3）"乃命司服具饬衣裳，文绣有恒，制有小大，度有长短，衣服有量，必循其故，冠带有常。"（《礼记·月令》）

大带，古代贵族加于革带之上，用素或练制成的束衣的带子。在所测查的文献中共有 2 例，均见于上古后期的《礼记》。

（4）"申加大带于上。"（《礼记·杂记上》）

绅，古代士大夫束于腰间，一头下垂的大带。在所测查的文献中共有 17 例，其中上古中期 8 例，上古后期 9 例。

---

① 丁凌华：《五服制度与传统法律》，商务印书馆，2013，第 37 页。

（5）"绅、端、章甫，舞韶，歌武，使人之心庄。"（《荀子·乐论》）

素带，即绅。白绢缝制的大带。在所测查的文献中共有3例，均见于上古后期的《礼记》。

（6）"而素带、终辟。大夫素带，辟垂。"（《礼记·玉藻》）

练带，白色熟绢制的带子。在所测查的文献中仅有1例，见于上古后期的《礼记》。

（7）"士练带，率下辟。"（《礼记·玉藻》）

锦带，锦制的带子。在所测查的文献中仅有1例，见于上古后期的《礼记》。

（8）"居士锦带，弟子缟带。"（《礼记·玉藻》）

缟带，白色生绢带，朴质之衣饰。在所测查的文献中共有2例，分别见于上古中期的《春秋左传》和上古后期的《礼记》。

（9）"与之缟带，子产献纻衣焉。"（《春秋左传·襄公二十九年》）

鞶，古代男子束衣的腰带，革制，常用佩玉饰。在所测查的文献中仅有1例，见于上古中期的《春秋左传》。

（10）"鞶、厉、游、缨，昭其数也。"（《春秋左传·桓公二年》）

鞶带，皮制的大带。在所测查的文献中仅有1例，见于上古前期的《周易》。

（11）"或锡之鞶带，终朝三褫之。"（《周易·讼》）

鞶鉴，古代用铜镜作装饰的革带。在所测查的文献中仅有1例，见于上古中期的《春秋左传》。

（12）"郑伯之享王也，王以后之鞶鉴予之。"（《春秋左传·庄公二十一年》）

革带，皮做的束衣带。在所测查的文献中仅有1例，见于上古后期的《礼记》。

（13）"肩革带，博二寸。"（《礼记·玉藻》）

韦带，古代平民或未仕者所系的无饰的皮带。在所测查的文献中仅有1例，见于上古后期的《淮南子》。

（14）"则布衣韦带之人，过者莫不左右睥睨而掩鼻。"（《淮南子·修务训》）

杂带，古代诸侯和大夫便服上的带子。在所测查的文献中仅有1例，见于上古后期的《礼记》。

（15）"杂带，君朱绿，大夫玄华。"（《礼记·玉藻》）

麻带，丧礼所服麻制的腰带。在所测查的文献中仅有 1 例，见于上古后期的《礼记》。

（16）"葛绖而麻带。"（《礼记·少仪》）

葛带，古代丧服中用葛制成的腰带。在所测查的文献中共有 5 例，均见于上古后期的《礼记》。

（17）"妇人不葛带。"（《礼记·檀弓上》）

布带，古丧礼中齐衰以下以麻布为带，故称布带。在所测查的文献中共有 6 例，其中上古中期 5 例，均见于《仪礼》；上古后期 1 例，见于《礼记》。

（18）"疏衰裳，齐，牡麻绖，冠布缨，削杖，布带，疏屦，三年者。"（《仪礼·丧服》）

散带，丧服散垂于腰的麻带。在所测查的文献中共有 4 例，其中上古中期的《仪礼》有 3 例，上古后期的《礼记》有 1 例。

（19）"要绖小焉，散带垂长三尺。"（《仪礼·士丧礼》）

绞带，古代丧制斩衰服所系之带，绞麻为绳而成。在所测查的文献中共有 6 例，其中上古中期的《仪礼》和上古后期的《礼记》各 3 例。

（20）"丧服，斩衰裳，苴绖、杖、绞带，冠绳缨，菅屦者。"（《仪礼·丧服》）

绳带，用麻绳做的带子。在所测查的文献中仅有 1 例，见于上古中期的《仪礼》。

（21）"绞带者，绳带也。"（《仪礼·丧服》）

"束衣的带子"是上古时期体服所不可或缺的物件，也是上古服饰文化的重要反映。带的材料有皮革、熟绢、生绢、锦、麻、葛、布等，上自天子下至平民，都用带，吉礼之带与丧礼之带各有分别，官服之带与未仕者之带各有名称。"大带、绅、素带、练带、锦带、鞶、鞶带、鞶鉴、革带、杂带"都是上层社会贵族的专享，其中"杂带"是诸侯和大夫们便服所用，其他是礼服所用；"缟带"是学子之服，质朴的象征，民间男女也有所用；"韦带"以熟皮制成，没有任何装饰，是平民和未仕者的服饰；"麻带、葛带、布带、散带、绞带、绳带"是丧服所用。

　　带类名物词是指称"束衣的带子"意义的词，共有 19 个："带"是总名，"大带、革带"是泛称，"绅、素带、练带、锦带、缟带、鞶、鞶带、鞶鉴、韦带、杂带、麻带、葛带、布带、散带、绞带、绳带"是专名。"带、绅、鞶"是约定俗成的单音词，其他都是语素组合而成的复合结构合成词。"带"是该类别词语的总名，使用频率最高。

　　带类名物词词项属性差异见表 2 – 11，词频统计情况见表 2 – 12。

表 2 –11　带类名物词词项属性分析

属性　　词项	类义素	语义属性				生成属性		使用属性			
		表义素				词义来源	词形结构	使用频率			
		核心义素	关涉义素					上古前期	上古中期	上古后期	总计
			形制	材料	功用						
带	总名	总名	扁而长	革、丝织物等	束衣	约定俗成	单纯	7	42	49	98
大带	泛指	泛指		素、练	礼服	语素组合	复合	0	0	2	2
绅		专名	一端下垂	素、练	礼服	约定俗成	单纯	0	8	9	17
素带	古人用来束衣的扁而长的条状物	专名	一端下垂	白绢	礼服	语素组合	复合	0	0	3	3
练带		专名		白色熟绢	礼服	语素组合	复合	0	0	1	1
锦带		专名		锦	礼服	语素组合	复合	0	0	1	1
缟带		专名		白色生绢	礼服	语素组合	复合	0	1	1	2
鞶		专名		革	礼服	约定俗成	单纯	0	1	0	1
鞶带		专名		革	礼服	语素组合	复合	1	0	0	1
鞶鉴		专名	铜镜饰	革	礼服	语素组合	复合	0	1	0	1
革带		泛指		革	礼服	语素组合	复合	0	0	1	1
韦带		专名	无饰	革	未仕之服	语素组合	复合	0	0	1	1
杂带		专名			诸侯大夫便服	语素组合	复合	0	0	1	1
麻带		专名		麻	丧服	语素组合	复合	0	0	1	1
葛带		专名		葛	丧服	语素组合	复合	0	0	5	5

属性\词项	语义属性					生成属性		使用属性			
	类义素	表义素				词义来源	词形结构	使用频率			
		核心义素	关涉义素					上古前期	上古中期	上古后期	总计
			形制	材料	功用						
布带		专名		麻布	丧服	语素组合	复合	0	5	1	6
散带		专名	散垂于腰	麻	丧服	语素组合	复合	0	3	1	4
绞带		专名	绞麻为绳	麻	丧服	语素组合	复合	0	3	3	6
绳带		专名	绳状	麻绳	丧服	语素组合	复合	0	1	0	1

表 2 - 12　带类名物词词频统计（1）

文献\词项		带	大带	绅	素带	练带	锦带	缟带	鞶	鞶带	鞶鉴
上古前期	尚书										
	诗经	7									
	周易									1	
	总计	7	0	0	0	0	0	0	0	1	0
上古中期	周礼										
	仪礼	21									
	春秋左传	6							1	1	1
	论语	1		2							
	孟子										
	庄子	2		3							
	荀子	3		3							
	韩非子	2									
	吕氏春秋	4									
	老子										
	商君书										
	管子	3									
	孙子										
	总计	42	0	8	0	0	0	1	1	0	1

续表

文献	词项	带	大带	绅	素带	练带	锦带	缟带	鞶	鞶带	鞶鉴
上古后期	礼记	26	2	8	3	1	1	1			
	战国策	5									
	史记	11		1							
	淮南子	7									
	总计	49	2	9	3	1	1	1	0	0	0

表 2 – 12 带类名物词词频统计（2）

文献	词项	革带	韦带	杂带	麻带	葛带	布带	散带	绞带	绳带
上古前期	尚书									
	诗经									
	周易									
	总计	0	0	0	0	0	0	0	0	0
上古中期	周礼									
	仪礼						5	3	3	1
	春秋左传									
	论语									
	孟子									
	庄子									
	荀子									
	韩非子									
	吕氏春秋									
	老子									
	商君书									
	管子									
	孙子									
	总计	0	0	0	0	0	5	3	3	1
上古后期	礼记	1		1	1	5	1	1	3	
	战国策									
	史记									
	淮南子		1							
	总计	1	1	1	1	5	1	1	3	0

二 韨韐类名物词

"韨"与"韐",是古代服饰中的蔽膝。上古时期韨韐类名物词共有8个:韨/绂/巿、缊韨、赤韨/赤巿、朱绂/朱巿、韠、爵韠、袷、韍[1]。

(一)韨韐类名物词词项语义特征

【韨/绂/巿】

韨,俗作"绂"。古代大夫以上祭祀时用的蔽膝,以熟皮为之。《礼记·玉藻》:"一命缊韨幽衡,再命赤韨幽衡,三命赤韨葱衡。"郑玄注:"此玄冕爵弁服之韠,尊祭服,异其名耳。韨之言亦蔽也。"孔颖达疏:"他服称韠,祭服称韨,是异其名。韨、韠皆言为蔽,取蔽障之义也。"又《明堂位》:"有虞氏服韨。"郑玄注:"韨,冕服之韠也。舜始作之,以尊祭服。"《汉书·王莽传上》:"于是莽稽首再拜,受绿韨衮冕衣裳。"颜师古注:"此韨谓蔽膝也。"

巿,"韨"的古字。《现代汉语词典(第6版)》"同韍",非也。《说文·巿部》:"巿,韠也。上古衣蔽前而已,巿以象之。天子朱巿,诸侯赤巿,大夫葱衡。"段注:"郑注《礼》曰:'古者佃渔而食之,衣其皮,先知蔽前,后知蔽后,后王易之以布帛,而独存其蔽前者,不忘本也。'"《诗经·曹风·候人》:"彼其之子,三百赤巿。"朱熹集传:"巿,冕服之韠也。"高亨注:"巿通韨。"《诗经·小雅·采菽》:"赤巿在股,邪幅在下。"

缊韨:古代祭服上的赤黄色蔽膝。《礼记·玉藻》:"一命缊韨幽衡。"郑玄注:"韨之言亦蔽也。缊,赤黄之间色,所谓韎也。"孔颖达疏:"他服称韠,祭服称韨……以蒨染之,其色浅赤。"

赤韨/赤巿:赤色蔽膝。为大夫以上所服。《礼记·玉藻》:"一命缊韨幽衡,再命赤韨幽衡,三命赤韨葱衡。"郑玄注:"此玄冕爵弁服之韠,尊祭服,异其名耳。韨之言亦蔽也……《周礼》:公、侯、伯之卿三命,其大夫再命,其士一命。"《诗经·曹风·候人》:"彼其之子,三百赤巿。"郑玄笺:"巿,冕服之韠也……大夫以上,赤巿乘轩。"

朱绂/朱巿:红色蔽膝。《周易·困》:"困于酒食,朱绂方来。利用享祀,征凶无咎。"程颐传:"朱绂,王者之服,蔽膝也。"《诗经·小雅·斯干》："其泣喤喤，朱芾斯皇，室家君王。"郑玄笺："芾者，天子纯朱，诸侯黄朱。室家，一家之内，宣王所生之子，或其为诸侯，或其为天子，皆将佩朱芾惶惶然。"

【韠】

韠，皮制的蔽前之服，古代朝觐或祭祀用以遮蔽在衣裳前。《说文·韦部》："韍也，所以蔽前者。以韦，下广二尺，上广一尺，其颈五寸。一命缊韠，再命赤韠。"王筠《说文解字句读》："随所施而异其名，其体制则同，故通之也。祭谓之韍，…他物谓之韠。"段玉裁《说文解字注》："郑注《礼》曰：'古者佃渔而食之，衣其皮。先知蔽前，后知蔽后。后王易之以布帛，而独存其蔽前者，不忘本也。'按，韠之言蔽也，韍之言亦蔽也。……《玉藻》曰：'一命缊韍幽衡。再命赤韍幽衡，三命赤韍葱衡。'郑云：'尊祭服，故变韠言韍。'又云：'元端服称韠。玄冕爵弁服之韠称韍，然则韠韍同物，殊其名耳。'许于此言一命缊韠，再命赤韠，于市下言天子朱市，诸侯赤市，大夫赤市葱衡。许意卑者称韠，尊者称韍，说与郑少异。缊者，赤黄之间色，所谓韎也，緼之假借字也。"

《诗经·桧风·素冠》："庶见素韠兮，我心蕴结兮，聊与子如一兮。"朱熹集传："韠，蔽膝也，以韦为之。冕服谓之韍，其余曰韠。韠从裳色，素衣素裳，则素韠矣。"

爵韠：用爵韦制成的士朝服之蔽膝。因用爵韦制成，故名。《仪礼·士冠礼》："缁带爵韠。"郑玄注："士皆爵韦为韠。"孔颖达疏："爵，韠之韦色也……爵亦杂色。"

【韐】

韐，士所用的蔽膝。形制、颜色与韍略有不同，通常用茅搜染成黄赤色，故称"韎韐"。《诗经·小雅·瞻彼洛矣》："韎韐有奭，以作六师。"《说文·市部》："士无市有韐。制如榼，缺四角。爵弁服，其色韎。贱不得与裳同。司农曰：'裳，缥色。'"

【黻[1]】

黻[1]，古代作祭服的蔽膝，用熟牛皮或缯帛制成。《左传·桓公二年》："衮冕黻珽。"杜预注："黻，韦韠以蔽膝也。"《论语·泰伯》："恶衣服，而致美乎黻冕。"邢昺疏："黻，蔽膝也。"朱熹集注："黻，蔽膝也，以韦为之；冕，冠也；皆祭服也。"

（二）韨韠类名物词词项属性差异

韨/绂/芾，古代大夫以上祭祀时用的以熟皮为之的蔽膝。在所测查的文献中共有 11 例，其中"韨"3 例，见于上古后期的《礼记》；"绂"3 例，其中上古前期的《周易》2 例和上古后期的《史记》1 例；"芾"5 例，均见于上古前期的《诗经》。

（22）"有虞氏服韨，夏后氏山，殷火，周龙章。"（《礼记·明堂位》）

（23）"朱绂方来。"（《周易·困》）

（24）"其泣喤喤，朱芾斯皇，室家君王。"（《诗经·小雅·斯干》）

缊韨，古代祭服上的赤黄色蔽膝。在所测查的文献中仅有 1 例，见于上古后期的《礼记》。

（25）"一命缊韨幽衡。"（《礼记·玉藻》）

赤韨/赤芾：赤色蔽膝。在所测查的文献中共有 5 例，其中"赤韨"有 2 例，见于上古后期的《礼记》；"赤芾"有 3 例，见于上古前期的《诗经》。

（26）"赤芾金舄，会同有绎。"（《诗经·小雅·车攻》）

（27）"一命缊韨幽衡，再命赤韨幽衡，三命赤韨葱衡。"（《礼记·玉藻》）

朱绂/朱芾，红色蔽膝。在所测查的文献中共有 3 例，均见于上古前期。其中"朱绂"1 例，见于《周易》，"朱芾"2 例，见于《诗经》。

（28）"服其命服，朱芾斯皇，有玱葱珩。"（《诗经·小雅·采芑》）

韠，皮制的蔽前之服，古代朝觐或祭祀用以遮蔽在衣裳前。在所测查的文献中共有 19 例，其中上古前期 1 例，上古中期 13 例，上古后期 5 例。

（29）"麑裘而韠，投之无戾；韠而麑裘，投之无邮。"（《吕氏春秋·乐成》）

（30）"乃易服，服玄冠、玄端、爵韠。"（《仪礼·士冠礼》）

爵韠，用爵韦制成的士朝服之蔽膝。在所测查的文献中共有 6 例，其中有 5 例见于上古中期的《仪礼》，1 例见于上古后期的《礼记》。

（31）"唯尸、祝、佐食玄端，玄裳、黄裳、杂裳可也，皆爵韠。"（《仪礼·特牲馈食礼》）

韐，通常用茅搜染成黄赤色的士所用的蔽膝。在所测查的文献中共有

5例，其中上古前期1例，见于《诗经》，上古中期4例，见于《仪礼》。

（32）"爵弁服纯衣，皮弁服，襐衣，缁带，韎韐，竹笏。"（《仪礼·士丧礼》）

黻¹，古代作祭服的蔽膝，用熟牛皮或缯帛制成。在所测查的文献中共有3例，均见于上古中期，其中《春秋左传》2例，《论语》1例。

（33）"晋侯请于王，戊申，以黻冕命士会将中军，且为大傅。"（《春秋左传·宣公十六年》）

该类别词语共有8个，其中"韨/绂/芾、韠、韐"是约定俗成的单音词，"韠"的使用频率最高，其次是"韨/绂/芾"，再次是"韐"，这与服饰文化息息相关。《春秋左传·桓公二年》"衮冕黻珽"孔颖达正义："郑玄《诗》笺云：'芾，大古蔽膝之象也。……以韦为之。'……《诗》云'赤芾在股'，则芾是当股之衣，故云'以蔽膝'也。郑玄《易纬乾凿度》注云：'古者田渔而食，因衣其皮，先知蔽前，后知蔽后。后王易之以布帛，而独存其蔽前者，重古道而不忘本也。'……《士冠礼》'士服皮弁玄端'，皆服韠，是他服谓之韠。……经传作'黻'，或作'韨'，或作'芾'，音义同也。……魏、晋以来，用绛纱为之，……以其用丝，故字或有为'绂'者。""韨/绂/芾"是韨之总名，还有"缊韨、赤韨/赤芾、朱绂/朱芾"三个专名，可见上古时期对祭礼的重视。

韨韠类名物词词项属性差异见表2-13，词频统计情况见表2-14。

表2-13　韨韠类名物词词项属性分析

属性			韨/绂/芾	缊韨	赤韨/赤芾	朱绂/朱芾	韠	爵韠	韐	黻¹
语义属性	类义素		蔽膝							
	关涉义素	功用	祭服	祭服	祭服	祭服	吉服	朝服	士用	祭服
		颜色		浅赤	赤	朱			黄赤	
		材料	熟皮				熟皮	爵韦		熟皮缯帛
生成属性	词义来源		约定俗成	语素组合	语素组合	语素组合	约定俗成	语素组合	约定俗成	约定俗成
	词形结构		单纯结构	复合结构	复合结构	复合结构	单纯结构	复合结构	单纯结构	单纯结构

续表

属性		词项	韨/绂/芾	缊韨	赤韨/赤芾	朱绂/朱芾	韠	爵韠	韐	韎[1]
使用属性	使用频率	上古前期	7	0	3	3	1	0	1	0
		上古中期	0	0	0	0	13	5	4	3
		上古后期	4	1	2	0	5	1	0	0
		总计	11	1	5	3	19	6	5	3

表 2 – 14　韨韠类名物词词频统计

文献		词项	韨/绂/芾	缊韨	赤韨/赤芾	朱绂/朱芾	韠	爵韠	韐	韎[1]
上古前期		尚书								
		诗经	5		3	2	1		1	
		周易	2			1				
		总计	7	0	3	3	1	0	1	0
上古中期		周礼								
		仪礼					11	5	4	
		春秋左传								2
		论语								1
		孟子								
		庄子								
		荀子								
		韩非子								
		吕氏春秋					2			
		老子								
		商君书								
		管子								
		孙子								
		总计	0	0	0	0	13	5	4	3
上古后期		礼记	3	1	2		5	1		
		战国策								
		史记	1							
		淮南子								
		总计	4	1	2	0	5	1	0	0

三　绖类名物词

"绖"是"服丧期戴在头上或结在腰间的麻带",是上古时期丧服的重要组成部分,该类别词语共有 5 个:绖、绖带、苴绖、首绖、要绖。

(一) 绖类名物词词项语义特征

绖:服丧期戴在头上或结在腰间的麻带。扎在头上的称首绖,缠在腰间的称腰绖。《说文·系部》:"绖,丧首戴也。"《仪礼·丧服》:"丧服,斩衰裳,苴绖、杖、绞带。"郑玄注:"麻在首在要皆曰绖。"汉班固《白虎通·丧服》:"腰绖者以代绅带也。所以结之何?思慕肠若结也。"

绖带:古代丧服所用的麻布带子。

苴绖:丧服中苴麻制的绖带。《仪礼·丧服》:"丧服:斩衰裳,苴绖、杖、绞带。"郑玄注:"凡服在上曰衰,在下曰裳;麻在首、在腰皆曰绖……首绖,象缁布冠之缺项;要绖,象大带。"贾公彦疏:"苴绖、杖、绞带者,以一苴目此三事,谓苴麻为首绖、要绖;又以苴竹为杖;又以苴麻为绞带。"《仪礼·士丧礼》:"苴绖大鬲。"郑玄注:"苴绖,斩衰之绖也。苴麻者,其貌苴以为绖,服重者尚粗恶。"

首绖:以麻制成,环形,服丧期戴于头上的麻带。《仪礼·丧服》"苴绖"汉郑玄注:"麻在首在腰皆曰绖……首绖象缁布冠之缺项,要绖象大带。"

要绖:服丧期缚在腰间的麻带。古丧礼服制之一。《仪礼·士丧礼》:"苴绖大鬲,下本在左,要绖小焉。"胡培翚正义:"要绖,即带也。"

(二) 绖类名物词词项属性差异

绖,服丧期戴在头上或结在腰间的麻带。在所测查的文献中共有 82 例,其中上古中期 38 例,上古后期 44 例。

(34)"季氏不绖,放绖而拜。"(《春秋左传·哀公十二年》)

绖带,古代丧服所用的麻布带子。在所测查的文献中共有 6 例,其中上古中期的《仪礼》5 例,上古后期的《史记》1 例。

(35)"绖带无过三寸。"(《史记·孝文本纪》)

苴绖，丧服中苴麻制的绖带。在所测查的文献中共有 5 例，见于上古中期的《仪礼》4 例，《春秋左传》1 例。

（36）"齐晏桓子卒，晏婴粗缞斩，苴绖、带、杖，菅屦，食鬻，居倚庐，寝苫、枕草。"（《春秋左传·襄公十七年》）

首绖，以麻制成，环形，服丧期戴于头上的麻带。在所测查的文献中仅有 1 例，见于上古中期的《仪礼》。

（37）"妇人说首绖，不说带。"（《仪礼·士虞礼》）

要绖，服丧期缚在腰间的麻带。在所测查的文献中共有 5 例，其中上古中期的《仪礼》1 例，上古后期的《礼记》3 例，《史记》1 例。

（38）"练，练衣黄里、𫄸缘，葛要绖，绳屦无绚，角瑱，鹿裘衡、长、祛。"（《礼记·檀弓上》）

"绖"是该类别词语的总名，使用频率最高。"绖带"是泛称，"苴绖"是材料义素与类义素的组合而形成的词语，"首绖"与"要绖"是就"绖"所戴的位置进行限定而形成的词语，其中"首绖"的使用频率最低。该类别词语比较集中出现在《仪礼》和《礼记》之中，这与词义是有密切关系的。

绖类名物词词项属性差异见表 2－15，词频统计情况见表 2－16。

表 2－15　绖类名物词词项属性分析

属性 \ 词项			绖	绖带	苴绖	首绖	要绖
语义属性	表义素	类义素	服丧期戴在头上或结在腰间的麻带				
		核心义素	总名	泛称	专名	专名	专名
		关涉义素 功用	丧服	丧服	丧服	丧服	丧服
		关涉义素 位置	头或腰	头或腰	头或腰	头部	腰部
		关涉义素 材料	麻	麻布	苴麻	麻	麻
生成属性	词义来源		约定俗成	语素组合	语素组合	语素组合	语素组合
	词形结构		单纯	复合	复合	复合	复合
使用属性	使用频率	上古前期	0	0	0	0	0
		上古中期	38	5	5	1	1
		上古后期	44	1	0	0	4
		总计	82	6	5	1	5

表 2 - 16　经类名物词词频统计

文献	词项	经	经带	苴绖	首绖	要绖
上古前期	尚书					
	诗经					
	周易					
	总计	0	0	0	0	0
上古中期	周礼	2				
	仪礼	21	5	4	1	1
	春秋左传	10		1		
	论语					
	孟子					
	庄子	1				
	荀子	1				
	韩非子					
	吕氏春秋	2				
	老子					
	商君书					
	管子	1				
	孙子					
	总计	38	5	5	1	1
上古后期	礼记	33				3
	战国策					
	史记	7	1			1
	淮南子	4				
	总计	44	1	0	0	4

第三节　服冕类名物词

关于服饰的名物，上古时期不仅有上衣下裳之名，而且有衣裳组合的套装之名，这种对全身穿戴的统称上古时期将其称为"服"。因为礼的繁复，礼服的名称有吉服、凶服、戎服、燕服等之别。吉服因吉礼包括祭礼、朝礼、宾礼等而有祭服、朝服之差，凶服包括服丧者穿的丧服，亦包括遇灾祸之事穿的素服等。冕、弁，本是首服之名，但在上古时期，"多以冠名来为整套服饰命名，这大约和头部在人体最上部，地位尊贵相关。"① 所以，上古时期的礼服有"冕服""弁服"之名。《周礼·春官·司服》："王之吉服，祀昊天、上帝，则服大裘而冕，祀五帝亦如之。享先王则衮冕，享先公、飨、射则鷩冕，祀四望、山、川则毳冕，祭社、稷、五祀则希冕，祭群小祀则玄冕。"贾公彦疏："六服服虽不同，首同用冕，以首为一身之尊，故少变同用冕耳。下经五服同名弁，亦首饰尊，郑不言者，义可知也。"②

上古时期服冕类名物词由总名到专名，共有 66 个，其语义类别关系如表 2 - 17 所示：

表 2 - 17　服冕类名物词表

服（衣服）	吉服	祭服	冕服	衮冕/卷冕、鷩冕、毳冕、希冕¹、玄冕、端冕
			其他	纯服、端、玄端、元端、素端、玄裼、爵弁服、祎衣、揄狄、阙狄/屈狄、鞠衣、展衣、褖衣/缘衣
		朝服、列采		皮弁服
		其他		冠弁服、袗玄
		命服、章服		象服
	凶服	丧服		斩衰、齐衰、疏衰、大功、小功、缌麻、繐衰、锡衰、缌衰、疑衰、麻衰、苴衰、衰冠、衰麻、衰绖、缟素
		其他		素服
	戎服	常服		甲、甲胄、介胄、铠、铠甲、韦弁服、鞈
	燕服			燕衣、亵服、缟衣、布衣
	胡服			

一　服冕总名

服是衣服之总名，服冕总名是指对某一类服饰整体进行泛指的词语，上古时期共有 15 个：服、衣服、吉服、凶服、戎服、燕服、祭服、朝服、丧服、常服、冕服、命服、章服、列采、胡服。

---

① 张竞琼、曹喆：《看得见的中国服装史》，中华书局，2012，第 26 页。
② （清）孙诒让：《周礼正义》，中华书局，2013，第 1620～1624 页。

（一）服冕总名词项语义特征

服：衣服。《广韵》："衣服。"《诗经·曹风·候人》："彼其之子，不称其服。"此"服"即指衣服、服饰。《周礼·春官·司服》："司服掌王之吉凶衣服，辨其名物与其用事。"郑玄注："用事，祭祀、视朝、甸、凶吊之事，衣服各有所用。"孙诒让正义："'掌王之吉凶衣服'者，此皆王执大礼、临大事之服。自六冕之冠弁服为吉服，吉礼吉事服之，服弁服至素服为凶服，凶礼凶事服之。凡服尊卑之次，系于冠，冕服为上，弁服次之，冠服为下。王之燕衣服，别藏于玉府，此官当亦兼掌其法，与彼为官联也。"按，服乃衣服之总名。

衣服：衣裳，服饰。《诗经·小雅·大东》："西人之子，粲粲衣服。"《史记·赵世家》："法度制令各顺其宜，衣服器械各便其用。"

吉服：古吉礼吉事时所着之礼服。《周礼·春官·司服》："司服掌王之吉凶衣服，辨其名物与其用事。"郑玄注："用事，祭祀、视朝、甸、凶吊之事，衣服各有所用。"孙诒让正义："'掌王之吉凶衣服'者，此皆王执大礼、临大事之服。自六冕之冠弁服为吉服，吉礼吉事服之……"《周礼·春官·司服》："王之吉服，祀昊天上帝，则服大裘而冕，祀五帝亦如之。"

凶服：凶礼凶事时所着之服。《周礼·春官·司服》："司服掌王之吉凶衣服，辨其名物与其用事。"郑玄注："用事，祭祀、视朝、甸、凶吊之事，衣服各有所用。"孙诒让正义："'掌王之吉凶衣服'者，此皆王执大礼、临大事之服。……服弁服至素服为凶服，凶礼凶事服之。"《周礼·春官·司服》："其凶服，加以大功、小功。"郑玄注："丧服，天子诸侯齐斩而已，卿大夫加以大功、小功，士亦如之，又加缌焉。"《论语·乡党》："凶服者式之。"何晏集解引孔安国曰："凶服，送死之衣物。"

戎服：军服。《左传·襄公二十五年》："郑子产献捷于晋，戎服将事。"杜预注："戎服，军旅之衣，异于朝服。"

燕服：日常闲居时穿的衣服；便服。《诗经·周南·葛覃》："薄污我私。"毛传："私，燕服也。"陈奂传疏："燕服，谓燕居之服也。"《周礼·夏官司马·小臣》："掌三公及孤卿之复逆，正王之燕服位。"孙诒让正义："《孔子燕居》孔疏引《郑目录》云：'退朝而处曰燕居。'引

《玉藻》曰'王卒食玄端而居'者，证王燕居之服也。"

祭服：祭祀时所穿的礼服。《周礼·天官·内宰》；"中春。诏后帅外内命妇。始蚕于北郊。以为祭服。"贾公彦疏："《礼记·祭义》亦云：蚕事既毕，遂朱绿之，玄黄之，以为祭服。此亦当染之以为祭服也。"《诗经·豳风·七月》："为公子裳。"毛传："祭服，玄衣纁裳。"孔颖达疏："玄黄之色施于祭服。"《国语·周语上》"晋侯端委以入"韦昭注："说云：'衣玄端，冠委兒，诸侯祭服也。'"

朝服：君臣朝会时穿的礼服。举行隆重典礼时亦穿着。《仪礼·士冠礼》："主人玄冠、朝服、缁带、素韠，即位于门东西面。"

丧服：居丧时所穿的衣服。《周礼·天官·阍人》："丧服、凶器不入宫。"宋高承《事物纪原·吉凶典制·丧服》："三王乃制丧服，则衰绖之起，自三代始也。"

常服：古指军服。《诗经·小雅·六月》："四牡骙骙，载是常服。"毛传："常服，戎服也。"《左传·闵公二年》："帅师者受命于庙，受脤于社，有常服矣。"杜预注："韦弁服，军之常也。"

冕服：古代大夫以上吉礼礼服的特殊种类，包括冕冠和与冕冠相配的服饰。凡吉礼皆戴冕，而服饰随事而异。《周礼·春官·司服》："王之吉服：祀昊天上帝，则服大裘而冕，祀五帝亦如之；享先王则衮冕；享先公飨射则鷩冕；祀四望山川则毳冕；祭社稷五祀则希冕；祭群小祀则玄冕。"钱玄《三礼名物通释·衣服·服制》："上古礼服服制，大别为冕服、弁服、冠服三等。依经传所述，则冕服分为六，弁服三，冠服二……冕服六：大裘、衮冕、鷩冕、毳冕、希冕、玄冕。其冕则同，其服皆玄衣、纁裳，赤韍纯朱，但各服绣缋之章不同。"

命服：原指周代天子赐予元士至上公九种不同命爵的衣服，后泛指官员及其配偶按等级所穿的制服。《诗经·小雅·采芑》："服其命服，朱芾斯皇。"郑玄笺："命服者，命为将，受王命之服也。"

章服：绣有日月、星辰等图案的古代礼服。每图为一章，天子十二章，群臣按品级以九、七、五、三章递降。

列采：古代士大夫皆服彩色朝服，故称朝服为"列采"。采，同"彩"。《礼记·玉藻》："非列采不入公门。"郑玄注："列采，正服。"

胡服：指古代西方和北方各族的服装。后亦泛称外族的服装。

（二）服冕总名词项属性差异

服，衣服。在所测查的文献中共有 193 例，其中上古前期 6 例，上古中期 103 例，上古后期 84 例。

（1）"彼其之子，不称其服。"（《诗经·曹风·候人》）

（2）"莫春者，春服既成。"（《论语·先进》）

衣服，衣裳，服饰。在所测查的文献中共有 100 例，其中上古前期 2 例，上古中期 57 例，上古后期 41 例。

（3）"蜉蝣之翼，采采衣服。"（《诗经·曹风·蜉蝣》）

（4）"衣服附在吾身，我知而慎之。"（《春秋左传·襄公三十一年》）

吉服，古吉礼吉事时所着之礼服。在所测查的文献中共有 3 例，其中上古中期 2 例，上古后期 1 例。

（5）"王之吉服，则服大裘而冕，祀五帝亦如之。"（《周礼·春官·司服》）

凶服，凶礼凶事时所着之服。在所测查的文献中共有 8 例，其中上古中期 5 例，上古后期 3 例。

（6）"天子凶服、降名，礼也。"（《春秋左传·僖公二十四年》）

戎服，军服。在所测查的文献中共有 4 例，均见于上古中期《春秋左传》。

（7）"子南戎服入，左右射，超乘而出。"（《春秋左传·昭公元年》）

燕服，闲居时穿的衣服。在所测查的文献中仅有 1 例，见于上古中期的《周礼》。

（8）"掌三公及孤卿之复逆，正王之燕服位。"（《周礼·夏官司马·小臣》）

祭服，祭祀时所穿的礼服。在所测查的文献中共有 17 例，其中上古中期 9 例，上古后期 8 例。

（9）"商祝袭祭服，褖衣次。"（《仪礼·士丧礼》）

（10）"祭服敝则焚之，祭器敝则埋之，龟筴敝则埋之，牲死则埋之。"（《礼记·曲礼上》）

朝服，君臣朝会或举行隆重典礼时穿的礼服。在所测查的文献中共有 70 例，其中上古中期 44 例，上古后期 26 例。

（11）"吉月，必朝服而朝。"（《论语·乡党》）

（12）"若使人于君所，则必朝服而命之。"（《礼记·曲礼上》）

丧服，居丧时所穿的衣服。在所测查的文献中共有 21 例，其中上古前期 1 例，上古中期 4 例，上古后期 16 例。

（13）"丧服，斩衰裳，苴绖、杖、绞带，冠绳缨，菅屦者。"（《仪礼·丧服》）

（14）"其公大事，则以其丧服之精粗为序，虽于公族之丧亦如之，以次主人。"（《礼记·文王世子》）

常服，古指军服。在所测查的文献中共有 2 例，分别见于上古前期的《诗经》和上古中期的《春秋左传》。

（15）"帅师者，受命于庙，受脤于社，有常服矣。"（《春秋左传·闵公二年》）

冕服，古代大夫以上吉礼礼服的特殊种类，包括冕冠和与冕冠相配的服饰。在所测查的文献中共有 14 例，其中上古前期 2 例，上古中期 7 例，上古后期 5 例。

（16）"伊尹以冕服，奉嗣王归于亳。"（《尚书·太甲中》）

（17）"我死，必无以冕服敛，非德赏也。且无使季氏葬我。"（《春秋左传·襄公二十九年》）

（18）"襚者执冕服，左执领，右执要，入。"（《礼记·杂记上》）

命服，原指周代天子赐予元士至上公九种不同命爵的衣服，后泛指官员及其配偶按等级所穿的制服。在所测查的文献中共有 3 例，分别见于上古前期的《诗经》、上古中期的《春秋左传》、上古后期的《礼记》。

（19）"命服、命车不粥于市。"（《礼记·王制》）

章服，绣有日月、星辰等图案的古代礼服。在所测查的文献中共有 2 例，分别见于上古中期的《韩非子》和上古后期的《史记》。

（20）"父兄大臣，禄秩功过，章服侵等，宫室供养太侈。"（《韩非子·亡征》）

（21）"盖闻有虞氏之时，画衣冠异章服以为僇，而民不犯。"（《史记·孝文本纪》）

列采，士大夫的彩色朝服。在所测查的文献中共有 2 例，均见于上古后期的《礼记》。

（22）"凡陈衣不诎，非列采不入，绨、绤、纻不入。"（《礼记·丧大记》）

胡服，指古代西方和北方各族的服装。在所测查的文献中共有 33 例，均见于上古后期的《战国策》和《史记》。

（23）"遂赐周绍胡服衣冠，具带黄金师比，以傅王子也。"（《战国策·赵二·王立周绍为傅》）

（24）"再拜稽首，乃赐胡服。"（《史记·赵世家》）

服冕总名词项属性差异见表 2 - 18，词频统计情况见表 2 - 19。

表 2 - 18　服冕总名词项属性分析

属性		词项	服	衣服	吉服	凶服	戎服	燕服	祭服	朝服	丧服	常服	冕服	命服	章服	列采	胡服
		类义素	某类整套服饰的统称														
语义属性	表义素	核心义素	衣服总名	衣服总名	吉礼之服	凶礼之服	军礼之服	燕居之服	祭礼之服	朝礼之服	丧礼之服	军礼之服	冕及相配之服	与名爵相配之服	绣有图章的礼服	彩色朝服	外族服装
		关涉义素			吉事	凶事	军事	燕居	祭祀	朝觐	丧葬	军事	祭祀	祭祀朝觐	有图章	色彩多	外族服
生成属性	词义来源		引申	语素组合	语素组合	语素组合	语素组合	语素组合	语素组合	语素组合	语素组合	语素组合	语素组合	语素组合	语素组合	语素组合	语素组合
	词形结构		单纯	复合	复合	复合	复合	复合	复合	复合	复合	复合	复合	复合	复合	复合	复合
使用属性	使用频率	上古前期	6	2	0	0	0	0	0	0	1	1	2	1	0	0	0
		上古中期	103	57	2	5	4	1	9	44	4	1	7	1	0	0	0
		上古后期	84	41	1	3	0	0	8	26	16	0	5	1	3	2	33
		总计	193	100	3	8	4	1	17	70	21	2	14	3	2	2	33

表 2 - 19　服冕总名词频统计（1）

文献		词项	服	衣服	吉服	凶服	戎服	燕服	祭服	朝服
上古前期		尚书	3							
		诗经	3	2						
		周易								
		总计	6	2	0	0	0	0	0	0

续表

文献	词项	服	衣服	吉服	凶服	戎服	燕服	祭服	朝服
上古中期	周礼	22	23	1	3		1	1	
	仪礼	8		1				5	38
	春秋左传	9	4		1	4		1	
	论语	7	1		1				3
	孟子	7	4						
	庄子	8	1						1
	荀子	7	5					1	
	韩非子	5	1						2
	吕氏春秋	9	4					1	
	老子								
	商君书								
	管子	21	14						
	孙子								
	总计	103	57	2	5	4	1	9	44
上古后期	礼记	25	21	1	3			8	22
	战国策	19	5						1
	史记	31	12						3
	淮南子	9	3						
	总计	84	41	1	3	0	0	8	26

表 2 - 19　服冕总名词频统计 （2）

文献	词项	丧服	常服	冕服	命服	章服	列采	胡服
上古前期	尚书	1		2				
	诗经		1		1			
	周易							
	总计	1	1	2	1	0	0	0
上古中期	周礼	1		4				
	仪礼	1						
	春秋左传	1	1	2	1			
	论语							

续表

文献	词项	丧服	常服	冕服	命服	章服	列采	胡服
上古中期	孟子							
	庄子							
	荀子			1				
	韩非子					1		
	吕氏春秋							
	老子							
	商君书							
	管子							
	孙子							
	总计	4	1	7	1	1	0	0
上古后期	礼记	14		5	1		2	
	战国策							18
	史记	2				1		15
	淮南子							
	总计	16	0	5	1	1	2	33

二　吉服名物词

吉服指吉礼吉事时所着之礼服。上古时期的吉服名物词共有 23 个：衮冕/卷冕、鷩冕、毳冕、希冕[1]、玄冕、端冕、纯服、端、玄端、元端、素端、玄赪、皮弁服、爵弁服、冠弁服、袗玄、袆衣、揄狄、阙狄/屈狄、鞠衣、展衣/襢衣、褖衣/缘衣、象服。

（一）吉服名物词词项语义特征

衮冕/卷冕：衮衣和冕。古代帝王与上公的礼服和礼冠。《周礼·春官·司服》："王之吉服，祀昊天上帝则大裘而冕；祀五帝亦如之；享先王则衮冕……公之服，自衮冕而下，如王之服。"《国语·周语中》："弃衮冕而南冠以出，不亦简彝乎。"韦昭注："衮，衮龙之衣也；冕，大冠也。公之盛服也。"钱玄《三礼名物通释·衣服·服制》："上古礼服服制，大别为冕服、弁服、冠服三等。依经传所述，则冕服分为六，弁服三，冠服二……冕服六：大裘、衮冕、鷩冕、毳冕、希冕、玄冕。其冕则同，其服皆玄衣、纁裳，赤韨纯朱，但各服绣缋之章不同。"卷冕即衮冕，《礼记·祭义》："天子卷冕北面。"孔颖达疏："天子亲执卑道，服衮冕北面。"

鷩冕：鷩衣而加冕，为周天子与诸侯的命服。《周礼·春官·司服》："王之吉服……享先公飨射，则鷩冕。"郑玄注："鷩，画以雉，谓华虫也。其衣三章，裳四章，凡七也。"

毳冕：毳衣和冕。古代天子祭祀四望山川时所用礼服。《周礼·春官·司服》："王之吉服……祀四望山川则毳冕。"郑玄注引郑司农曰："毳，罽衣也。"《释名·释首饰》："毳，芮也，画藻文于衣，象水草之毳芮温暖而洁也。"

希冕[1]：希衣和冕。帝王祭社稷、五祀时所服的绣有各种花纹的希衣和与希衣相配的礼冠。《周礼·春官·司服》："祭社稷、五祀则希冕。"段玉裁《周礼汉读考》卷三："（郑玄）注：希，读为'黹'（今本作'绨'），……周冕服九章，初一曰龙，次二曰山，次三曰华虫，次四曰火，次五曰宗彝，皆画以为缋；次六曰藻，次七曰粉米，次八曰黼，次九曰黻，皆黹（今本作'希'）以为绣。"

玄冕：古代天子、诸侯祭祀的礼服。《周礼·春官·司服》："祭群小祀则玄冕。"郑玄注："玄者，衣无文，裳刺黻而已，是以谓玄焉。"《礼记·郊特牲》："玄冕斋戒，鬼神阴阳也。"郑玄注："玄冕，祭服也。"

端冕：玄衣和大冠。古代帝王、贵族的礼服。《礼记·乐记》："吾端冕而听古乐，则唯恐卧；听郑、卫之音，则不知倦。"郑玄注："端，玄衣也。"孔颖达疏："云'端，玄衣也'者，谓玄冕也。凡冕服，皆其制正幅，袂二尺二寸，祛尺二寸，故称端也。"《国语·楚语下》："圣王正端冕，以其不违心，帅其群臣精物以临监享祀，无有苛慝于神者，谓之一纯。"韦昭注："端，玄端之服。冕，大冠也。"

纯（zī）服：帝王用的黑色祭服。纯，通"缁"。《礼记·祭统》："王后蚕于北郊，以共纯服。"陆德明释文："纯，侧其反。"陈澔集说："祭服皆上玄下纁。天子言缁服，诸侯言冕服。缁服，亦冕服也。缁以色言。"

端：古代的礼服。多用于丧祭场合。《说文》："端，直也，正也。"

《周礼·春官》："其齐服有玄端，素端。"郑司农注："衣有襦裳者为端。"郑玄注："端者，取其正也。"《穀梁传·僖公三年》："桓公委端搢笏，而朝诸侯。"注："端，玄端之服。"孔疏："其色玄，而制正幅无杀，故谓之玄端。"

玄端：黑色礼服。祭祀时天子、诸侯、士大夫皆服之。《周礼·春官·司服》："其齐服有玄端、素端。"孙诒让正义引金鹗云："玄端素端是服名，非冠名，盖自天子下达至于士通用为齐服，而冠则尊卑所用互异。"天子晏居时亦服之。《礼记·玉藻》："卒食，玄端而居。"郑玄注："天子服玄端燕居也。"《释名·释衣服》："玄端，其袖下正直端方，与要接也。"

元端：即玄端，古礼服。《晏子春秋·杂上十二》："景公饮酒，夜移于晏子。前驱款门曰：'君至！'晏子被元端，立于门。"

素端：诸侯、大夫、士的以素为之的祭服。《周礼·春官·司服》："其齐服有玄端、素端。"郑玄注："士齐有素端者，亦为札荒有所祷请。变素服言素端者，明异制。"贾公彦疏："素端者，即上素服，为札荒祈请之服也。"《礼记·杂记上》："素端一、皮弁一、爵弁一、玄冕一。"孙希旦集解："素端制若玄端，而用素为之，盖凶札祈祷致齐之服也。"

玄赪：玄衣赤裳的一种礼服。《礼记·丧大记》："夫人以屈狄，大夫以玄赪。"郑玄注："赪，赤也。玄衣赤裳，所谓卿大夫自玄冕而下之服。"孔颖达疏："大夫以玄赪者，玄纁也。言大夫招魂用玄冕玄衣纁裳，故云玄赪也。"

皮弁服：皮弁之服，古代天子视朝、诸侯告朔等所着之服，白鹿皮为冠，素衣，素裳，素韠，白屦。《仪礼·士冠礼》："皮弁服，素积，缁带，素韠。"郑玄注："皮弁者，以白鹿皮为冠，象上古也。积犹辟也，以素为裳，辟蹙其腰中。皮弁之衣，用布亦十五升，其色象焉。"《周礼·春官·司服》："眂朝，则皮弁服。"孙诒让正义："依郑义，王皮弁服，鹿皮弁，白布衣，素积，素韠，白舄，狐白裘。今案：当为素帛衣，白屦。"且孙诒让综合各家之言，认为皮弁服之衣并非用布，"皮弁服之衣以素"。[1] 按，皮弁服之衣，以白缯为之，也称"缟衣"。《仪礼·既夕

① （清）孙诒让：《周礼正义》，中华书局，2013，第 1638～1639 页。

礼》：“荐乘车，鹿浅幦，干笮革鞔，载旝载皮弁服，缨簪贝勒，县于衡。”郑玄注："皮弁服者，视朔之服。"清凤应韶《凤氏经说·皮弁服》："皮弁之用，天子视朝，诸侯告朔，聘礼主宾，皆服之。"

爵弁服：爵弁之服。头戴爵弁，身服纯衣（丝衣），即玄衣纁裳，与冕服的衣裳相同，但不加章采文饰，裳前用韎韐，以代冕服的韍。爵弁服是古代士助君祭时的服饰，是士的最高等的服饰，其他重大场合也可以服之。

冠弁服：头戴玄冠，而再加以皮冠，缁布衣，素裳素韠，白屦羔裘。《周礼·春官·司服》："凡甸，冠弁服。"孙诒让正义："凡王田服玄冠，而加以皮冠，不可以云以冠加冠，故假弁以为称，以弁本冠之大名，亦以皮冠举首蒙之，与弁制略相似也。以弁加于冠上谓之冠弁服，犹下文以絰加于弁上谓之弁絰服也。田事玄冠，上加皮冠，有所敬则释之，犹兵事韦弁，上加胄，有所敬则免之矣。冠弁服，依郑义，委貌冠即玄冠，缁布衣，素裳素韠，白舄羔裘。今案：当为白屦。"①

袗玄：谓上下同色的玄衣玄裳。《仪礼·士冠礼》："兄弟毕袗玄。"郑玄注："袗，同也。玄者，玄衣玄裳也……古文袗为均也。"

袆衣：绘有野鸡图纹的王后的祭服或三夫人及上公妻之命服。古礼规定在从王祭祀先王时所服。《周礼·天官·内司服》："掌王后之六服：袆衣、揄狄、阙狄、鞠衣、展衣、缘衣，素沙。"郑玄注："袆衣，画翚者……从王祭先王时服袆衣。"

揄狄：采画雉形为饰之服。一是王后从王祭先公之服。《周礼·天官·内司服》："掌王后之六服：袆衣、揄狄、阙狄、鞠衣、展衣、缘衣，素沙。"郑玄注："狄当为翟。翟，雉名……王后之服，刻缯为之形，而采画之，缀于衣以为文章。袆衣画翚者，揄翟画摇者，阙翟刻而不画，此三者皆祭服，从王祭先王则服袆衣，祭先公则服揄翟，祭群小祀则服阙翟。"一是三夫人及上公妻之命服。《礼记·玉藻》："王后袆衣，夫人揄狄。"郑玄注："夫人，三夫人，亦侯伯之夫人也。"陆德明释文："揄音摇，羊消反。《尔雅》云：'江淮而南，青质五色皆备成章曰鹞。'鹞音摇，谓刻画此雉形以为后、夫人服也。"

---

① （清）孙诒让：《周礼正义》，中华书局，2013，第1641页。

阙狄/屈狄：阙狄亦作"屈狄""阙翟"，古代王后以及有封号的贵族妇女所穿的一种命服。历代有差。屈狄，"屈"通"阙"。《礼记·玉藻》："君命屈狄。"郑玄注："屈，《周礼》作阙，谓刻缯为翟不画也，此子男之夫人及其卿大夫士之妻命服也。"孔颖达疏："屈，阙也。狄，亦翟也。直刻稚形，阙其采画，故云阙翟也。"

鞠衣：古代王后六服之一，九嫔及卿妻亦服之。其色如桑叶始生。《周礼·天官·内司服》："掌王后之六服：袆衣、揄狄、阙狄、鞠衣、展衣、缘衣。"郑玄注："郑司农云：'鞠衣，黄衣也。'鞠衣，黄桑服也。色如鞠尘，象《周礼·天官·内司服》：'辨外、内命妇之服，鞠衣、展衣、缘衣。桑叶始生。'"郑玄注："内命妇之服：鞠衣，九嫔也……外命妇者，其夫孤也，则服鞠衣。"《礼记·月令》："（季春）是月也，天子乃荐鞠衣于先帝。"郑玄注："为将蚕，求福祥之助也。鞠衣，黄桑之服。"《北堂书钞》卷一二八引《三礼图》："鞠衣，王后亲桑之服也。孤之妻服以从助祭，其鞠衣之色，象桑始生。"

展衣/襢衣：古代王后六服之一，色白，亦为世妇及卿大夫妻之命服。展，通"襢"。《周礼·天官·内司服》："掌王后之六服：袆衣、揄狄、阙狄、鞠衣、展衣、缘衣，素沙。"郑玄注："郑司农云：'展衣，白衣也。'……以礼见王及宾客之服。"《礼记·杂记上》："下大夫以襢衣。"郑玄注："下大夫，谓下大夫之妻。襢，《周礼》作'展'。"《礼记·玉藻》："一命襢衣。"孔颖达疏："襢，展也。子男大夫一命，其妻服展衣也。"

褖衣/缘衣：饰有边沿的衣服，为王后的六服之一，且为士的礼服或士妻等的命服。《仪礼·士丧礼》："褖衣。"郑玄注："黑衣裳赤缘谓之褖，褖之言缘也，所以表袍者也。……古文褖为缘。"《礼记·玉藻》："再命袆衣，一命襢衣，士褖衣。"郑玄注："此子男之夫人及其卿大夫之妻命服也。"《周礼·天官·内司服》："掌王后之六服：袆衣、揄狄、阙狄、鞠衣、展衣、缘衣，素沙。"郑玄注："此缘衣者实作褖衣也。褖衣，御于王之服，亦以燕居。"

象服：古代后妃、贵夫人所穿的礼服，上面绘有各种物象作为装饰。《诗经·墉风·君子偕老》："象服是宜。"毛传："象服，尊者所以为饰。"陈奂传疏："象服未闻，疑此即袆衣也。象，古襐字，《说文》：

'襐，饰也。'象服犹襐饰，服之以画绘为饰者。"

（二）吉服名物词词项属性差异

衮冕/卷冕，在所测查的文献中"衮冕"共有 4 例，均见于上古中期；"卷冕"仅 1 例，见于上古后期的《礼记》。

（25）"天子衮冕，负斧依。"（《仪礼·觐礼》）

（26）"享先王则衮冕。"（《周礼·春官宗伯·司服》）

（27）"卷冕路车，可陈也而不可好也。"（《礼记·郊特牲》）

鷩冕，鷩衣而加冕，为周天子与诸侯的命服。在所测查的文献中共有 2 例，均见于上古中期的《周礼》。

（28）"享先公飨射，则鷩冕。"（《周礼·春官宗伯·司服》）

毳冕，毳衣和冕，古代天子祭祀四望山川时所用礼服。在所测查的文献中共有 2 例，均见于上古中期的《周礼》。

（29）"祀四望山川，则毳冕。"（《周礼·春官宗伯·司服》）

希冕[1]，希衣和冕。在所测查的文献中共有 2 例，均见于上古中期的《周礼》。

（30）"祭社、稷、五祀则希冕。"（《周礼·春官宗伯·司服》）

玄冕，古代天子、诸侯祭祀的礼服。在所测查的文献中共有 4 例，其中上古中期 2 例，均见于《周礼》，上古后期 2 例，均见于《礼记》。

（31）"子羔之袭也，茧衣裳与税衣、纁袡为一，素端一，皮弁一，爵弁一，玄冕一。"（《礼记·杂记上》）

端冕，玄衣和大冠。在所测查的文献中共有 5 例，其中上古中期 1 例，上古后期 4 例。

（32）"是故君子衰绖则有哀色，端冕则有敬色，甲胄则有不可辱之色。"（《礼记·表记》）

纯（zī）服，帝王用的黑色祭服。在所测查的文献中仅有 1 例，见于上古后期的《礼记》。

（33）"是故天子亲耕于南郊以共齐盛，王后蚕于北郊以共纯服。"（《礼记·祭统》）

端，古代多用于丧祭场合的礼服。在所测查的文献中共有 5 例，其中上古中期 1 例，上古后期 4 例。

（34）"及笄日，主人冠端玄，即位于门外，西面。"（《仪礼·特牲馈食礼》）

玄端，黑色礼服。在所测查的文献中共有 18 例，其中上古中期 11 例，上古后期 7 例。

（35）"玄端：玄裳、黄裳、杂裳可也，缁带，爵韠。"（《仪礼·士冠礼》）

（36）"诸侯玄端以祭，裨冕以朝，皮弁以听朔于大庙，朝服以日视朝于内朝。"（《礼记·玉藻》）

元端，即玄端，黑色礼服。在所测查的文献中仅 1 例，见于上古中期的《庄子》。

（37）"祝宗人元端以临牢筴。"（《庄子·达生》）

素端，诸侯、大夫、士的以素为之的祭服。在所测查的文献中，共有 2 例，分别见于上古中期的《周礼》和上古后期的《礼记》。

（38）"其齐服有玄端素端。"（《周礼·春官宗伯·司服》）

玄赪，玄衣赤裳的礼服。在所测查的文献中仅有 1 例，见于上古后期的《礼记》。

（39）"大夫以玄赪，世妇以襢衣。"（《礼记·丧大记》）

皮弁服，皮弁之服，古代天子视朝、诸侯告朔等所着之服，白鹿皮为冠，素衣，素裳，素韠，白屦。在所测查的文献中共有 6 例，其中上古中期 5 例，上古后期 1 例。

（40）"故天子袾裷衣冕，诸侯玄裷衣冕，大夫裨冕，士皮弁服。"（《荀子·富国》）

爵弁服，爵弁之服。头戴爵弁，身服纯衣（丝衣），即玄衣纁裳，与冕服的衣裳相同，但不加章采文饰，裳前用韎韐，以代冕服的韍。在所测查的文献中共有 5 例，其中上古中期的《仪礼》3 例，上古后期的《礼记》2 例。

（41）"复者一人，以爵弁服，簪裳于衣，左何之，扱领于带。"（《仪礼·士丧礼》）

冠弁服，头戴玄冠，而再加以皮冠，缁布衣，素裳素韠，白屦羔裘。在所测查的文献中仅有 1 例，见于上古中期的《周礼》。

（42）"凡甸，冠弁服。"（《周礼·春官·司服》）

祎玄，谓上下同色的玄衣玄裳。在所测查的文献中共有 2 例，均见于上古中期的《仪礼》。

（43）"女从者毕祎玄，缁笄被颖黼，在其后。"（《仪礼·士昏礼》）

袆衣，绘有野鸡图纹的王后的祭服或三夫人及上公妻之命服。在所测查的文献中共有 3 例，其中上古中期的《周礼》1 例，上古后期的《礼记》2 例。

（44）"王后袆衣，夫人揄狄，君命屈狄。再命袆衣，一命襢衣，士褖衣。"（《礼记·玉藻》）

揄狄，采画雉形为饰之服。为王后从王祭先公之服或三夫人及上公妻之命服。在所测查的文献中共有 3 例，其中上古中期的《周礼》1 例，上古后期的《礼记》2 例。

（45）"夫人税衣、揄狄，狄、税素沙。"（《礼记·杂记上》）

阙狄/屈狄，古代王后以及有封号的贵族妇女所穿的一种命服。在所测查的文献中"阙狄"仅有 1 例，见于上古中期的《周礼》；"屈狄"有 2 例，见于上古后期的《礼记》。

（46）"王后袆衣，夫人揄狄，君命屈狄。再命袆衣，一命襢衣，士褖衣。"（《礼记·玉藻》）

（47）"君以卷，夫人以屈狄。"（《礼记·丧大记》）

鞠衣，古代王后六服之一，九嫔及卿妻亦服之。在所测查的文献中共有 5 例，其中上古中期 3 例，上古后期 2 例。

（48）"内子以鞠衣、褒衣，素沙。下大夫以襢衣。其余如士。"（《礼记·杂记上》）

展衣/襢衣，白色，王后六服之一，亦为世妇和卿大夫妻的礼服。在所测查的文献中"展衣"有 2 例，见于上古中期的《周礼》，"襢衣"共 3 例，均见于上古后期的《礼记》。

（49）"辨外内命妇之服，鞠衣、展衣、缘衣。"（《周礼·天官·内司服》）

（50）"大夫以玄赪，世妇以襢衣。"（《礼记·丧大记》）

褖衣/缘衣，饰有边沿的礼服。在所测查的文献中"褖衣"共有 3 例，其中上古中期的《仪礼》2 例，上古后期的《礼记》1 例；"缘衣"有 2 例，见于上古中期的《周礼》。

（51）"商祝袭祭服，褖衣次。"（《仪礼·士丧礼》）

（52）"辨外内命妇之服，鞠衣、展衣、缘衣。"（《周礼·天官·内司服》）

象服，古代后妃、贵夫人所穿的上面绘有各种物象作为装饰的礼服。在所测查的文献中仅有 1 例，见于上古前期的《诗经》。

（53）"象服是宜，子之不淑，云如之何。"（《诗经·墉风·君子偕老》）

上古时期吉服名物词有 23 个，只有"端"是引申而生成的单音词，其他都是语素组合而成的双音节合成词。在所测查的文献中，只有"象服"在上古前期有一用例，其他词语均在上古中期和上古后期有用例。从测查结果看，该类别词语比较集中出现在《周礼》《仪礼》《礼记》之中，在其他文献中只是偶有使用。

上古时期，吉服的男服和女服各有所称，其中"衮冕/卷冕、鷩冕、毳冕、希冕[1]、玄冕、端冕、纯服、端、玄端、元端、素端、玄赪、皮弁服、爵弁服、冠弁服"都是用来指称男服的，而"袆衣、揄狄、阙狄/屈狄、鞠衣、展衣/襢衣、褖衣/缘衣、象服"则是用来指称女服的。由每种礼服的纹饰、颜色、寓意特点形成比较鲜明的取象义素，与类义素组合，形成吉服名物词语，是该类别词语比较鲜明的命名特点。

吉服名物词词项属性差异见表 2 - 20，词频统计情况见表 2 - 21。

表 2 - 20　吉服名物词词项属性分析

属性／词项	语义属性					生成属性		使用属性			
	类义素	表义素				词义来源	词形结构	使用频率			
		核心义素	关涉义素					上古前期	上古中期	上古后期	总计
			功用	颜色纹饰	服者						
衮冕/卷冕	吉礼吉事时所着之礼服	冕服	享先王	衮龙	帝王上公	语素组合	复合结构	0	4	1	5
鷩冕		冕服	享先公飨射	华虫	帝王上公	语素组合	复合结构	0	2	0	2
毳冕		冕服	祭祀四望山川	藻文	帝王上公	语素组合	复合结构	0	2	0	2
希冕[1]		冕服	祭社稷五祀	黹绣	帝王上公	语素组合	复合结构	0	2	0	2

属性	语义属性				生成属性		使用属性			
	类义素	表义素			词义来源	词形结构	使用频率			
		核心义素	关涉义素				上古前期	上古中期	上古后期	总计
词项			功用	颜色纹饰	服者						
玄冕		冕服	祭群小祀	衣无文裳刺黻	帝王上公	语素组合	复合结构	0	2	2	4
端冕		冕服		黑衣	贵族	语素组合	复合结构	0	1	4	5
纯服		祭服		黑色	帝王	语素组合	复合结构	0	0	1	1
端		礼服			贵族	引申	单纯结构	0	1	4	5
玄端		祭服		黑色	士大夫以上	语素组合	复合结构	0	11	7	18
元端		祭服		黑色	士大夫以上	语素组合	复合结构	0	1	0	1
素端		祭服		素色	士以上	语素组合	复合结构	0	1	1	2
玄赪		礼服		上玄下𬘬	卿大夫	语素组合	复合结构	0	0	1	1
皮弁服		弁服	朝服	素色		语素组合	复合结构	0	5	1	6
爵弁服		弁服	吉服	上玄下𬘬		语素组合	复合结构	0	3	2	5
冠弁服		弁服	甸服	上玄下素		语素组合	复合结构	0	1	0	1
袗玄		礼服		上下均玄		语素组合	复合结构	0	2	0	2
袆衣		命服	祭先王	画翚	王后命妇	语素组合	复合结构	0	1	2	3
揄狄		命服	祭先公	画𬭤	王后命妇	语素组合	复合结构	0	1	2	3
阙狄/屈狄		命服	祭群小祀	刻缯为翟不画	王后命妇	语素组合	复合结构	0	1	2	3
鞠衣		命服	亲桑	黄色	王后命妇	语素组合	复合结构	0	3	2	5

续表

属性 / 词项	语义属性					生成属性		使用属性			
	类义素	表义素				词义来源	词形结构	使用频率			
		核心义素	关涉义素					上古前期	上古中期	上古后期	总计
			功用	颜色纹饰	服者						
展衣/襢衣		命服	宾礼	白色	王后命妇	语素组合	复合结构	0	2	3	5
褖衣/缘衣		命服	御王燕居	黑色缘饰	王后命妇	语素组合	复合结构	0	4	1	5
象服		礼服		绘饰	王后命妇	语素组合	复合结构	1	0	0	1

表 2－21　吉服名物词词频统计（1）

文献	词项	衮冕/卷冕	鷩冕	毳冕	希冕[1]	玄冕	端冕	纯服	端	玄端	元端	素端
上古前期	尚书											
	诗经											
	周易											
	总计	0	0	0	0	0	0	0	0	0	0	0
上古中期	周礼	3	2	2	2	2				1		1
	仪礼	1							1	10		
	春秋左传											
	论语											
	孟子											
	庄子										1	
	荀子											
	韩非子				1							
	吕氏春秋											
	老子											
	商君书											
	管子											
	孙子											
	总计	4	2	2	2	2	1	0	1	11	1	1

续表

文献	词项	衮冕/卷冕	鷩冕	毳冕	希冕¹	玄冕	端冕	纯服	端	玄端	元端	素端
上古后期	礼记	1				2	2	1	4	7		1
	战国策											
	史记						1					
	淮南子						1					
	总计	1	0	0	0	2	4	1	4	7	0	1

表 2 – 21　吉服名物词词频统计（2）

文献	词项	玄赪	皮弁服	爵弁服	冠弁服	裧玄	袥衣	揄狄	阙狄/屈狄	鞠衣	展衣/襢衣	褖衣/缘衣	象服
上古前期	尚书												
	诗经												1
	周易												
	总计	0	0	0	0	0	0	0	0	0	0	0	1
上古中期	周礼		1		1		1	1	1	2	2	2	
	仪礼		3	3		2						2	
	春秋左传												
	论语												
	孟子												
	庄子												
	荀子		1										
	韩非子												
	吕氏春秋									1			
	老子												
	商君书												
	管子												
	孙子												
	总计	0	5	3	1	2	1	1	1	3	2	4	0
上古后期	礼记	1	1	2			2	2	2	2	3	1	
	战国策												
	史记												
	淮南子												
	总计	1	1	2	0	0	2	2	2	2	3	1	0

三　凶服名物词

凶服是指凶礼凶事时所着之服。丧礼和天灾是古人非常重视的，尤其是丧礼，不仅礼仪繁复，服饰也特别讲究。《榖梁传·庄公三年》"改葬之礼缌"唐杨士勋疏："五服者，案丧服有斩衰、齐衰、大功、小功、缌麻是也。"汉贾谊《新书·六术》："丧服称亲疏以为重轻，亲者重，疏者轻，故复有粗衰，齐衰，大红（大功），细红（小功），缌麻，备六，各服其所当服。"

上古时期凶服名物词共有 17 个：斩衰、齐衰、疏衰、大功、小功、缌麻、繐衰、锡衰、缌衰、疑衰、麻衰、苴衰、衰冠、衰麻、衰绖、缟素、素服。

（一）凶服名物词词项语义特征

斩衰（cuī）：五种丧服中最重的一种。用粗麻布制成，左右和下边不缝。服制三年。子及未嫁女为父母，媳为公婆，承重孙为祖父母，妻妾为夫，均服斩衰。先秦诸侯为天子、臣为君亦服斩衰。《周礼·春官·司服》："凡丧，为天王斩衰，为王后齐衰。"

齐（zī）衰（cuī）：丧服名。为五服之一。服用粗麻布制成，以其缉边缝齐，故称"齐衰"。服期有三年的，为继母、慈母；有一年的，为"齐衰期"，如孙为祖父母，夫为妻；有五月的，如为曾祖父母；有三月的，如为高祖父母。

疏衰（cuī）：即齐衰。五种丧服之一，规格次于斩衰。《仪礼·丧服》："疏衰裳：齐牡麻绖，冠布缨，削杖，布带，疏屦，三年者。"郑玄注："疏犹粗也。"《礼记·曾子问》："其殡服，则子麻弁绖，疏衰，菲杖。"孔颖达疏："疏衰，是齐衰也。"

大功：丧服名。其服用熟麻布做成，较齐衰稍细，较小功为粗，故为大功。丧服五服之一，服期九月。旧时堂兄弟、未婚的堂姊妹、已婚的姑、姊妹、侄女及众孙、众子妇、侄妇等之丧，都服大功。已婚女为伯父、叔父、兄弟、侄、未婚姑、姊妹、侄女等服丧，也服大功。

小功：丧服名。其服以熟麻布制成，视大功为细，较缌麻为粗。服期五月。凡本宗为曾祖父母、伯叔祖父母、堂伯叔祖父母，未嫁祖姑、堂姑，已嫁堂姊妹，兄弟之妻，从堂兄弟及未嫁从堂姊妹；外亲为外祖父母、母舅、母姨等，均服之。《仪礼·丧服》："小功者，兄弟之服也。"又："小功布衰裳，澡麻带经，五月者。"贾公彦疏："但言小功者，对大功是用功粗大，则小功是用功细小精密者也。"

缌麻：丧服名。五服中之最轻者，孝服用细麻布制成，服期三月。凡本宗为高祖父母，曾伯叔祖父母，族伯叔父母，族兄弟及未嫁族姊妹，外姓中为表兄弟，岳父母等，均服之。《仪礼·丧服》："缌麻三月者。""缌者，十五升抽其半，有事其缕，无事其布曰缌。"郑玄说："谓其缌者，治其缕细如丝也。"胡培翚解释说："有事其缕，谓澡治之使细；无事其布，谓不加灰治之使滑易也。……所谓有事其缕也，盖治之则缕细如丝，故取此义，名为缌也。"①

缌衰（cuī）：古代小功五月之丧服。用细而疏的麻布制成。《仪礼·丧服》："缌衰者何？以小功之缌也。"郑玄注："凡布细而疏者谓之缌。"《礼记·檀弓下》："叔仲皮死，其妻鲁人也。衣衰而缪经，叔仲衍以告，请缌衰而环经。"

锡衰（cuī）：细麻布所制的丧服。锡，通"緆"。《周礼·春官·司服》："王为三公六卿锡衰。"郑玄注："君为臣服吊服也。郑司农云：'锡，麻之滑易者。'"《仪礼·丧服》："大夫吊于命妇，锡衰。命妇吊于大夫，亦锡衰。"

缌衰：古代王为诸侯之丧服。《周礼·春官·司服》："王为三公六卿锡衰，为诸侯缌衰，为大夫士疑衰，其首服皆弁经。"郑玄注："缌，亦十五升去其半，有事其缕，无事其布。"《汉书·王莽传上》："《周礼》曰'王为诸侯缌缞'，'弁而加环经'，同姓则麻，异姓则葛。摄皇帝当为功显君缌缞，弁而加麻环经，如天子吊诸侯服，以应圣制。"

疑衰：古代王者为参加大夫或士的丧仪而穿的丧服。疑，通"拟"；衰，通"缞"。《周礼·春官·司服》："凡丧：为天王斩衰；为王后齐衰；王为三公六卿锡衰；为诸侯缌衰；为大夫士疑衰。"郑玄注："疑之言拟也，拟于吉。"贾公彦疏："天子臣多，故三公与六卿同锡衰，诸侯五等同缌衰，大夫与士同疑衰。"

---

① 转引自丁凌华《五服制度与传统法律》，商务印书馆，2013，第68~69页。

麻衰（cuī）：用细麻布裁制的丧服。《礼记·檀弓上》："司寇惠子之丧，子游为之麻衰，牡麻绖。"郑玄注："麻衰，以吉服之布为衰。"孔颖达疏："今子游麻衰乃吉服，十五升，轻于吊服。"孙希旦集解："士吊服疑衰，麻衰视疑衰为轻……子游以惠子废适立庶，故特为轻衰重绖以讥之。"

苴衰（cuī）：丧服之一种，用苴麻之布所制的丧服。《礼记·丧服四制》："丧不过三年，苴衰不补，坟墓不培。祥之日，鼓素琴，告民有终也。"孔颖达疏："苴衰不补者，言苴麻之衰，虽破不补。"

衰（cuī）冠：丧服，衰衣丧冠。《周礼·春官·小宗伯》："县衰冠之式于路门之外。"郑玄注："制色宜齐同。"孙诒让正义："《注》云'制色宜齐同'者，《司服》云：'凡丧为天王斩衰'，衰冠之制，具《丧服经》。"《仪礼·丧服》"丧服第十一"唐贾公彦疏："妇人为夫之族类为义，自余皆正，衰冠如上释也。"

衰（cuī）麻：丧服，衰衣麻绖。《礼记·乐记》："衰麻哭泣，所以节丧纪也。"《淮南子·说山训》："祭之日而言狗生，取妇夕而言衰麻。"

衰（cuī）绖：丧服。古人丧服胸前当心处有长六寸、广四寸的麻布，名衰，因名此衣为衰；围在头上的散麻绳为首绖，缠在腰间的为腰绖。衰、绖两者是丧服的主要部分。《左传·僖公十五年》："穆姬闻晋侯将至，以太子罃、弘与女简璧登台而履薪焉。使以免服衰绖逆。"

缟素：白色丧服。《管子·轻重甲》："故君请缟素而就士室。"《史记·高祖本纪》："今项羽放杀义帝于江南，大逆无道。寡人亲为发丧，诸侯皆缟素。"《后汉书·顺帝纪》："茂陵园寝灾，帝缟素避正殿。"

素服：居丧或遭遇凶事时所穿的本色或白色的衣服。《礼记·郊特牲》："皮弁素服而祭，素服以送终也。"郑玄注："素服，衣裳皆素。"《史记·李斯列传》："赵高诈诏卫士，令士皆素服持兵内乡。"

（二）凶服名物词词项属性差异

斩衰（cuī），五种丧服中最重的一种。用粗麻布制成，左右和下边不缝。在所测查的文献中共有 17 例，其中上古中期 5 例，上古后期 12 例。

（54）"斩衰菅屦，杖而啜粥者，志不在于酒肉。"（《荀子·哀公》）

齐（zī）衰（cuī），丧服名。为五服之一的用粗麻布制成且缉边缝齐的丧服。在所测查的文献中共有 29 例，上古中期 22 例，上古后期 7 例。

（55）"同居，则服齐衰期，异居，则服齐衰三月。"（《仪礼·丧服》）

（56）"赵武服齐衰三年，为之祭邑，春秋祠之，世世勿绝。"（《史记·赵世家》）

疏衰（cuī），即齐衰。规格次于斩衰的丧服。在所测查的文献中共有 5 例，其中上古中期的《仪礼》3 例，上古后期的《礼记》2 例。

（57）"共殡服，则子麻弁绖、疏衰、菲、杖，入自阙，升自西阶。"（《礼记·曾子问》）

大功，丧服名。其服用熟麻布做成，较齐衰稍细，较小功为粗，故为大功。在所测查的文献中共有 27 例，其中上古中期 18 例，上古后期 9 例。

（58）"大功布九升，小功布十一升。"（《仪礼·丧服》）

小功，丧服名。其服以熟麻布制成，视大功为细，较缌麻为粗。在所测查的文献中共有 36 例，其中上古中期 22 例，上古后期 14 例。

（59）"缌之麻不变小功之葛，小功之麻不变大功之葛，以有本为税。"（《礼记·服问》）

缌麻，丧服名。五服中之最轻者，孝服用细麻布制成。在所测查的文献中共有 4 例，上古中期的《仪礼》和上古后期的《礼记》各 2 例。

（60）"缌麻十五升去其半。"（《礼记·问传》）

缌衰（cuī），古代小功五月之丧服。用细而疏的麻布制成。在所测查的文献中共有 5 例，其中上古中期的《仪礼》3 例，上古后期的《礼记》2 例。

（61）"缌衰四升有半，其冠八升。"（《仪礼·丧服》）

锡衰（cuī），细麻布所制的丧服。在所测查的文献中共有 6 例，其中上古中期和上古后期各 3 例。

（62）"诸侯吊，必皮弁锡衰。"（《礼记·丧服小记》）

缌衰，古代王为诸侯之丧服。在所测查的文献中仅有 1 例，见于上古中期的《周礼》。

（63）"王为三公六卿锡衰。为诸侯缌衰。为大夫士疑衰。"（《周礼·春官·司服》）

疑衰，古代王者为参加大夫或士的丧仪而穿的丧服。在所测查的文献中仅有 1 例，见于上古中期的《周礼》。

（64）"王为三公六卿锡衰。为诸侯缌衰。为大夫士疑衰。"（《周礼·春官·司服》）

麻衰（cuī），用细麻布裁制的丧服。在所测查的文献中仅有 1 例，见于上古后期的《礼记》。

（65）"司寇惠子之丧，子游为之麻衰，牡麻绖。"（《礼记·檀弓上》）

苴衰（cuī），丧服之一种，用苴麻之布所制的丧服。在所测查的文献中仅有 1 例，见于上古后期的《礼记》。

（66）"丧不过三年，苴衰不补，坟墓不培。祥之日，鼓素琴，告民有终也。"（《礼记·丧服四制》）

衰（cuī）冠，丧服，衰衣丧冠。在所测查的文献中共有 2 例，分别见于上古中期的《周礼》和上古后期的《礼记》。

（67）"父母之丧，衰冠、绳缨、菅屦，三日而食粥，三月而沐，期十三月而练冠，三年而祥。"（《礼记·丧服四制》）

衰（cuī）麻，丧服，衰衣麻绖。在所测查的文献中共有 8 例，其中上古中期 1 例，上古后期 7 例。

（68）"凡缘而往埋之，反无哭泣之节，无衰麻之服，无亲疏月数之等，各反其平，各复其始，已葬埋，若无丧者而止，夫是之谓至辱。"（《荀子·礼论》）

衰（cuī）绖，丧服。衰、绖两者是丧服的主要部分，以此二物指代丧服。在所测查的文献中共有 19 例，其中上古中期 8 例，上古后期 11 例。

（69）"卑绖、黼黻、文织，资粗、衰绖、菲缦、菅屦，是吉凶忧愉之情发于衣服者也。"（《荀子·礼论》）

缟素，白色丧服。在所测查的文献中共有 10 例，其中上古中期 3 例，上古后期 7 例。

（70）"信陵君闻缩高死，素服缟素辟舍。"（《战国策·魏四·攻管而不下》）

素服，居丧或遭遇凶事时所穿的本色或白色的衣服。在所测查的文献中共有 15 例，其中上古中期 2 例，上古后期 13 例。

（71）"大札大荒大灾素服。"（《周礼·春官·司服》）

凶服主要是丧服，也包括遇有大灾之事时所着之素服。丧服的主要材料是麻，丧服用麻越粗、做工越粗，则丧礼越重。"素服"是该类别词语中最特殊的一个，它既指称丧服，也指称其他凶灾事之服。在所测查的文献中，丧服名物词在上古前期都没有使用，"斩衰、齐衰、大功、小功、缌麻"上古中期的使用频率略高于上古后期，而且基本集中于《仪礼》和《礼记》这两部文献中，这与服饰文化的特点密不可分。"缞衰、锡衰、缌衰、疑衰、麻衰、苴衰、衰冠、衰麻"的使用都不太多，"衰绖"的使用频率略高一些。"缟素、素服"在上古后期的使用明显增多，文献记载也比较广泛，这与时代的变化是分不开的，同时也与"素服"使用的广泛直接相关。

该类别词语都是语素组合生成的双音节合成词，"齐衰、大功、小功"不仅使用频率总体上高，而且其自身在上古中期使用频率偏高，"斩衰、衰绖"上古后期使用频率比上古中期偏高。"素服"是该类别词语中文献分布最广的一个。

凶服名物词词项属性差异见表 2 – 22，词频统计情况见表 2 – 23。

表 2 – 22　凶服名物词词项属性分析

属性＼词项	语义属性					生成属性		使用属性			
	类义素	表义素				词义来源	词形结构	使用频率			
		核心义素	关涉义素					上古前期	上古中期	上古后期	总计
			服期	材料	形制						
斩衰	礼凶事时所着之服	丧服	三年	粗麻布	左右和下边不缝	语素组合	复合结构	0	5	12	17
齐衰		丧服	三年至三月不等	粗麻布	缉边缝齐	语素组合	复合结构	0	22	7	29
疏衰		丧服	三年至三月不等	粗麻布	缉边缝齐	语素组合	复合结构	0	3	2	5
大功		丧服	九月	熟麻布	较小功粗	语素组合	复合结构	0	18	9	27
小功		丧服	五月	熟麻布	较大功细较缌麻粗	语素组合	复合结构	0	22	14	36

续表

属性 词项	语义属性					生成属性		使用属性			
	类义素	表义素				词义来源	词形结构	使用频率			
		核心义素	关涉义素					上古前期	上古中期	上古后期	总计
			服期	材料	形制						
缌麻		丧服	三月	细麻布	五服最轻	语素组合	复合结构	0	2	2	4
缌衰		丧服		细而疏的麻布		语素组合	复合结构	0	3	2	5
锡衰		丧服		细麻布		语素组合	复合结构	0	3	3	6
缌衰		丧服		麻或葛		语素组合	复合结构	0	1	0	1
疑衰		丧服		麻		语素组合	复合结构	0	1	0	1
麻衰		丧服		细麻布		语素组合	复合结构	0	0	1	1
苴衰		丧服		苴麻之布		语素组合	复合结构	0	0	1	1
衰冠		丧服			衰衣丧冠	语素组合	复合结构	0	1	1	2
衰麻		丧服			衰衣麻经	语素组合	复合结构	0	1	7	8
衰经		丧服			衰衣麻经	语素组合	复合结构	0	8	11	19
缟素		丧服		缟	白色	语素组合	复合结构	0	3	7	10
素服		凶服		素	本色或白色	语素组合	复合结构	0	2	13	15

表 2-23　凶服名物词词频统计（1）

文献	词项	斩衰	齐衰	疏衰	大功	小功	缌麻	缌衰	锡衰	缌衰	疑衰
上古前期	尚书										
	诗经										
	周易										
	总计	0	0	0	0	0	0	0	0	0	0

续表

文献	词项	斩衰	齐衰	疏衰	大功	小功	缌麻	繐衰	锡衰	缌衰	疑衰
上古中期	周礼	1	1		1	1			1	1	1
	仪礼	3	16	3	17	19	2	3	2		
	春秋左传										
	论语		2								
	孟子					1					
	庄子										
	荀子	1	3			1					
	韩非子										
	吕氏春秋										
	老子										
	商君书										
	管子										
	孙子										
	总计	5	22	3	18	22	2	3	3	1	1
上古后期	礼记	12	6	2	9	14	2	2	3		
	战国策										
	史记		1								
	淮南子										
	总计	12	7	2	9	14	2	2	3	0	0

表 2-23 凶服名物词词频统计 (2)

文献	词项	麻衰	苴衰	衰冠	衰麻	衰绖	缟素	素服
上古前期	尚书							
	诗经							
	周易							
	总计	0	0	0	0	0	0	0
上古中期	周礼			1				1
	仪礼					1		
	春秋左传					4		1
	论语							

文献	词项	麻衰	苴衰	衰冠	衰麻	衰绖	缟素	素服
上古中期	孟子							
	庄子					1		
	荀子				1	1		
	韩非子							
	吕氏春秋					1	2	
	老子							
	商君书							
	管子							1
	孙子							
	总计	0	0	1	1	8	3	2
上古后期	礼记	1	1	1	5	2		8
	战国策						2	1
	史记				1	7	3	3
	淮南子				1	2	2	1
	总计	1	1	1	7	11	7	13

四　戎服名物词

戎服指军服。上古时期戎服名物词有 7 个：甲、甲胄、介胄、铠、铠甲、韦弁服、鞈。

（一）戎服名物词词项语义特征

甲：古代军人穿的用皮革等制成的护身服。《周礼·考工记·函人》："函人为甲，犀甲七属，兕甲六属，合甲五属。"《左传·宣公二年》："于思于思，弃甲复来。"《史记·仲尼弟子列传》："甲坚以新，士选以饱。"《国语·晋语八》："昔吾先君唐叔射兕于徒林，殪，以为大甲，以封于晋。"韦昭注："甲，铠也。"

甲胄：铠甲和头盔。《周易·说卦》："离为火，为日，为电，为中女，为甲胄，为戈兵。"《尚书·说命中》："唯口起羞，惟甲胄起戎。"孔传："甲，铠；胄，兜鍪也。"《汉书·王莽传上》："甲胄一具，秬鬯二卣。"

介胄：铠甲和头盔。《史记·平津侯主父列传》："介胄生虮虱，民无所告愬。"

铠：古代作战时护身的服装，金属制成。皮甲亦可称铠。《管子·地数》："葛卢之山发而出水，金从之，蚩尤受而制之以为剑铠矛戟。"《周礼·夏官·叙官》："司甲，下大夫二人。"郑玄注："甲，今之铠也。"孙诒让正义："《释名·释兵》云：'铠犹垲也，垲，坚重之言也。或谓之甲，似物有孚甲以自御也，'《尚书·费誓》孔颖达疏：'经典皆言甲，秦世以来始有铠之文。古之作甲用皮，秦汉以来用铁。铠字从金，盖用铁为之，而因以作名也。'"陆德明释文："古用皮谓之甲，今用金谓之铠。"

铠甲：古代军用护身服装，用金属片或皮革制成。

韦弁服：韦弁之服。韦弁，以韎韦为弁，又以为衣裳。《仪礼·聘礼》："君使卿韦弁。"郑玄注："韦弁，韎韦之弁，兵服也。而服之者，皮韦同类，取相近耳。其服盖韎布以为衣，而素裳。"孔颖达疏："谓制韦如布帛之幅而连属为衣及裳。"《周礼·春官·司服》："凡兵事，韦弁服。"孙诒让正义引孔广森云："兵事，谓凡祠兵命将之事，非必战服也。《聘礼》卿韦弁归饔饩，则韦弁固亦礼服。"又引任大椿云："韦弁为天子诸侯大夫兵事之服。戎服用韦者，以韦革同类，服以临军，取其坚也。《晋志》韦弁制似皮弁，顶上尖，韎草染之，色如浅绛。然则形状似皮弁矣。"综合各家之言，孙诒让认为"韦弁服，即染熟皮为红色，以为弁及衣裳"。

韐：护胸的革甲。《管子·小匡》："轻罪入兰盾韐革二戟。"尹知章注："韐革，重革，当心着之，可以御矢。"

（二）戎服名物词词项属性差异

甲，古代军人穿的用皮革等制成的护身服。在所测查的文献中共有210例，其中上古前期4例，上古中期121例，上古后期85例。

（72）"王于兴师，修我甲兵，与子偕行。"（《诗经·秦风·无衣》）

（73）"人无筋骨之强，爪牙之利，故割革而为甲，铄铁而为刃。"（《淮南子·兵略训》）

甲胄，铠甲和头盔。在所测查的文献中共有16例，其中上古前期3例，上古中期5例，上古后期8例。

（74）"天下无道，攻击不休，相守数年不已，甲胄生虮虱，燕雀处

帷幄，而兵不归。"（《韩非子·喻老》）

介胄，铠甲和头盔。在所测查的文献中共有 5 例，其中上古中期的《管子》1 例，上古后期的《礼记》1 例，《史记》3 例。

（75）"临丧则必有哀色，执绋不笑，临乐不叹，介胄则有不可犯之色。"（《礼记·曲礼上》）

铠，古代作战时所穿的用金属或皮革制成的护身服装。在所测查的文献中共有 3 例，其中上古中期的《管子》2 例，上古后期的《淮南子》1 例。

（76）"被蓑以当铠镾，菹笠以当盾橹。"（《管子·禁藏》）

铠甲，古代军用护身服装，用金属片或皮革制成。在所测查的文献中共有 2 例。分别见于上古中期的《韩非子》和上古后期的《淮南子》。

（77）"共工之战，铁铦短者及乎敌，铠甲不坚者伤乎体。"（《韩非子·五蠹》）

（78）"人性便丝衣帛，或射之则被铠甲，为其所不便以得所便。"（《淮南子·说林训》）

韦弁服，韦弁之服。韦弁，以袜韦为弁，又以为衣裳。在所测查的文献中仅有 1 例，见于上古中期的《周礼》。

（79）"凡兵事，韦弁服。"（《周礼·春官·司服》）

鞈，护胸的革甲。在所测查的文献中共有 2 例，分别见于上古中期的《管子》和上古后期的《淮南子》。

（80）"鞅鞈铁铠，瞋目扼腕，其于以御兵刃，悬矣！"（《淮南子·主术训》）

该类别词语共有 7 个，从语义分析中可知，作为指称戎服的词语，它们的语义差别主要在于戎服的材料，"甲"是用皮革所制，"铠"是用金属和皮革所制，"韦弁服"的材料主要也是皮革，只是颜色比较特殊。另外，"韦弁服"的独特之处在于，它主要是军礼服，作战时要外加甲胄或铠甲。从生成属性上看，"甲、铠、鞈"是单音节词，其词义的生成，"甲"是由本义引申而来，"铠、鞈"是约定俗成。"甲胄、介胄、铠甲、韦弁服"都是语素组合生成的合成词。在所测查的文献中，"甲"的使用频率最高，使用最早，文献分布最广。

戎服名物词词项属性差异见表 2－24，词频统计情况见表 2－25。

表 2－24　戎服名物词词项属性分析

属性 ＼ 词项			甲	甲胄	介胄	铠	铠甲	韦弁服	鞈
语义属性	表义素	类义素	古代有军事行动或作战时来保护头和身体的服装						
		核心义素	戎服	戎服	戎服	戎服	戎服	弁服	戎服
		材料	皮革	皮革	金属或皮革	金属或皮革	金属片或皮革	靺韦	革
		功用	作战服	作战服	作战服	作战服	作战服	军礼服	护胸
生成属性	词义来源		引申	语素组合	语素组合	约定俗成	语素组合	语素组合	约定俗成
	词形结构		单纯结构	复合结构	复合结构	单纯结构	复合结构	复合结构	单纯结构
使用属性	使用频率	上古前期	4	3	0	0	0	0	0
		上古中期	121	5	1	2	1	1	1
		上古后期	85	8	4	1	1	0	1
		总计	210	16	5	3	2	1	2

表 2－25　戎服名物词词频统计

文献 ＼ 词项		甲	甲胄	介胄	铠	铠甲	韦弁服	鞈
上古前期	尚书	2	2					
	诗经	2						
	周易		1					
	总计	4	3	0	0	0	0	0
上古中期	周礼	13					1	
	仪礼	1						
	春秋左传	46	2					
	论语							
	孟子	4						
	庄子	1						
	荀子	8						
	韩非子	20	1			1		
	吕氏春秋	12	1					
	老子							

续表

文献	词项	甲	甲胄	介胄	铠	铠甲	韦弁服	鞈
上古中期	商君书	1						
	管子	11		1	2			1
	孙子	4	1					
	总计	121	5	1	2	1	1	1
上古后期	礼记	7	3	1				
	战国策	34						
	史记	31	1	3				
	淮南子	13	4		1	1		1
	总计	85	8	4	1	1	0	1

五　燕服名物词

燕服指燕居时所穿的便服。上古时期燕服名物词有燕衣、亵服、缟衣、布衣。

（一）燕服名物词词项语义特征

燕衣：为天子退朝闲居时所着之服。《礼记·王制》："夏后氏收而祭，燕衣而养老；殷人冔而祭，缟衣而养老；周人冕而祭，玄衣而养老。"郑玄注："凡养老之服，皆其时与群臣燕之服。"孔颖达疏："以《经》云，夏后氏燕衣而养老，周人玄衣而养老，周人燕用玄衣，故知养老燕群臣之服也。"又"庶羞不踰牲，燕衣不踰祭服，寝不踰庙"。

亵服：家居时穿的便服。《论语·乡党》："君子不以绀緅饰，红紫不以为亵服。"何晏集解引王肃曰："亵服，私居服，非公会之服。"

缟衣：白绢衣裳。《礼记·王制》："殷人冔而祭，缟衣而养老。"郑玄注："殷尚白而缟衣裳。"《诗经·郑风·出其东门》："缟衣綦巾，聊乐我员。"毛传："缟衣，白色男服。"马瑞辰通释："今按毛传以缟衣为男服于经义未协，缟衣亦未嫁女所服也。"高亨注："缟，白绢。"

布衣：布制的衣服。

（二）燕服名物词词项属性差异

燕衣，为天子退朝闲居时所着之服。在所测查的文献中共有 3 例，均见于上古后期的《礼记》。

（81）"庶羞不踰牲，燕衣不踰祭服，寝不踰庙。"（《礼记·王制》）

亵服，家居时穿的便服。在所测查的文献中仅1例，见于上古中期的《论语》。

（82）"君子不以绀緅饰，红紫不以为亵服。"（《论语·乡党》）

缟衣，白绢衣裳。在所测查的文献中共有5例，其中上古前期2例，见于《诗经》；上古后期3例。

（83）"砥利剑者，非以斩缟衣，将以断兕犀。"（《淮南子·说山训》）

布衣，布制的衣服。在所测查的文献中共有6例，其中上古中期3例，上古后期3例。

（84）"既布衣，君至。"（《仪礼·士丧礼》）

（85）"文绣狐白，人之所好也，而尧布衣揜形，鹿裘御寒。"（《淮南子·精神训》）

该类别词语虽都是指称家居之服意义的词语，而且只有4个，但在词义上却各有侧重，"燕衣"着重于燕居，"亵服"侧重于私居，"缟衣、布衣"则突出材料、颜色。这四个词语都是语素组合生成的双音节合成词，使用频率都不高，这与文献记载内容是相关的。

燕服名物词词项属性差异见表2-26，词频统计情况见表2-27。

表2-26　燕服名物词词项属性分析

属性			词项	燕衣	亵服	缟衣	布衣
语义属性	表义素	类义素		闲居时穿的便服			
		核心义素		燕服	便服	便服	便衣
		关涉义素	时间	夏	周以降	殷以降	
			材料			白绢	布
			颜色		非红紫	白色	
生成属性	词义来源			语素组合	语素组合	语素组合	语素组合
	词形结构			复合结构	复合结构	复合结构	复合结构
使用属性	使用频率	上古前期		0	0	2	0
		上古中期		0	1	0	3
		上古后期		3	0	3	3
		总计		3	1	5	6

表 2 - 27　燕服名物词词频统计

文献	词项	燕衣	襃服	缟衣	布衣
上古前期	尚书				
	诗经			2	
	周易				
	总计	0	0	2	0
上古中期	周礼				
	仪礼				1
	春秋左传				
	论语		1		
	孟子				
	庄子				
	荀子				
	韩非子				1
	吕氏春秋				1
	老子				
	商君书				
	管子				
	孙子				
	总计	0	1	0	3
上古后期	礼记	3		2	1
	战国策				
	史记				1
	淮南子			1	1
	总计	3	0	3	3

第四节　体服部件名物词

上古时期衣和裳的某一部位，往往有专门的名称，甚至一个部位有几个名称。该时期的体服部件名物词共有 23 个：领、襋、襮、袺（jié）、袷、襟/衿、裾、齐（zī）、衽[1]、衽[2]、袂、袪、褎/袖、袖[1]、袖[2]、缘、袢、緆、绅、要、袧、负、适。

一　体服部件名物词词项语义特征

【领】

领，衣领。《说文》："领，项也。"段注："项当作颈。……不当释以头后……衣之曲夹谓之领，亦不谓衣后也。"按，领本来指脖子的前部，后来引申指衣领的交合之处。后来又引申指整个衣领。《荀子·劝学》："若挈裘领，诎五指而顿之，顺者不可胜数也。"

【襋】

襋，衣领。《说文·衣部》："襋，衣领也。"《诗经·魏风·葛屦》："要之襋之，好人服之。"毛传："襋，领也。"

【襮】

襮，绣有黼形花纹的衣领。《诗经·唐风·扬之水》："素衣朱襮，从子于沃。"毛传："襮，领也。诸侯绣黼丹朱中衣。"朱熹集传："襮，领也。诸侯之服，绣黼领而丹。"

【袷（jié）】

袷，古时交迭于胸前的衣领。《礼记·深衣》："曲袷如矩以应方。"郑玄注："袷，交领也。古者方领，如今小儿衣领。"《礼记·玉藻》："深衣三袪……袷二寸。"郑玄注："曲领也。"钱玄《三礼名物通释·衣服·衣裳》："连于领者曰襟。襟有二式：一曰交领，亦称袷，今称旁襟；一曰直领，今称对襟……交领又分两式：一种左襟自领口斜直而下；另一种左襟在领口曲折作方形，《曲礼》所谓'曲袷如矩'者，故称曲领或方领也。"《广韵》："曲领也。"《礼记·曲礼》："天子视不上于袷，不下于带。"疏："朝祭服之曲领也。"

【袼】

袼，古代衣领交叉处。《左传·昭公十一年》："衣有袼，带有结。"杜预注："袼，领会；结，带结也。"《说文·衣部》："袼，带所结也。"张舜徽约注："杜析言之，许则浑言之耳。袼实受义于会，似凡衣之会合交结处，皆可取以为名。"

【襟/衿】

襟，古代指衣的交领。《说文》："襟，交衽也。"《广韵》："袍襦前袂也。"《尔雅·释器》："衣眦谓之襟。"郭璞注："交领。"邢昺疏：

"谓交领也。"《屈原·离骚》："沾余襟之浪浪。"《释名·释衣服》："襟，禁也，交于前所以禁御风寒也。亦作衿。"《诗经·郑风·子衿》"青青子衿"孔颖达疏引三国魏孙炎曰："襟，交领也。"后指衣的前幅。《庄子·应帝王》："列子入，泣涕沾襟以告壶子。"

【裾】

裾，衣服的后襟。《尔雅·释器》："衱谓之裾。"郭璞注："衣后襟也。"《释名·释衣服》："裾，倨也。……亦言在后常见踞也。"高春明考证，古代所谓的裾，不仅在下，而且处于衣背。[①]按，裾乃古时衣后下摆。

【齐（zī）】

齐，衣的下摆。《论语·乡党》："摄齐升堂，鞠躬如也。"何晏集解引孔安国曰："衣下曰齐。摄齐者，抠衣也。"汉蔡邕《行小黄县颂》："济济群吏，摄齐升堂。"

【衽[1]】

衽，衣襟。指上衣前交领部分。《说文·衣部》："衽，衣裣也。"《类篇》："衣襟也。"《释名》："衽，襜也。在傍襜襜如也。"《礼记·玉藻》："衽当旁。"注："衽，谓裳幅所交裂也。"《礼记·丧大记》："小敛、大敛，祭服不倒，皆左衽。"郑玄注："左衽，衽向左，反生时也。"孔颖达疏："衽，衣襟也。生向右，左手解袖带便也；死则襟向左，示不复解也。"钱玄《三礼名物通释·衣服·衣裳》："常服均右衽，死者之服用左衽。外族亦有左衽者。"《论语·宪问》："微管仲，吾其被发左衽矣！"邢昺疏："衽谓衣衿，衣衿向左，谓之左衽。"此即胡服左衽。

另外指上衣两旁形如燕尾的掩裳际处。《仪礼·丧服》："衽二尺有五寸。"郑玄注："衽所以掩裳际也。二尺五寸，与有司绅齐也。上正一尺，燕尾一尺五寸，凡用布三尺五寸。"钱玄《三礼名物通释·衣服·衣裳》："后代上衣，无中间一尺正方之要，亦无两旁此燕尾之衽。"

又泛指上衣的前幅。《楚辞·离骚》："跪敷衽以陈辞兮，耿吾既得此中正。"王逸注："衽，衣前也。"《文选》潘岳《秋兴赋》："且敛衽以归来兮，忽投绂以高厉。"李善注："衽，襟也。"

【衽[2]】

---

① 高春明：《中国服饰名物考》，上海文化出版社，2001，第 523 页。

袿，衣袖。《广雅·释器》："袿，袖也。"《管子·弟子职》："先生将食，弟子馔馈。摄衽盥漱，跪坐而馈。"汉刘向《列女传·鲁季敬姜》："所与游处者，皆黄耇倪齿也。文伯引袿攘卷而亲馈之。"清王念孙《读书杂志·汉书八》"敛袿"，"袿谓袂也。《广雅》曰：'袂、袿，袖也。''袿，袂也。'此云'敛袿而朝'，《货殖传》云：'海岱之间，敛袂而往朝焉。'是袿即袂也。"

【袂】

袂，衣袖，尤指宽大衣袖的下垂部分。《说文·衣部》："袂，袖也。"《周易·归妹》："帝乙归妹，其君之袂，不如其娣之袂良。"王弼注："袂，衣袖，所以为礼容者也。"《楚辞》战国屈原《九歌·湘夫人》："捐余袂兮江中，遗余褋兮澧浦。"王逸注："袂，衣袖也。"《史记·苏秦列传》："临菑之涂，车毂击，人肩摩，连衽成帷，举袂成幕，挥汗成雨。"清朱骏声《说文通训定声·泰部》："袂"，"《礼记·深衣》：'袂之长短，反诎之及肘。'释文：'祛末曰袂。'《仪礼·聘礼》注：'纯袂为口缘。'按：析言之则袂口曰祛；统言之则祛亦曰袂也。"

【祛】

祛，衣袖袖口。《说文·衣部》："祛，衣袂也。"《诗经·郑风·遵大路》："遵大路兮，掺执子之祛兮。"毛传："祛，袂也。"疏："袂是祛之本，祛是袂之末。"《列子·周穆王》："王执化人之祛，腾而上者，中天乃止。"张湛注："祛，衣袖也。"又专指袖口。《诗经·唐风·羔裘》："羔裘豹祛，自我人居居。"孔颖达疏："袂是袖之大名，祛是袖头之小称。"《礼记·檀弓上》："鹿裘衡长祛。"郑玄注："祛，谓褒缘袂口也。"

【褎/袖】

褎/袖，衣袖。《说文·衣部》："褎，袂也……袖，俗褎从由。""褎"是"袖"的本字。《诗经·唐风·羔裘》："羔裘豹褎，自我人究究。"《汉书·杨恽传》："是日也，拂衣而喜，奋褎低仰，顿足起舞。"颜师古注："褎，古衣袖字。"

【袂[1]】

袂，衣袖。《广雅·释器》："袂，袖也。"《史记·司马相如列传》："扬袂恤削。"裴骃集解："徐广曰：袂，衣褒也。"《史记·司马相如列传》："抴独茧之褕袘，眇阎易以戌削。"司马贞索隐："褕袂。张揖云：

‘褕，襜褕也。袣，袖也。’”

【袘²】

袘，裳裙下端的边缘。《仪礼·士昏礼》："主人爵弁，纁裳缁袘。"郑玄注："袘，谓缘。袘之言施，以缁缘裳，象阳气下施。"贾公彦疏："云‘袘谓缘’者，谓纯缘于裳，故字从衣。"

【缘】

缘，衣物的饰边。《说文·糸部》："缘，衣纯也。"《礼记·玉藻》："缘广寸半。"《礼记·深衣》："纯袂、缘、纯边，广各寸半。"注："缘，绲也。"《汉书·公孙弘传》："缘饰以儒术。"注："譬之于衣加纯缘者。"

【裧】

裧，衣服的边缘。《仪礼·士昏礼》："纯衣纁裧。"郑玄注："纯衣，丝衣……裧，亦缘也。裧之言任也。以纁缘其衣，象阴气上任也。凡妇人不常施裧之衣，盛昏礼，为此服。"《礼记·杂记上》："子羔之袭也，茧衣裳，与税衣纁裧为一。"孔颖达疏："纁，绛也。裧，裳下缘襈也。以绛为缘，故云税衣纁裧也。"

【绹】

绹，裳的下缘。《仪礼·既夕礼》："緆绅绹。"郑玄注："饰裳，在幅曰绅，在下曰绹。"

【绅】

绅，裳幅之缘饰。《仪礼·既夕礼》："緆绅绹。"郑玄注："饰裳在幅曰绅，在下曰绹。"章炳麟《新方言·释器》："今人谓衣裳边角纯缘曰绅。"

【要】

要，裳上端围在腰际的部分。"腰"的古字。同"褛"。褛，裳腰，即下服的腰部。《诗经·魏风·葛屦》："要之襋之，好人服之。"毛传："要，褛也；襋，领也。"孔颖达疏："左执衣领，右执裳要，此‘要’谓裳要，字宜从衣，故云‘要，褛也。’"按，《说文》无褛字。

【袧】

袧，古代丧服裳幅在裳腰处所打的褶裥，是丧裙褶裥的专称。《仪礼·丧服》："裳内削幅，幅三袧。"郑玄注："袧者，谓辟两侧，空中央也。祭服、朝服辟积无数，凡裳前三幅后四幅也。"

【负】

负，又称"负版"，古制丧服的一部分，指披在肩背上的粗麻片，丧亲之痛负于背上之意。《仪礼·丧服》："负，广出于适寸。"郑玄注："负，在背上者也。"贾公彦疏："以一方布置于背上，上畔缝著领，下畔垂放之，以在背上，故得负名。"

【适】

适，又称"辟领"，古丧服之领。《仪礼·丧服》："负，广出于适寸。适博四寸，出于衰。"郑玄注："适，辟领也。"李如圭集释："衣领当项处，左右各开四寸，向外辟厌之，是谓辟领。"清夏炘《学礼管释·释适上》"适之制，与衣殊，材前之衰，后之负版，皆系于适。先著衣讫，乃始著适。适谓之辟领。辟者，偏也，谓领偏向旁开也。今世小儿衣领，犹有右旁开缝者，其古适之遗制与!"一说，"适"是横接之旁幅，与辟领有别。清毛奇龄《丧礼吾说篇·服制说》："其开领处将领隙四寸外屈而厌于项之两旁，谓之辟领……而于是又横接二幅，谓之适。夫适者，岂非以旁幅之犹近身者乎？旧注谓辟领为适，则领在项间未能横出于衰也。谓适为辟领，则适当两肩不能开领。"

二　体服部件名物词词项属性差异

领，衣领。在所测查的文献中共有 5 例，其中上古中期 4 例，上古后期 1 例。

（1）"襚者左执领，右执要，入升致命。"（《仪礼·士丧礼》）

襟，衣领。在所测查的文献中仅 1 例，见于上古前期的《诗经》。

（2）"要之襟之，好人服之。"（《诗经·魏风·葛屦》）

襮，绣有黼形花纹的衣领。在所测查的文献中仅 1 例，见于上古前期的《诗经》。

（3）"素衣朱襮，从子于沃。"（《诗经·唐风·扬之水》）

袷，古时交迭于胸前的衣领。在所测查的文献中共有 4 例，均见于上古后期的《礼记》。

（4）"长、中，继掩尺，袷二寸，袪尺二寸，缘广寸半。"（《礼记·玉藻》）

袼，古代衣领交叉处。在所测查的文献中共有 2 例，均见于上古中期的《春秋左传》。

（5）"视不过结袷之中，所以道容貌也。"（《春秋左传·昭公十一年》）

襟/衿，古代指衣的交领，后指衣的前幅。在所测查的文献中，"襟"共有8例，其中上古中期3例，上古后期5例；"衿"共有3例，分别见于上古前期的《诗经》、上古中期的《庄子》和上古后期的《战国策》。

（6）"令发之日，士卒坐者涕沾襟，偃卧者涕交颐，投之无所往，诸、刿之勇也。"（《孙子·九地》）

（7）"青青子衿，悠悠我心。"（《诗经·郑风·子衿》）

（8）"臣辄以颈血前足下衿。"（《战国策·齐策三》）

裾，衣服的后襟。在所测查的文献中仅有1例，见于上古中期的《荀子》。

（9）"其流也埤下，裾拘必循其理，似义，其洸洸乎不淈尽，似道。"（《荀子·宥道》）

齐，衣的下摆。在所测查的文献中共有4例，其中上古中期1例，上古后期3例。

（10）"下齐如权、衡者，以安志而平心也。"（《礼记·深衣》）

衽^1，衣襟。在所测查的文献中共有11例，其中上古前期1例，上古中期2例，上古后期8例。

（11）"四夷左衽罔不咸赖。"（《尚书·周书·毕命》）

（12）"衽二尺有五寸。"（《仪礼·丧服》）

（13）"苞屦、扱衽、厌冠，不入公门。"（《礼记·曲礼下》）

衽^2，衣袖。在所测查的文献中共有2例，均见于上古中期。

（14）"抽戈结衽，而伪讼者。"（《春秋左传·成公十七年》）

袂，衣袖，尤指宽大衣袖的下垂部分。在所测查的文献中共有37例，其中上古前期2例，上古中期19例，上古后期16例。

（15）"子西以袂掩面而死。"（《春秋左传·哀公十六年》）

（16）"深衣三祛，缝齐倍要，衽当旁，袂可以回肘。"（《礼记·玉藻》）

祛，衣袖袖口。在所测查的文献中共有14例，其中上古前期2例，上古中期 4 例，上古后期 8 例。

（17）"祛尺二寸。"（《仪礼·丧服》）

褎/袖，衣袖。在所测查的文献中"褎"共有 3 例，其中上古前期的《诗经》1 例，上古后期的《礼记》2 例；"袖"共有 10 例，其中上古中期 2 例，上古后期 8 例。

（18）"君子狐青裘豹褎，玄绡衣以裼之；麛裘青豻褎，绞衣以裼之。"（《礼记·玉藻》）

（19）"余不说初矣。余狐裘而羔袖。"（《春秋左传·襄公十四年》）

（20）"臣左手把其袖，右手揕其匈……"（《史记·刺客列传》）

袘[1]，衣袖。在所测查的文献中共有 2 例，均见于上古后期的《史记》。

（21）"抴独茧之褕袘，眇阎易以戌削。"（《史记·司马相如列传》）

袘[2]，裳裙下端的边缘。在所测查的文献中仅有 1 例，见于上古中期的《仪礼》。

（22）"主人爵弁，纁裳缁袘。"（《仪礼·士昏礼》）

缘，衣物的饰边。在所测查的文献中共有 8 例，其中上古中期 3 例，上古后期 5 例。

（23）"公子为其母，练冠，麻，麻衣縓缘。"（《仪礼·丧服》）

袡，衣服的边缘。在所测查的文献中共有 2 例，分别见于上古中期的《仪礼》和上古后期的《礼记》。

（24）"子羔之袭也，茧衣裳与税衣纁袡为一，素端一，皮弁一，爵弁一，玄冕一。"（《礼记·杂记上》）

緆，裳的下缘。在所测查的文献中仅有 1 例，见于上古中期的《仪礼》。

（25）"有前后裳，不辟，长及觳，縓绅緆。"（《仪礼·既夕礼》）

绅，裳幅之缘饰。在所测查的文献中仅有 1 例，见于上古中期的《仪礼》。

（26）"有前后裳，不辟，长及觳，縓绅緆。"（《仪礼·既夕礼》）

要，裳上端围在腰际的部分。在所测查的文献中共有 7 例，其中上古前期 1 例，上古中期 3 例，上古后期 3 例。

（27）"襚者左执领，右执要，入升致命。"（《仪礼·士丧礼》）

袧，古代丧服裳幅在裳腰处所打的褶裥。在所测查的文献中仅有 1 例，见于上古中期的《仪礼》。

（28）"凡衰外削幅，裳内削幅。幅三袧。"（《仪礼·丧服》）

负，古制丧服的一部分，指披在肩背上的粗麻片，丧亲之痛负于背上之意。在所测查的文献中仅有 1 例，见于上古中期的《仪礼》。

（29）"负，广出于适寸。"（《仪礼·丧服》）

适，古丧服之领。在所测查的文献中共有 2 例，均见于上古中期的《仪礼》。

（30）"适博四寸，出于衰。"（《仪礼·丧服》）

该类别词语都是指称"衣裳部件"的词语，共有 23 个，但通过语义分析可知，关涉 6 个方面：衣领、衣襟、衣袖、衣边、裳腰和上古丧服的专有部件。"衣领"意义有"领、襮、襮、袷（jié）、袷、襟/衿、衽[1]"，其中"襮、襮"用于上古前期，"领"用于上古中后期，"领"的"衣领"义是由"脖子的前部"引申指"衣领的交合之处"，又进而引申指"整个衣领"，"襟/衿、衽[1]"指"衣前交领"，进而泛指"衣前襟"；"裾"指衣后襟；"齐（zī）"指衣下摆；"衽[2]、袂、祛、褎/袖、袍[1]"都指"衣袖"，"褎"用于上古前期，"袖"用于上古中后期，"袂"指衣袖宽大下垂的部分，"祛"指衣袖袖口；"袍[2]，缘，祄，緆，绰"都指"衣服边缘"，其中"袍[2]"指裳下端边缘，"緆"指裳的下缘，"绰"指裳幅之缘饰；"要"指裳腰际部分；"袧、负、适"是上古丧服的专有部件，"袧"是丧服裳腰的褶裥，"负"是丧服上衣背上的麻片，"适"是丧服上衣之领。

该类别词语都是单音词，除"领、负、适"词义是引申而来外，其他词词义来源均属约定俗成。

从使用情况看，该类别词语使用频率最高的是"袂"，不仅见于上古各个时期，而且文献分布也广。其他词语则比较集中于上古中期的《仪礼》，其次是上古后期的文献，上古前期使用的该类别词语多见于《诗经》。

体服部件名物词词项属性差异见表 2-28，词频统计情况见表 2-29。

表 2 - 28　体服部件名物词词项属性分析

属性 词项	类义素	语义属性 核心义素	生成属性 词义来源	生成属性 词形结构	使用属性 使用频率 上古前期	使用属性 使用频率 上古中期	使用属性 使用频率 上古后期	使用属性 使用频率 总计
领		衣领	引申	单纯	0	4	1	5
襋		衣领	约定俗成	单纯	1	0	0	1
襮		衣领	约定俗成	单纯	1	0	0	1
衭（jié）		交迭于胸前的衣领	约定俗成	单纯	0	0	4	4
袷		衣领交叉处	约定俗成	单纯	0	2	0	2
襟/衿		衣交领衣前襟	约定俗成	单纯	1	4	6	11
裾		衣后襟	约定俗成	单纯	0	1	0	1
齐（zī）	上古衣裳的部件	衣下摆	约定俗成	单纯	0	1	3	4
衽¹		衣交领衣襟	约定俗成	单纯	1	2	8	11
衽²		衣袖	约定俗成	单纯	0	2	0	2
袂		衣袖宽大部分	约定俗成	单纯	2	19	16	37
祛		衣袖袖口	约定俗成	单纯	2	4	8	14
袌/袖		衣袖	约定俗成	单纯	1	2	10	13
袘¹		衣袖	约定俗成	单纯	0	0	2	2
袘²		裳下端边缘	约定俗成	单纯	0	1	0	1
缘		衣物的饰边	约定俗成	单纯	0	3	5	8
裑		衣服的边缘	约定俗成	单纯	0	1	1	2
緆		裳的下缘	约定俗成	单纯	0	1	0	1
綼		裳幅之缘饰	约定俗成	单纯	0	1	0	1
要		裳腰际部分	约定俗成	单纯	1	3	3	7
袧		丧服裳腰处褶裥	约定俗成	单纯	0	1	0	1
负		丧服上衣背上麻片	引申	单纯	0	1	0	1
适		丧服之领	引申	单纯	0	2	0	2

表 2 - 29　体服部件名物词词频统计表 （1）

文献	词项	领	襋	襮	衭	袷	襟/衿	裾	齐	衽¹	衽²	袂
上古前期	尚书									1		
	诗经		1	1			1					
	周易											2
	总计	0	1	1	0	0	1	0	0	1	0	2

文献	词项	领	襻	襆	袷	袷	襟/衿	裾	齐	衽¹	衽²	袂
上古中期	周礼											
	仪礼	3								1		10
	春秋左传					2					1	2
	论语								1	1		1
	孟子											1
	庄子						3					1
	荀子	1						1				
	韩非子											
	吕氏春秋											2
	老子											
	商君书											
	管子										1	2
	孙子						1					
	总计	4	0	0	0	2	4	1	1	2	2	19
上古后期	礼记	1			4				3	5		7
	战国策						2			3		1
	史记						4					5
	淮南子											3
	总计	1	0	0	4	0	6	0	3	8	0	16

表 2-29 体服部件名物词词频统计（2）

文献	词项	祛	褎/袖	袘¹	袘²	缘	裨	绸	绅	要	袧	负	适
上古前期	尚书												
	诗经	2	1							1			
	周易												
	总计	2	1	0	0	0	0	0	0	1	0	0	0
上古中期	周礼												
	仪礼	1		1	2	1	1	1	2	1	1		2
	春秋左传	1	1										
	论语												

续表

文献	词项	袪	褎/袖	袍¹	袍²	缘	裑	緆	綼	要	袧	负	适
上古中期	孟子												
	庄子												
	荀子												
	韩非子	1	1			1							
	吕氏春秋	1								1			
	老子												
	商君书												
	管子												
	孙子												
	总计	4	2	0	1	3	1	1	1	3	1	1	2
上古后期	礼记	4	2			5	1			3			
	战国策		4										
	史记	3	4	2									
	淮南子	1											
	总计	8	10	2	0	5	1	0	0	3	0	0	0

第三章 足服名物词

足服，指足部的服饰。上古时期的足服有鞋、袜、绑腿，不仅材料、形制不同于当代，名称与今天也有着很大的不同。

上古时期的足服名物词共有 28 个。指称"鞋"义的词语一部分是 9 个单音节词：屦、舄、履、鞮、扉/菲、屩、屣/蹝/跣、鞯、踊，另一部分是以屦和扉为类义素的 17 个多音节词：葛屦、鞮屦、皮屦、纠屦、素屦、菅屦、疏屦、麻屦、绳屦、缲屦、苞屦、命屦、功屦、散屦、绚屦、绳扉、菅菲；指称"袜"义的词是韤/韈（都已简化为袜）；指称"绑腿"义的词是偪/幅（bī）。

上古时期的足服部件名物词有 4 个：綦、絇、繶、纯。

第一节 足服名物词

一 单音节足服名物词

（一）单音节足服名物词词项语义特征

【屦】

屦，单底鞋。多以麻、葛、皮等制成。《说文·履部》："屦，履也……—曰：鞮也。"《释名》："屦，拘也，所以拘足也。"《周礼·天官·屦人》："屦人掌王及后之服屦。"郑玄注："复下曰舄，禅下曰屦。"疏："复下谓重底，禅下谓禅底也。"《仪礼·士丧礼》："夏葛屦，冬白屦。"《礼记·曲礼》："侍坐于长者，屦不上于堂。"

【舄/舄】

舄，舄的别体。古代一种加木底的鞋。《博雅》："舄，履也。"《释名》："复其下曰舄。舄，腊也。行礼久立，地或泥湿，故复其末下，使干腊也。"晋崔豹《古今注·舆服》："舄，以木置履下，干腊不畏泥湿

也。天子赤舄。"《诗经·豳风·狼跋》:"赤舄几几。"毛传:"赤舄,人
君之盛履也。"《诗经·小雅·车攻》:"赤芾金舄。"毛传:"舄,达履
也。"孔疏:"履之最上达者也。舄有三等,赤舄为上,冕服之舄。下有
白舄,黑舄。"《左传·桓公二年》:"带裳幅舄,衡纮紞綖,昭其度也。"
杜预注:"舄,复履。"孔疏:"谓其复下也。"杨伯峻《春秋左传注》疏
解极为清楚:"古人谓鞋为履,鞋底用一层者谓之屦,双层者谓之舄;单
底用皮,双层底加木。古代天子诸侯,吉事皆着舄。舄有赤、白、黑诸
色,所服不同,舄亦异色。赤舄者,冕服之舄;白舄者,皮弁之舄;黑
舄者,玄端之舄。士皆着屦。卿大夫服冕者亦赤舄,馀服皆着屦。"①

【履】

履,鞋。《说文·履部》:"履,足所依也。"《尔雅·释言》:"履,
礼也。"注:"礼可以履行也。"《释名》:"履,饰足以为礼也。"《字
书》:"草曰屝,麻曰屦,皮曰履,黄帝臣于则造。"《庄子·山木》:"庄
子衣大布而补之,正緳系履而过魏王。"

【鞮】

鞮,革履。《说文·革部》:"鞮,革履也。"《急就篇》卷二:"靸
鞮卬角褐袜巾。"颜师古注:"鞮,薄革小履也。"《玉篇》:"单履也。"
扬雄《方言》:"自关而东,复履下禅者谓之鞮。"注:"今韦鞮也。"《礼
记·曲礼》:"鞮屦。"注:"鞮屦无絇之菲也。"孔疏:"谓无絇饰履也。
履以絇为饰,凶,故无絇也。"《战国策·韩一·苏秦为楚合纵说韩王》:
"甲盾鞮鍪。"注:"鞮,革履。"

【屝/菲】

屝,草鞋。《说文·尸部》:"屝,履也。"《玉篇》:"屝,草属也。"
《释名》:"草履曰屝。"《左传·僖公四年》:"若出于陈郑之间,共其资
粮屝屦,其可也。"杜预注:"屝,草屦。"

菲,同"屝"。《礼记·曾子问》:"不杖,不菲,不次。"注:"菲,
草履。"唐孔颖达疏:"菲,草屦也。"陆德明释文:"菲,一本作屝,
草屦。"

【属】

---

① 杨伯峻编著《春秋左传注》,中华书局,1981,第87页。

屩，草鞋。《说文·履部》："屩，屐也。"《广韵》："草履也。"《增韵》："木曰屐，麻曰屩。"

【屣/蹝/蹤】

屣/蹝/蹤，草鞋。《字汇》："屣，同蹤。"《孟子·尽心上》："舜视弃天下，犹弃敝蹤也。"赵岐注："蹤，草履也。"《战国策·燕策一》："夫实得所利，名得所愿，则燕赵之弃齐也，犹释敝蹝。"鲍彪注："草履也。当作蹤。"

【鞔】

鞋子。《吕氏春秋·召类》："南家，工人也，为鞔者也。"高诱注："鞔，履也。"

【踊】

踊，古代受刖刑的人所穿的一种特制鞋子。《左传·昭公三年》："国之诸市，屦贱踊贵。"杜预注："踊，刖足者屦。"《韩非子·难二》："景公笑曰：'子家习市，识贵贱乎？'是时景公繁于刑，晏子对曰：'踊贵而屦贱。'"

【韤/韈】

韤，足衣，"袜"的本字。《说文·韦部》："韤，足衣也。"《类篇》："袜，足衣。"《释名》："袜，末也，在脚末也。"《史记·张释之传》"王生老人，曰：'吾韤解。'顾谓掌廷尉：'为我结韤。'"

韈，同"韤"。宋高承《事物纪原·衣裘带服·韈》："《文子》曰：'文王伐崇韈系解。'则其物已见于商代。《实录》曰：自三代以来有之，谓之角韈，前后两相承，中心系之以带。洎魏文帝吴妃乃始裁缝为之，即今样也。"清赵翼《陔馀丛考·韈膝裤》："而古时韈之制，正与今膝裤同……后人改为有底，遂分其名，而一则称韈，一则称膝裤耶。"《韩非子·外储说》："文王伐崇，至凤黄虚，韈系解，因自结。"

【偪/幅（bī）】

偪/幅，古人用以缠足至膝的行縢之名。古人以布缠足背，上至于膝，以偪束其胫。缠时邪行而上，故亦名邪幅，汉人谓之行縢，似今之绑腿。王力称之为"绑腿布"。[①]《广韵》："行縢名。"《释名》："偪，所

---

① 王力：《古汉语字典》，中华书局，2000（2014.1 重印），第 266 页。

以自逼束。今谓之行縢，言以裹脚，可以跳腾轻便也。"《礼记·内则》："偪屦著綦。"郑玄注："偪，行縢。"陆德明释文："本又作幅。彼力反。"《诗经·小雅·采菽》："邪幅在下。"毛传："幅，偪也。邪缠于足，所以束胫，在股下也。诸侯见天子、人子事父母，皆然。"《春秋左传·桓公二年》："带裳幅舄。"注："幅音逼，古人以布缠足背，上至于膝，以偪束其胫。缠时邪行而上，故亦名邪幅，汉人谓之行縢，似今之绑腿。"①

（二）单音节足服名物词词项属性差异

屦，单底鞋。在所测查的文献中共有 80 例，其中上古前期 5 例，上古中期 51 例，上古后期 24 例。

（1）"宾反入，及卿大夫皆脱屦，升就席。"（《仪礼·燕礼》）

（2）"户外有二屦，言闻则入，言不闻则不入。"（《礼记·曲礼上》）

舄/舄，古代一种加木底的鞋。在所测查的文献中共有 7 例，其中上古前期 3 例均用为"舄"，上古中期 3 例，上古后期 1 例，均用为"舄"。

（3）"玄衮赤舄。"（《诗经·大雅·韩奕》）

（4）"屦人掌王及后之服屦，为赤舄黑舄。"（《周礼·天官·屦人》）

（5）"日暮酒阑，合尊促坐，男女同席，履舄交错，杯盘狼藉。"（《史记·滑稽列传》）

履，鞋。在所测查的文献中共有 35 例，其中上古中期 16 例，上古后期 19 例。

（6）"至舍，进盥漱巾栉，脱履户外，膝行而前曰。"（《庄子·寓言》）

（7）"且法之生也，以辅仁义，今重法而弃义，是贵其冠履而忘其头足也。"（《淮南子·泰族训》）

鞮，革履。在所测查的文献中共有 2 例，均见于上古后期，《礼记》和《战国策》各 1 例。

（8）"甲盾鞮鍪。"（《战国策·韩一·苏秦为楚合纵说韩王》）

---

① 杨伯峻编著《春秋左传注》，中华书局，1981，第 87 页。

扉/菲，草鞋。在所测查的文献中，"扉"仅1例，见于《左传》；"菲"有5例，其中上古中期2例，上古后期3例。

（9）"若出于陈郑之间，共其资粮扉屦，其可也。"（《春秋左传·僖公四年》）

（10）"疏屦者，藨蒯之菲也。"（《仪礼·丧服》）

屫，草鞋。在所测查的文献中共有3例，均见于上古后期，其中《史记》2例，《淮南子》1例。

（11）"夫虞卿蹑屫檐簦，一见赵王，拜为上卿。"（《史记·范雎蔡泽列传》）

屣/蹝/躧，草鞋。在所测查的文献中，"屣"有3例，其中上古中期1例，上古后期2例；"蹝"有6例，其中上古中期1例，上古后期5例；"躧"有2例，其中上古中期和上古后期各1例。

（12）"窃观公之志，视舍天下若舍屣。"（《吕氏春秋·观表》）

（13）"窃观公之意，视释天下若释蹝，今去西河而泣，何也?"（《吕氏春秋·长见》）

（14）"举天下而传之舜，犹却行而脱躧也。"（《淮南子·主术训》）

鞅，鞋子。在所测查的文献中共有3例，均见于上古中期的《吕氏春秋》。

（15）"今徙之，是宋国之求鞅者不知吾处也。"（《吕氏春秋·召类》）

踊，古代受刖刑的人所穿的一种特制鞋子。在所测查的文献中共有3例，均见于上古中期。

（16）"或曰：晏子之贵踊，非其诚也，欲便辞以止多刑也，此不察治之患也。"（《韩非子·难二》）

韈/韤，古时足衣，今之袜子。"韈"在所测查的文献中共有4例，其中上古中期1例，上古后期3例；"韤"在所测查的文献中仅1例，见于上古中期的《韩非子》。

（17）"张廷尉方今天下名臣，吾故聊辱廷尉，使跪结韈，欲以重之。"（《史记·张释之列传》）

（18）"文王伐崇，至凤黄虚，韤系解，因自结。"（《韩非子·外储说》）

偪/幅，古人用以缠足至膝的行縢之名，即绑腿。在所测查的文献中，"幅"有 2 例，分别见于上古前期的《诗经》和上古中期的《左传》；"偪"仅有 1 例，见于上古后期的《礼记》。

（19）"衮、冕、黻、珽，带、裳、幅、舃，衡、纮、纮、綖，昭其度也。"（《春秋左传·桓公二年》）

（20）"左佩纷帨、刀、砺、小觿、金燧，右佩玦、捍、管、遰、大觿、木燧，偪，屦着綦。"（《礼记·内则》）

上古时期足部服饰名物词相对于首服和体服而言，数量是比较少的。单音节足服名物词就语义特征分为三个类别：鞋类、袜类、绑腿类。

"屦、舃/舄、履、鞮、扉/菲、屩、屝/蹻/躧、鞶、踊"都是指称"鞋"义的词，"屦"为单底鞋，"舃/舄"是加木底的复底鞋，天子诸侯着舃，士着屦，二者相对而言，舃的穿着者更为尊贵，所以舃就成了重要礼仪的服饰。"履"亦是"鞋"，据《王力古汉语字典》所载：屦、履、鞋是同一物，时代不同，名称亦异。段玉裁《说文解字注》："古曰屦，今曰履；古曰履，今曰鞵。名之随时不同者也。"又曰："晋蔡谟曰：'今时所谓履者，自汉以前皆名屦。《左传》屦贱踊贵，不言履贱；《礼记》户外有二屦，不言二履；贾谊曰冠虽敝不以苴屦，亦不言苴履。《诗》曰纠纠葛屦，可以履霜。屦舃者一物之别名；履者足践之通称。'按，蔡说极精。《易》《诗》'三《礼》'《春秋传》《孟子》皆言屦不言履；周末诸子、汉人书乃言履。《诗》《易》凡三履，皆谓践也。然则履本训践，后以为屦名，古今语异耳。"[①] "鞮"指皮鞋，"扉/菲、屩、屝/蹻/躧"都指草鞋，"踊"是指为刖足者特制之鞋。

"韈/韤"指袜子，"偪/幅（bī）"指绑腿。

该类别词语都是单音词，词义均是约定俗成。"屦"的使用频率最高，该意义文献记载最早，文献分布最广。上古后期除《礼记》的记载之外，"履"使用频率明显高于"屦"，这与晋蔡谟、清段玉裁所说的"屦、履"的区别是吻合的。

单音节足服名物词词项属性差异见表 3－1，词频统计情况见表 3－2。

---

① 王力主编《王力古汉语字典》，中华书局，2000（2014.1 重印），第 240 页。

表 3 - 1　单音节足服名物词词项属性分析

属性＼词项			屦	舄	履	鞮	扉/菲	屩	屣/蹝/蹤	鞮	踊	韤/韈	偪/幅
语义属性	类义素		足部的服饰										
语义属性	表义素	核心义素	鞋	鞋	鞋	鞋	鞋	鞋	鞋	鞋	鞋	袜	绑腿
语义属性	表义素·关涉义素	形制	单底	复底							特制		缠足至膝
语义属性	表义素·关涉义素	材料					皮	草	草	草			布
生成属性	词义来源		约定俗成	约定俗成	约定俗成	约定俗成	约定俗成	约定俗成	约定俗成	约定俗成	约定俗成	约定俗成	约定俗成
生成属性	词形结构		单纯	单纯	单纯	单纯	单纯	单纯	单纯	单纯	单纯	单纯	单纯
使用属性	使用频率	上古前期	5	3	0	0	0	0	0	0	0	0	1
使用属性	使用频率	上古中期	51	3	16	0	3	0	3	3	3	2	1
使用属性	使用频率	上古后期	24	1	19	2	3	3	8	0	0	3	1
使用属性	使用频率	总计	80	7	35	2	6	3	11	3	3	5	3

表 3 - 2　上古单音节足服名物词词频统计

文献＼词项		屦	舄	履	鞮	扉/菲	屩	屣/蹝/蹤	鞮	踊	韤/韈	偪/幅
上古前期	尚书											
上古前期	诗经	3	3									1
上古前期	周易	2										
上古前期	总计	5	3	0	0	0	0	0	0	0	0	1
上古中期	周礼	1	2									
上古中期	仪礼	13				1						
上古中期	春秋左传	8	1							1	1	1
上古中期	论语											
上古中期	孟子	6				1						
上古中期	庄子	7		6								
上古中期	荀子	2		1		1						
上古中期	韩非子	4		4						2	1	
上古中期	吕氏春秋	3		4				2	3			
上古中期	老子											

续表

文献		词项 屦	舃	履	鞮	屝/菲	屩	屣/蹝/躧	鞢	踊	靿/鞰	偪/幅
上古中期	商君书											
	管子	7		1								
	孙子											
	总计	51	3	16	0	3	0	3	3	3	2	1
上古后期	礼记	21		1	1	3						1
	战国策				1			1				
	史记	3	1	9				2	6		3	
	淮南子			9				1	1			
	总计	24	1	19	2	3	3	8	0	0	3	1

二　多音节足服名物词

上古时期多音节足服名物词共有 17 个，其中以屦为类义素的 15 个，以菲为类义素的 2 个：葛屦、鞮屦、皮屦、绉屦、素屦、菅屦、疏屦、麻屦、绳屦、繶屦、苞屦、命屦、功屦、散屦、絇屦、绳菲、菅菲。

（一）多音节足服名物词词项语义特征

葛屦：用葛草编成的鞋。《诗经·齐风·南山》："葛屦五两，冠緌双止。"《诗经·魏风·葛屦》："纠纠葛屦，可以履霜。"

鞮屦：革履，即革鞋。《礼记·曲礼下》："鞮屦，素簚。"孙希旦集解："鞮屦，革履也。"

皮屦：皮，兽皮，带毛叫皮，去毛叫革。皮屦，古代以带毛兽皮制作的鞋。供冬天穿用。《仪礼·士冠礼》："冬皮屦可也。"贾公彦疏："冬时寒，许用皮，故云'可也'。"

绉屦：用粗麻绳编成的鞋。《荀子·富国》："布衣绉屦之士诚是，则虽在穷阎漏屋，而王公不能与之争名。"杨倞注："绉，缲也。谓编麻为之粗绳之屦也。"

素屦：无彩饰的鞋子。古代居丧两年后所穿。《周礼·天官·屦人》："屦人掌王及后之服屦，为赤舃、黑舃、赤繶、黄繶、青句、素屦、葛屦。"郑玄注："素屦者，非纯吉，有凶去饰者。"贾公彦疏："素屦者，大祥时所服，去饰也。"

菅屦：用菅草编织的鞋；草鞋。古代服丧时着之。《仪礼·丧服》："斩衰裳，苴绖、杖、绞带，冠绳缨，菅屦者。"贾公彦疏："菅屦者谓以菅草为屦。"

疏屦：旧时用藨、蒯之类草茎编织而成的服丧用的粗麻鞋。《仪礼正义·丧服》引郝敬说："藨、蒯皆草，而较细于菅。"可见因菅草粗于藨、蒯，故用于斩衰服；藨、蒯较细于菅，故用于齐衰服。"野草之粗细，居然也有等级，古人之用心于等级制度，可谓无所不及矣。"①

麻屦：即麻鞋。《后汉书·逸民传·梁鸿》："女求作布衣、麻屦，织作筐缉绩之具。"

绳屦：古代丧服所着的草鞋。《仪礼·丧服》："绳屦者，绳菲也。"

缠屦：居丧时所穿的鞋子。《仪礼·士冠礼》："不屦缠屦。"郑玄注："缠屦，丧屦也。"

苞屦：古人居丧所穿的一种草鞋。《礼记·曲礼下》："苞屦、扱衽、厌冠，不入公门。"孔颖达疏："苞屦，谓藨蒯之草为齐衰丧屦。"

命屦：古代帝王赐予命夫、命妇的单底鞋。《周礼·天官·屦人》："辨内外命夫、命妇之命屦。"汉郑玄笺："次命屦于孤卿、大夫，则白屦、黑屦。"

功屦：古代再命以上的贵族所穿的鞋子。作工略粗于命屦。《周礼·天官·屦人》："辨外内命夫命妇之命屦、功屦、散屦。"郑玄注："功屦，次命屦，于孤卿大夫，则白屦、黑屦，九嫔内子亦然。世妇命妇以黑屦为功屦。"孙诒让正义："命屦人工最精，功屦次于命屦，故微粗，次命屦谓降一等也。"

散屦：无装饰的鞋子。《周礼·天官·屦人》："辨外内命夫命妇之命屦、功屦、散屦。"郑玄注："散屦，亦谓去饰。"孙诒让正义："凡此经言散者，并取粗沽猥杂亚次于上之义。"

绚屦：有绚饰的鞋。《荀子·哀公》："哀公曰：'然则夫章甫、绚屦、绅而搢笏者，此贤乎？'"杨倞注："王肃云：绚谓屦头有拘饰也。郑康成云：绚之言拘也，以为行戒，状如刀衣，鼻在屦头。"

———

①　丁凌华：《五服制度与传统法律》，商务印书馆，2013，第54页。

绳菲：古代丧服所着的草鞋。《仪礼·丧服》："绳屦者，绳菲也。"郑玄注："绳菲，今时不借也。"贾公彦疏："云'绳菲，今时不借也'者，周时人谓之屦，子夏时人谓之菲，汉时谓之不借者，此凶荼屦不得从人借，亦不得借人，皆是异时而别名也。"明王志坚《表异录·器具》："绳屝，草鞋也。"

菅菲：菅履，草鞋。《仪礼·丧服》："传曰：'菅屦者，菅菲也。'"贾公彦疏："周公时谓之屦，子夏时谓之菲。"《孔子家语·五仪解》："斩衰、菅菲、杖而歠粥者，则志不在于酒肉。"

（二）多音节足服名物词词项属性差异

葛屦，用葛草编成的鞋。在所测查的文献中共有 5 例，其中上古前期的《诗经》3 例，上古中期的《仪礼》和《周礼》各 1 例。

（21）"夏葛屦，冬白屦，皆繶缁绚纯，组綦系于踵。"（《仪礼·士丧礼》）

鞮屦，革鞋。在所测查的文献中仅有 1 例，见于上古后期的《礼记》。

（22）"大夫士去国，踰竟，为坛位，乡国而哭，素衣、素裳、素冠，彻缘，鞮屦、素簚，乘髦马，不蚤鬋，不祭食，不说人以无罪，妇人不当御，三月而复服。"（《礼记·曲礼下》）

皮屦，古代以带毛兽皮制作的鞋。在所测查的文献中仅有 1 例，见于上古中期的《仪礼》。

（23）"冬皮屦可也。"（《仪礼·士冠礼》）

紃屦，用粗麻绳编成的鞋。在所测查的文献中仅有 1 例，见于上古中期的《荀子》。

（24）"布衣紃屦之士诚是，则虽在穷阎漏屋，而王公不能与之争名。"（《荀子·富国》）

素屦，无彩饰的鞋子。在所测查的文献中仅有 1 例，见于上古中期的《周礼》。

（25）"屦人掌王及后之服屦，为赤舄、黑舄、赤繶、黄繶、青句、素屦、葛屦。"（《周礼·天官·屦人》）

菅屦，用菅草编织的鞋；草鞋。在所测查的文献中共有 7 例，其中上古中期 5 例，上古后期 2 例。

（26）"父母之丧，衰冠、绳缨、菅屦，三日而食粥，三月而沐，期十三月而练冠，三年而祥。"（《礼记·丧服》）

疏屦，旧时用藨、蒯之类草茎编织而成的服丧用的粗麻鞋。在所测查的文献中共有 3 例，均见于上古中期的《仪礼》。

（27）"疏屦者，藨蒯之菲也。"（《仪礼·丧服》）

麻屦，即麻鞋。在所测查的文献中仅有 1 例，见于上古中期的《仪礼》。

（28）"不杖，麻屦者。"（《仪礼·丧服》）

绳屦，古代丧服所着的草鞋。在所测查的文献中共有 5 例，其中上古中期 2 例，见于《仪礼》；上古后期 3 例，见于《礼记》。

（29）"练，练衣黄里、縓缘，葛要绖，绳屦无绚，角瑱，鹿裘衡、长、袪。"（《礼记·檀弓上》）

繐屦，居丧时所穿的鞋子。在所测查的文献中仅有 1 例，见于上古中期的《仪礼》。

（30）"不屦繐屦。"（《仪礼·士冠礼》）

苞屦，古人居丧所穿的一种草鞋。在所测查的文献中仅有 1 例，见于上古后期的《礼记》。

（31）"苞屦、扱衽、厌冠，不入公门。"（《礼记·曲礼下》）

命屦，古代帝王赐予命夫、命妇的单底鞋。在所测查的文献中仅有 1 例，见于上古中期的《周礼》。

（32）"辨外内命夫命妇之命屦、功屦、散屦。"（《周礼·天官·屦人》）

功屦，古代再命以上的贵族所穿的作工略粗于命屦的鞋子。在所测查的文献中仅有 1 例，见于上古中期的《周礼》。

（33）"辨外内命夫命妇之命屦、功屦、散屦。"（《周礼·天官·屦人》）

散屦，无装饰的鞋子。在所测查的文献中仅有 1 例，见于上古中期的《周礼》。

（34）"辨外内命夫命妇之命屦、功屦、散屦。"（《周礼·天官·屦人》）

绚屦，有绚饰的鞋。在所测查的文献中仅有 1 例，见于上古中期的《荀子》。

（35）"哀公曰：'然则夫章甫、绚屦、绅而搢笏者，此贤乎？'"（《荀

子·哀公》)

绳菲，古代丧服所着的草鞋。在所测查的文献中仅有 1 例，见于上古中期的《仪礼》。

(36)"绳屦者，绳菲也。"(《仪礼·丧服》)

菅菲，草鞋。在所测查的文献中仅有 1 例，见于上古中期的《仪礼》。

(37)"菅屦者，菅菲也，外纳。"(《仪礼·丧服》)

该类别词语共有 17 个，都是指称"单底鞋"意义的语素组合形成的双音节合成词。"葛屦、鞮屦、皮屦、絇屦、菅屦、麻屦、绳屦、苞屦、绳菲、菅菲"是以材料命名，"素屦，疏屦、缐屦、命屦、功屦、散屦、绚屦"是以特点命名。

这 17 个词语的使用频率差别不是很大。在所测查的文献中，只有"葛屦"在上古前期的《诗经》中有使用，"鞮屦、苞屦"直到上古后期才有使用，其他词语的使用基本集中于上古中期，而且以《仪礼》《周礼》居多。

多音节足服名物词词项属性差异见表 3 - 3，词频统计情况见表 3 - 4。

表 3 - 3　多音节足服名物词词项属性分析

属性 词项	语义属性					生成属性		使用属性			
	类义素	表义素				词义来源	词形结构	使用频率			
			关涉义素					上古前期	上古中期	上古后期	总计
		功用	材料	形制							
葛屦	单底的鞋			葛草		语素组合	复合	3	2	0	5
鞮屦				皮革		语素组合	复合	0	0	1	1
皮屦		御寒	带毛兽皮			语素组合	复合	0	1	0	1
絇屦				粗麻绳		语素组合	复合	0	1	0	1
素屦		丧服		无彩饰		语素组合	复合	0	1	0	1
菅屦		丧服	菅草			语素组合	复合	0	5	2	7
疏屦		丧服	藨、蒯之类草茎			语素组合	复合	0	3	0	3
麻屦		丧服	麻			语素组合	复合	0	1	0	1
绳屦		丧服	草			语素组合	复合	0	2	3	5
缐屦		丧服				语素组合	复合	0	1	0	1
苞屦		丧服	草			语素组合	复合	0	0	1	1

续表

属性 / 词项	语义属性				生成属性		使用属性			
	类义素	表义素			词义来源	词形结构	使用频率			
		功用	关涉义素 材料	形制			上古前期	上古中期	上古后期	总计
命屦	单底的鞋			做工细	语素组合	复合	0	1	0	1
功屦				做工粗于命屦	语素组合	复合	0	1	0	1
散屦				无装饰	语素组合	复合	0	1	0	1
絇屦				絇饰	语素组合	复合	0	1	0	1
绳菲		丧服	草		语素组合	复合	0	1	0	1
菅菲		丧服	草		语素组合	复合	0	1	0	1

表 3 - 4　多音节足服名物词词频统计 (1)

文献	词项	葛屦	鞮屦	皮屦	纠屦	素屦	菅屦	疏屦	麻屦	绳屦
上古前期	尚书									
	诗经	3								
	周易									
	总计	3	0	0	0	0	0	0	0	0
上古中期	周礼	1			1					
	仪礼	1		1			2	3	1	2
	春秋左传						1			
	论语									
	孟子									
	庄子									
	荀子					1	2			
	韩非子									
	吕氏春秋									
	老子									
	商君书									
	管子									
	孙子									
	总计	2	0	1	1	1	5	3	1	2

续表

文献	词项	葛屦	鞮屦	皮屦	纠屦	素屦	菅屦	疏屦	麻屦	绳屦
上古后期	礼记		1				1			3
	战国策									
	史记									
	淮南子						1			
	总计	0	1	0	0	0	2	0	0	3

表 3 – 4　多音节足服名物词词频统计（2）

文献	词项	缫屦	苞屦	命屦	功屦	散屦	绚屦	绳菲	菅菲
上古前期	尚书								
	诗经								
	周易								
	总计	0	0	0	0	0	0	0	0
上古中期	周礼			1	1	1			
	仪礼	1						1	1
	春秋左传								
	论语								
	孟子								
	庄子								
	荀子						1		
	韩非子								
	吕氏春秋								
	老子								
	商君书								
	管子								
	孙子								
	总计	1	0	1	1	1	1	1	1
上古后期	礼记		1						
	战国策								
	史记								
	淮南子								
	总计	0	1	0	0	0	0	0	0

第二节　足服部件名物词

上古时期的足服部件主要是鞋的部件，与鞋的部件相应的名物词有
4个：綦、絇、繶、纯。

一　足服部件名物词词项语义特征

【綦】

綦，鞋带。《仪礼·士丧礼》："夏葛屦，冬白屦，皆繶缁絇纯组綦，
系于踵。"郑玄注："綦，屦系也。所以拘止屦也。"贾公彦疏："经云
'系于踵'，则綦当属于跟后，以两端向前与絇相连于脚，跗踵足之上合
结之，名为'系于踵'也。"《礼记·内则》："屦，著綦。"郑玄注：
"綦，履系也。"宋吴曾《能改斋漫录·记事二》："政和八年十二月，编
类御笔所礼制局奏：今讨论到履制度下项絇、繶、纯、綦。"原注："綦，
履带也。"清俞樾《茶香室续钞·履屦》："按四饰者，絇也，繶也，纯
也，綦也……綦，履带。"

【絇】

絇，古时鞋头上的装饰，有孔，可穿系鞋带。《玉篇》："履头饰
也。"《周礼·天官·屦人》注："舄屦有絇有繶有纯者，饰也。"《仪
礼·士冠礼》："青絇繶纯。"注："絇之言拘也。以为行戒，状如刀衣，
鼻在屦头。"《尔雅·释器》："絇谓之救。"注："救丝以为絇。或曰亦冒
名。"疏："絇，屦头饰。亦冒罟之别名也。"《仪礼·士丧礼》："乃屦，
綦结于跗，连絇。"郑玄注："絇，屦饰如刀衣鼻，在屦头上，以余组连
之，止足坼也。"《礼记·玉藻》："童子不裘不帛，不屦絇，无缌服。"
《礼记·檀弓上》："绳屦无絇。"《晏子春秋·谏下十三》："景公为履，
黄金之綦，饰以银，连以珠，良玉之絇，其长尺。"

【繶】

繶，古代用以饰履的圆丝带。《广韵·职韵》："繶，绦绳。"《周礼·
天官·屦人》："屦人掌王及后之服屦，为赤舄黑舄，赤繶黄繶。"郑玄注：
"赤繶黄繶，以赤黄之丝为下缘。"《淮南子·说林》："绦可以为繶，不必
以纴。"清俞樾《茶香室续钞·履屦》："四饰者：絇也，繶也，纯也，綦

也……絇，履上饰；繶饰底。"王力《训诂学上的一些问题·偷换概念》："繶是一种饰屦缝的丝绳，人们绝不会把这种丝绳去捆束禾黍。"

【纯（zhǔn）】

纯，边缘，镶边。《仪礼·士冠礼》："屦，夏用葛。玄端黑屦，青絇、繶、纯，纯博寸。"郑玄注："纯，缘也。"贾公彦疏："云纯缘也者，谓绕口缘边也。"

二　足服部件名物词词项属性差异

綦，鞋带。在所测查的文献中共有 5 例，其中上古中期的《仪礼》2 例，上古后期的《礼记》3 例。

（38）"商祝掩瑱，设幎目，乃屦，綦结于跗，连絇。"（《仪礼·士丧礼》）

絇，古时鞋头上的装饰，有孔，可穿系鞋带。在所测查的文献中共有 8 例，其中上古中期 6 例，上古后期 2 例。

（39）"玄端黑屦，青絇、繶、纯，纯博寸。素积白屦，以魁柎之，缁絇、繶、纯，纯博寸。爵弁缥屦，黑絇、繶、纯，纯博寸。"（《仪礼·士冠礼》）

繶，古代用以饰履的圆丝带。在所测查的文献中共有 6 例，其中上古中期 5 例，上古后期 1 例。

（40）"爵弁缥屦，黑絇、繶、纯，纯博寸。"（《仪礼·士冠礼》）

纯（zhǔn），边缘，镶边。在所测查的文献中共有 7 例，均见于上古中期的《仪礼》。

（41）"夏葛屦，冬白屦，皆繶缁絇纯，组綦系于踵。"（《仪礼·士丧礼》）

通过语义描写可知，"綦"指鞋带，"絇"指鞋头的装饰，"繶"指装饰鞋缝的丝绳，"纯"指鞋边缘的镶边。这 4 个词语都是单音节词语，词义均属约定俗成。在所测查的文献中，使用频率都不高，且基本集中于《周礼》《仪礼》《礼记》，这与词义内涵密切相关。

足服部件名物词词项属性差异见表 3–5，词频统计情况见表 3–6。

表3-5　足服部件名物词词项属性分析

属性	词项	綦	絇	繶	纯
语义属性	类义素	上古时期足服的部件			
	核心义素	鞋带	鞋头饰	饰鞋缝丝绳	鞋边缘的镶边
生成属性	词义来源	约定俗成	引申	约定俗成	约定俗成
	词形结构	单纯结构	单纯结构	单纯结构	单纯结构
使用属性	使用频率 上古前期	0	0	0	0
	上古中期	2	6	5	7
	上古后期	3	2	1	0
	总计	5	8	6	7

表3-6　足服部件名物词词频统计

文献	词项	綦	絇	繶	纯
上古前期	尚书				
	诗经				
	周易				
	总计	0	0	0	0
上古中期	周礼			2	
	仪礼	2	5	3	7
	春秋左传				
	论语				
	孟子				
	庄子				
	荀子		1		
	韩非子				
	吕氏春秋				
	老子				
	商君书				
	管子				
	孙子				
	总计	2	6	5	7

续表

文献	词项	綦	絇	繶	纯
上古后期	礼记	3	2		
	战国策				
	史记				
	淮南子			1	
	总计	3	2	1	0

第四章　服色词

　　服饰的颜色是上古服饰文化的重要组成部分，同样具有别贵贱、明礼仪的作用，故服色词语是服饰词语的重要组成部分。上古时期描述服饰某单一颜色的词语有黑、白、赤、黄、青五类，共计 32 个，这些词语都属于颜色词①，描述服饰复杂颜色的词语有采、文、章、黼、黻等 6 个，本文将对它们的语义特征和语义属性差异进行描写和分析。

第一节　黑类词

　　上古时期的服色黑类词共有 7 个：黑、玄、缁/纯、绀、皂、綦[1]、雀/爵。

一　黑类词词项语义特征

【黑】

　　黑，黑色。《说文·黑部》："黑，火所熏之色也。"按，黑是古墨字，本义是古代房屋烟囱内壁的灰土，因其色黑，后来为墨，可以染物。墨色黑，后来指黑色。

【玄】

　　玄，赤黑色。《说文》："黑而有赤色者为玄。"段玉裁《说文解字注》："此别一义也。凡染，一入谓之縓，再入谓之赪，三入谓之纁，五入为緅，七入为缁，而朱与玄，《周礼》《尔雅》无明文。郑注《仪礼》曰：'朱则四入与。'注《周礼》曰：'玄色者，在緅、缁之间，其六入者与。'按，纁染以黑则为緅。緅，汉时今文《礼》作爵，言如爵头色

---

① 本文中的服色词与赵晓驰的《隋前汉语颜色词研究》中相关颜色词语义特征描写相同的，本文将简写，详细请参见赵晓驰《隋前汉语颜色词研究》博士学位论文，苏州大学，2010。

也，许书作纔。纔既微黑，又染则更黑，而赤尚隐隐可见也，故曰黑而有赤色。至七入则赤不见矣。缁与玄通称，故礼家谓缁布衣为玄端。"《诗经·豳风·七月》："载玄载黄，我朱孔阳。"毛传："玄，黑而有赤也。"

【缁/纯】

缁，黑色。《说文·糸部》："缁，帛黑色也。"《诗经·郑风·缁衣》："缁衣之宜兮，敝、予又改为兮。"毛传："缁，黑也。卿士听朝之正服也。"《周礼·考工记·钟氏》："三入为纁，五入为緅，七入为缁。"郑玄注："染纁者，三入而成……又复再染以黑，乃成缁矣。"

纯，同"缁"。《周礼·地官·媒氏》："凡嫁子娶妻，入币纯帛，无过五两。"郑玄注："纯，实缁也。"《礼记·玉藻》："大夫佩水苍玉而纯组绶。"郑玄注："纯当为缁。"

【绀】

绀，深黑透红之色。《说文·糸部》："绀，帛深青扬赤色。"《释名》："绀，含也，青而含赤色也。"《论语·乡党》："君子不以绀緅饰。"邢昺疏："绀，玄色。"

【綦¹】

綦，青黑色。《尚书·顾命》："四人綦弁。"传："綦文鹿子皮弁。"疏："郑康成云：'青黑曰綦。'"

【皂】

皂，黑色。本指"皂斗"，因为皂斗壳煮汁可以染黑，故引申指黑色。

【雀/爵】

雀，赤黑色。《尚书·顾命》："二人雀弁，执惠，立于毕门之内。"孔颖达疏引郑玄曰："赤黑曰雀，言如雀头色也。雀弁，制如冕，黑色，但无藻耳。"

爵，通"雀"。《礼记·玉藻》："韠，君朱，大夫素，士爵韦。"郑玄注："凡韠以韦为之，必象裳色，则天子玄端朱裳，大夫素裳，士玄裳、黄裳、杂裳。"陈澔集说："爵韦，爵色之韦也。"

二　黑类词词项属性差异

黑，黑色。在所测查的文献中与服饰相关的共有 26 例，其中上古中期 12 例，上古后期 14 例。

（1）"玄端黑屦，青绚、繶、纯，纯博寸。"（《仪礼·士冠礼》）

（2）"天子居玄堂大庙，乘玄路，驾铁骊，载玄旗，衣黑衣，服玄玉，食黍与彘，其器闳以奄。"（《礼记·月令》）

玄，赤黑色。在所测查的文献中与服饰相关的共有 62 例，其中上古前期 2 例，上古中期 33 例，上古后期 27 例。

（3）"王锡韩侯，淑旂绥章，簟茀错衡，玄衮赤舄，钩膺镂钖，鞹鞃浅幭，鞗革金厄。"（《诗经·大雅·韩奕》）

（4）"羔裘玄冠不以吊。"（《论语·乡党》）

（5）"衣玄绣之衣而乘辎车。"（《史记·龟策列传》）

缁/纯，黑色。在所测查的文献中与服饰相关的共有 43 例，多用"缁"，"纯"只有 2 例。其中上古前期 3 例，上古中期 27 例，上古后期 13 例。

（6）"缁衣之好兮，敝、予又改造兮。"（《诗经·郑风·缁衣》）

（7）"主人玄冠、朝服、缁带，素韠，即位于门东，西面。"（《仪礼·士冠礼》）

（8）"昔令尹子文，缁帛之衣以朝，鹿裘以处。"（《战国策·楚一·威王问于莫敖子华》）

绀，深黑透红之色。在所测查的文献中与服饰相关的有 2 例，分别见于上古中期的《论语》和《庄子》。

（9）"君子不以绀緅饰。"（《论语·乡党》）

（10）"子贡乘大马，中绀而表素，轩车不容巷，往见原宪。"（《庄子·让王》）

綦[1]，青黑色。在所测查的文献中与服饰相关的共有 6 例，其中上古前期 2 例，上古中期 2 例，上古后期 2 例。

（11）"四人綦弁。"（《尚书·顾命》）

（12）"玄冠綦组缨，士之齐冠也。"（《礼记·玉藻》）

皂，黑色。在所测查的文献中与服饰相关的仅有 1 例，见于上古后期的《史记》。

（13）"是以每相、二千石至，彭祖衣皂布衣，自行迎，除二千石舍。"（《史记·五宗世家》）

　　雀/爵，赤黑色。在所测查的文献中与服饰相关的共有 19 例，其中上古前期 1 例，见于《尚书》；上古中期 10 例，见于《仪礼》；上古后期 8 例，见于《礼记》。

　　（14）"二人雀弁执惠。立于毕门之内。"（《尚书·周书·顾命》）

　　（15）"加爵弁如初仪。"（《仪礼·士冠礼》）

　　（16）"纰以爵韦六寸，不至下五寸。纯以素，纰以五采。"（《礼记·杂记下》）

　　该类别词语在整个上古时期共有 7 个，虽都是黑色，但还有细微差别。"玄"是赤黑，黑中有红；"绀"是深黑，且深黑透红；"綦[1]"是青黑；"雀/爵"是赤黑。这 7 个词，都是单音词，"黑、皂、雀/爵、綦[1]"是引申指黑色，"玄、缁、绀"的黑色义是约定俗成。

　　搭配对象也有差别。"皂"和"绀"只修饰衣，且"绀"主要是中衣，"皂"则是布衣，"雀/爵"修饰弁、冕、韠、韦。"綦[1]"的修饰对象则没有衣、裳、服，而是巾、弁、组、绶，搭配对象范围也比较窄。"玄"主要修饰礼服，搭配对象包括礼服的冠、冕、衣、裳和冕饰；"缁"则既修饰礼服，也修饰常服，还修饰服饰材料，既修饰首服，也修饰体服，还修饰足服的部件；"黑"的使用频率虽不及"玄"和"缁"，但修饰对象包括"舄、貂裘、衣、服、绖"，范围也比较宽。

　　该类别的 7 个成员，"绀、皂"只是偶有使用，"玄"的使用频率最高，其次是"缁"，再次是"黑"，"雀/爵"仅次于"黑"。上古前期使用的有"玄、缁、綦[1]、雀/爵"，使用频率都不太高；上古中期使用的有"黑、玄、缁、绀、綦[1]、雀/爵"，使用频率最高的是"玄"，其次是"缁"；上古后期使用的有"黑、玄、缁、綦[1]、皂、雀/爵"，使用频率最高的仍是"玄"。可见，"玄"是上古时期黑类服色词的最重要成员。根据测查文献的情况，"黑"在上古后期的使用频率高出了其在上古中期的使用频率，这与"玄、缁"在上古后期低于上古中期的情况完全相反。这在一定程度上说明，"黑"的使用频率有逐渐增加的势头，也是后来"黑"在服色领域取代"玄"和"缁"的初步表现。

　　服色黑类词词项属性差异见表 4 - 1，词频统计情况见表 4 - 2。

表 4 – 1 服色黑类词词项属性分析

属性 \ 词项				黑	玄	缁	绀	綦[1]	皂	雀/爵
语义属性	表义素	类义素		服饰的黑颜色						
		核心义素		黑	赤黑	黑	深黑透红	青黑色	黑	赤黑
		关涉义素	色度	正色	赤黑		深黑	青黑		赤黑
			修饰对象	乌、貂、裘、衣、服、绋	冠、冕、衣、裳、冕饰	帛、布、冠、衣、带、鞋饰	衣、中衣	巾、弁、组、绶	布衣	弁、冕、韠、韦
生成属性	词义来源			引申	约定俗成	约定俗成	约定俗成	引申	引申	引申
	词形结构			单纯结构	单纯结构	单纯结构	单纯结构	单纯结构	单纯结构	单纯结构
使用属性	使用频率	上古前期		0	2	3	0	2	0	1
		上古中期		12	33	27	2	2	0	10
		上古后期		14	27	13	0	2	1	8
		总计		26	62	43	2	6	1	19

表 4 – 2 服色黑类词词频统计

文献 \ 词项		黑	玄	缁	绀	綦[1]	皂	雀/爵
上古前期	尚书					1		1
	诗经		2	3		1		
	周易							
	总计	0	2	3	0	2	0	1
上古中期	周礼	1	4	1				
	仪礼	2	24	17				10
	春秋左传			1				
	论语		1	1	1			
	孟子							
	庄子				1			
	荀子		4					
	韩非子			1		1		

续表

文献	词项	黑	玄	缌	绀	綦¹	皂	雀/爵
上古中期	吕氏春秋	4		6				
	老子							
	商君书							
	管子	5				1		
	孙子							
	总计	12	33	27	2	2	0	10
上古后期	礼记	3	25	11		2		8
	战国策	2		1				
	史记	2	2	1			1	
	淮南子	7						
	总计	14	27	13	0	2	1	8

第二节　白类词

上古时期服色白类词共有 4 个：白、素¹、练、缟。

一　白类词词项语义特征

【白】

白，白色。《说文·白部》："西方色也。阴用事，物色白。"《管子·揆度》："其在色者，青、黄、白、黑、赤也。"

【素¹】

素，白色。本是"本色的未染的生帛"，引申指"白色"。

【练】

练，白色，素色。本指"将生丝在沸水中煮，使之柔软洁白"，引申指熟绢的颜色"白色"。

【缟】

缟，白色。本指"细而白的丝织品"，引申指白色生帛的颜色"白色"。

二　白类词词项属性差异

白，白色。在所测查的文献中与服饰相关的共有 28 例，其中上古中期 17 例，上古后期 11 例。

（17）"素积白屦，以魁柎之，缁绚、繶、纯，纯博寸。"（《仪礼·士冠礼》）

（18）"九和时节，君服白色，味辛味，听商声。"（《管子·幼官》）

（19）"太子及宾客知其事者，皆白衣冠以送之。"（《战国策·燕三·燕太子丹质于秦亡归》）

素[1]，白色。在所测查的文献中与服饰相关的共有 73 例，其中上古前期 11 例，上古中期 31 例，上古后期 31 例。

（20）"素衣朱绣，从子于鹄。"（《诗经·唐风·扬之水》）

（21）"缁衣羔裘，素衣麑裘，黄衣狐裘。"（《论语·乡党》）

（22）"三将至，缪公素服郊迎。"（《史记·秦本纪》）

练，白色，素色。在所测查的文献中与服饰相关的共有 15 例，其中上古中期 3 例，上古后期 12 例。

（23）"练，练衣黄里、縓缘，葛要绖，绳屦无绚，角瑱，鹿裘衡、长、袪。"（《礼记·檀弓上》）

（24）"墨子见练丝而泣之，为其可以黄，可以黑。"（《淮南子·说林训》）

——高诱注："练，白也。"

缟，白色。在所测查的文献中与服饰相关的共有 19 例，其中上古中期 3 例，上古后期 16 例。

（25）"玄冠缟武，不齿之服也。"（《礼记·玉藻》）

"白、素[1]、练、缟"都是上古时期单音节的服色白类词，均为"白色"之义。"白"的词义是约定俗成，"素[1]"和"缟"都是由本为白色服饰材料的词义引申而来，"练"则是由本为对服饰材料进行加工使服饰材料柔软变白的词义引申而来。

该类别的 4 个词，在上古前期使用的只有"素[1]"，且"素[1]"上古中期和上古后期都有使用，而且从使用频率上看，"素[1]"在上古各个时期都是使用频率最高的。"练、缟"的使用频率在上古中期较少，上古后期稍高于"白"。在修饰对象的范围上,"练、缟"相对较窄,"练"主要修饰衣、冠、帛,"缟"主要修饰衣、冠、冠饰、带;"白"与"素[1]"的搭配范围更宽泛,"白"修饰的对象有屦、衣、服、冕、冠、冕饰、丝、缟、革、布等,"素[1]"的修饰对象有服、衣、裳、带、韠、冠、屦、履、丝等。

服色白类词词项属性差异见表4-3,词频统计情况见表4-4。

表4-3 服色白类词词项属性分析

属性 \ 词项			白	素[1]	练	缟
语义属性	类义素		服饰的白颜色			
	表义素	核心义素	白色	白色	白色	白色
		关涉义素 色度	正色	素白	素白	
		关涉义素 修饰对象	屦、衣、服、冕、冠、冕饰、丝、缟、革、布	服、衣、裳、带、韠、冠、屦、履、丝	衣、冠、帛	衣、冠、冠饰、带
生成属性	词义来源		约定俗成	引申	引申	引申
	词形结构		单纯结构	单纯结构	单纯结构	单纯结构
使用属性	使用频率	上古前期	0	11	0	0
		上古中期	17	31	3	3
		上古后期	11	31	12	16
		总计	28	73	15	19

表4-4 服色白类词词频统计

文献 \ 词项		白	素[1]	练	缟
上古前期	尚书				
	诗经		10		
	周易		1		
	总计	0	11	0	0
上古中期	周礼	3	6		
	仪礼	4	7	2	
	春秋左传		1	1	
	论语		1		

文献 \ 词项		白	素[1]	练	缟
上古中期	孟子		1		
	庄子		1		
	荀子				
	韩非子		4		
	吕氏春秋	6	6		2
	老子				
	商君书				
	管子	4	4		1
	孙子				
	总计	17	31	3	3
上古后期	礼记	4	20	11	9
	战国策	1	3		2
	史记	5	6		2
	淮南子	1	2	1	3
	总计	11	31	12	16

第三节　赤类词

上古时期服色赤类词有 12 个：赤、朱、红、缇、丹、彤、绛、纁、赪、赭、緅、紫。

一　赤类词词项语义特征

【赤】

赤，浅朱色。亦泛指红色。《礼记·月令》：“（季夏之月）天子居明堂右个，乘朱路，驾赤骝。”孔颖达疏：“色浅曰赤，色深曰朱。”

【朱】

朱，大红色，比绛色浅，比赤色深。《论语·阳货》：“子曰：‘恶紫之夺朱也。’”何晏集解引孔安国曰：“朱，正色。紫，间色。”《礼记·月令》：“（孟夏之月）乘朱路，驾赤骝，载赤旗，衣朱衣。”孔颖达疏：

"色浅曰赤，色深曰朱。"

【红】

红，古代指浅红色。《楚辞·招魂》："红壁沙版，玄玉梁些。"王逸注："红，赤白也。"

【缎】

缎，浅红色。《仪礼·既夕礼》："缎绅缐。"郑玄注："一染谓之缎，今红也。"

【丹】

丹，稍浅于赤的红色。本指"丹砂，朱砂"，引申指朱砂的颜色"赤色"。

【彤】

彤，红色。本指"以朱色漆涂饰"，引申指"赤色"。《尚书·顾命》："太保、太史、太宗皆麻冕彤裳。"孔颖达疏："彤，赤也。"

【绛】

绛，深红色。《说文》："绛，大赤也。"《墨子·公孟》："昔者，楚庄王鲜冠组缨，绛衣博袍，以治其国。"

【纁】

纁，浅绛色。《周礼·考工记·钟氏》："三入为纁。"郑玄注："染纁者，三入而成。"《礼记·礼器》："礼有以文为贵者，天子龙衮，诸侯黼，大夫黻，士玄衣纁裳。"

【赪】

赪，浅红色。《说文·赤部》："赪，赤色也。"《尔雅·释器》："再染谓之赪。"郭璞注："赪，浅赤。"

【赭】

赭，赤褐色的。《荀子·正论》："杀赭衣而不纯。"杨倞注："以赤土染衣，故曰赭衣。"

【绌】

绌，青赤色。《说文·糸部》新附字："绌，帛青赤色也。"《周礼·考工记·画缋》："三入为纁，五入为绌，七入为缁。"郑玄注："染纁者，三入而成，又再染以黑则为绌。"

【紫】

紫，蓝和红合成的颜色。《说文·糸部》："紫，帛青赤色。"《论语·阳货》："恶紫之夺朱也。"何晏集解："朱，正色；紫，间色之好者。"

二　赤类词词项属性差异

赤，浅朱色。亦泛指红色。在所测查的文献中与服饰相关的共有31例，其中上古前期6例，上古中期9例，上古后期16例。

（26）"公孙硕肤，赤舄几几。"（《诗经·豳风·狼跋》）

（27）"屦人掌王及后之服屦。为赤舄，黑舄，赤繶，黄繶，青句素屦葛屦。"（《周礼·天官·冢宰·屦人》）

（28）"（季夏之月）天子居明堂右个，乘朱路，驾赤骝。"（《礼记·月令》）

朱，大红色，比绛色浅，比赤色深。在所测查的文献中与服饰相关的共有39例，其中上古前期7例，上古中期15例，上古后期17例。

（29）"素衣朱绣，从子于鹄。"（《诗经·唐风·扬之水》）

（30）"委蛇，其大如毂，其长如辕，紫衣而朱冠。"（《庄子·达生》）

（31）"玄冠朱组缨，天子之冠也。"（《礼记·玉藻》）

红，古代指浅红色。在所测查的文献中与服饰相关的仅有1例，见于上古中期的《论语》。

（32）"君子不以绀、緅饰，红、紫不以为亵服。"（《论语·乡党》）

緅，浅红色。在所测查的文献中与服饰相关的共有6例，其中上古中期的《仪礼》4例，上古后期的《礼记》2例。

（33）"公子为其母，练冠，麻，麻衣緅缘。为其妻緅冠，葛绖带，麻衣緅缘。"（《仪礼·丧服》）

（34）"练，练衣黄里、緅缘，葛要绖，绳屦无绚，角瑱，鹿裘衡、长、袪。"（《礼记·檀弓上》）

丹，稍浅于赤的红色。在所测查的文献中与服饰相关的共有3例，其中上古中期1例，上古后期2例。

（35）"白缟之冠，丹绩之袧，东布之衣，新素履。"（《吕氏春秋·离俗》）

（36）"玄冠丹组缨，诸侯之齐冠也。"（《礼记·玉藻》）

彤，红色。在所测查的文献中与服饰相关的仅有 1 例，见于上古前期的《尚书》。

（37）"太保、太史、太宗，皆麻冕彤裳。"（《尚书·顾命》）

绛，深红色。在所测查的文献中与服饰相关的共有 3 例，均见于上古后期的《史记》。

（38）"田单乃收城中得千余牛，为绛缯衣，画以五彩龙文。"（《史记·田单列传》）

纁，浅绛色。在所测查的文献中与服饰相关的共有 13 例，其中上古中期 9 例，上古后期 4 例。

（39）"爵弁纁屦，黑绚、繶、纯，纯博寸。"（《仪礼·士冠礼》）

（40）"礼有以文为贵者：天子龙衮，诸侯黼，大夫黻，士玄衣纁裳。"（《礼记·礼器》）

赪，浅红色。在所测查的文献中与服饰有关的仅有 1 例，见于上古后期的《礼记》。

（41）"君以卷，夫人以屈狄，大夫以玄赪，世妇以襢衣，士以爵弁，士妻以税衣。"（《礼记·丧大记》）

——郑玄注："赪，赤也。玄衣赤裳，所谓卿大夫自玄冕而下之服也。"孔颖达疏："大夫以玄赪者，玄纁也。言大夫招魂用玄冕玄衣纁裳，故云玄赪也。"

赭，赤褐色的。在所测查的文献中与服饰相关的共有 2 例，分别见于上古中期的《荀子》和上古后期的《史记》。

（42）"唯孟舒、田叔等十余人赭衣自髡钳，称王家奴，随赵王敖至长安。"（《史记·田叔列传》）

绂，青赤色。在所测查的文献中共有 2 例，分别见于上古中期的《周礼》和《论语》。

（43）"三入为纁，五入为绂，七入为缁。"（《周礼·冬官考工记·锺氏》）

（44）"君子不以绀绂饰。"（《论语·乡党》）

紫，蓝和红合成的颜色。在所测查的文献中与服饰相关的共有 20 例，其中上古中期 14 例，上古后期 6 例。

（45）"君子不以绀绂饰。红紫不以为亵服。"（《论语·乡党》）

（46）"玄冠紫緌，自鲁桓公始也。"（《礼记·玉藻》）

赤类是上古服色词中成员最多的一个类别，共有 12 个成员。该类别成员的语义有细微差别。"赤"是正色，"朱"深于"赤"，"绛"又深于"朱"，"丹、缇、纁"都浅于"赤"，"红"在上古是粉红，"彤"是朱红，"赭"是赤褐，"緅"是青赤，"紫"是蓝红。从生成属性上看，"朱、丹、彤、赭"的红色义是引申而来，"赤、红、缇、绛、纁、赪、緅、紫"的红色义都是约定俗成的。

在所测查的文献中，"朱"与"赤"的搭配对象最宽泛，且在上古前期便已出现，"朱"的使用频率最高，其次是"赤"；"紫"的使用频率居于第三位，但在上古前期没有用例；"彤、红、赪"都只有 1 例，"彤"出现在上古前期修饰"裳"，上古中、后期均再无用例，"红"出现在上古中期，"赪"出现在上古后期；"绛"出现在上古后期，用例较少，仅见修饰衣；"緅"仅在上古中期有 2 例，"赭"在上古中期和上古后期各有 1 例。"缇、丹"见于上古中期和上古后期，用例较少。"红"在上古时期关于服色方面的使用，无论是修饰对象，还是使用频率，都没有表现出成为该类别词通名的趋势。而"赤"在各个方面都具有比较稳定且强大的优势。

服色赤类词词项属性差异见表 4 - 5，词频统计情况见表 4 - 6。

表 4 - 5　服色赤类词词项属性分析

属性＼词项				赤	朱	红	缇	丹	彤	绛	纁	赪	赭	緅	紫
	类义素			服饰的红颜色											
语义属性	表义素		核心义素	红色	大红	粉红	浅红	红色	朱红	深红	浅赤	浅红	赤褐	青赤	蓝红
		关涉义素	色度	正色	深于赤	浅红	浅红	浅于赤	深于赤	深于朱	浅于赤	浅于赤			
			修饰对象	鸟、缯、芾、衣、服、绂	衣、裳、芾、线、冠饰	服		帛、边、冠	绩、组、缨	裳	衣	裳、边、缘、屦	裳	囚犯、贱民衣服	帛、衣	帛、衣、服、緌

续表

属性 ＼ 词项		赤	朱	红	缊	丹	彤	绛	纁	赪	赭	缇	紫
生成属性	词义来源	约定俗成	引申	约定俗成	约定俗成	引申	引申	约定俗成	约定俗成	约定俗成	引申	约定俗成	约定俗成
	词形结构	单纯	单纯	单纯	单纯	单纯	单纯	单纯	单纯	单纯	单纯	单纯	单纯
使用属性	使用频率 上古前期	6	7	0	0	0	1	0	0	0	0	0	0
	上古中期	9	15	1	4	1	0	0	9	0	1	2	14
	上古后期	16	17	0	2	2	0	3	4	1	1	0	6
	总计	31	39	1	6	3	1	3	13	1	2	2	20

表 4 - 6　服色赤类词词频统计

文献 ＼ 词项		赤	朱	红	缊	丹	彤	绛	纁	赪	赭	缇	紫
上古前期	尚书						1						
	诗经	5	6										
	周易	1	1										
	总计	6	7	0	0	0	1	0	0	0	0	0	0
上古中期	周礼	3	5						2			1	
	仪礼		5		4				7				
	春秋左传		1										1
	论语			1								1	2
	孟子												1
	庄子		1										1
	荀子										1		
	韩非子		1										9
	吕氏春秋	5	2			1							
	老子												
	商君书												
	管子	1											
	孙子												
	总计	9	15	1	4	1	0	0	9	0	1	2	14

续表

文献	词项	赤	朱	红	缇	丹	彤	绛	纁	赪	赭	緅	紫
上古后期	礼记	5	15		2	2			4	1			1
	战国策		1										1
	史记	1						3			1		4
	淮南子	10	1										
	总计	16	17	0	2	2	0	3	4	1	1	0	6

第四节 黄类词

上古服色黄类词共有 5 个：黄、金、韎、绞、缊。

一 黄类词词项语义特征

【黄】

黄，五色之一，即像金子或成熟的杏子的颜色。

【金】

金，金黄色。本指金属"铜"，又为古金属总名。《说文·金部》："金，五色金也。"引申指金黄色。

【韎】

韎，指皮革染成的赤黄色。《说文·韦部》："韎，茅搜染韦也。一入曰韎。"《礼记·玉藻》"一命缊韨幽衡"郑玄注："缊，赤黄之间色，所谓韎也。"清胡立政《研六室杂著·饰韎》："郑氏《玉藻》……注云：'缊，赤黄之间色，所谓韎也。'此解韎字为确诂。《尔雅》一染谓之缥，《说文》缥帛赤黄色，染帛谓之缥，染韦谓之韎，因事异名而其色则同，以皆一入故也。"《左传·成公十六年》："方事之殷也，有韎韦之跗注，君子也。"杜预注："韎，赤色。"

【绞（xiáo）】

绞，苍黄色。《礼记·玉藻》："麛裘青豻褎，绞衣以裼之。"郑玄注："绞，苍黄之色也。"《后汉书·文苑传下·祢衡》："诸史过者，皆令脱其故衣，更著岑牟单绞之服。"

【缊】

缊，赤黄色。《礼记·玉藻》："一命缊韨幽衡。"郑玄注："韨之言亦蔽也。缊，赤黄之间色，所谓韎也。"孔颖达疏："他服称韠，祭服称韨……以蒨染之，其色浅赤。"

二　黄类词词项属性差异

黄，像金子或成熟的杏子的颜色。在所测查的文献中与服饰相关的共有49例，其中上古前期6例，上古中期21例，上古后期22例。

（47）"绿兮衣兮，绿衣黄裳。心之忧矣，曷维其亡？"（《诗经·邶风·绿衣》）

（48）"缁衣羔裘，素衣麑裘，黄衣狐裘。"（《论语·乡党》）

（49）"黄收纯衣，彤车乘白马。"（《史记·五帝本纪》）

金，金黄色。在所测查的文献中与服饰相关的仅有1例，见于上古前期的《诗经》。

（50）"赤芾金舄，会同有绎。"（《诗经·小雅·车攻》）

韎，指皮革染成的赤黄色。在所测查的文献中与服饰相关的共有2例，分别见于上古前期的《诗经》和上古中期的《仪礼》。

（51）"韎韐有奭，以作六师。"（《诗经·小雅·瞻彼洛矣》）

（52）"爵弁服纯衣，皮弁服，褖衣，缁带，韎韐，竹笏。"（《仪礼·士丧礼》）

绞，苍黄色。在所测查的文献中与服饰相关的仅有1例，见于上古后期的《礼记》。

（53）"君子狐青裘豹褎，玄绡衣以裼之；麛裘青豻褎，绞衣以裼之；羔裘豹饰，缁衣以裼之；狐裘，黄衣以裼之。"（《礼记·玉藻》）

缊，赤黄色。在所测查的文献中与服饰相关的仅有1例，见于上古后期的《礼记》。

（54）"一命缊韨幽衡，再命赤韨幽衡，三命赤韨葱衡。"（《礼记·玉藻》）

该类别词语使用情况比较简单。"黄"是正色，词义是约定俗成，修饰对象最多，使用频率最高；"金"是金黄色，金黄色词义是引申而来，仅上古前期有1例，修饰舄，"韎、缊"是赤黄色，修饰蔽膝，

"秬"词义是约定俗成，上古前期和上古中期各有1例，"缊"则赤黄色，词义是引申而来，仅上古后期有1例；"绞"是仓黄色，词义是约定俗成，仅上古后期有1例，修饰衣。

服色黄类词词项属性差异见表4-7，词频统计情况见表4-8。

表4-7　服色黄类词词项属性分析

属性＼词项				黄	金	秬	绞	缊
语义属性	表义素	类义素		服饰的黄颜色				
		核心义素		黄色	金黄色	赤黄色	苍黄色	赤黄色
		关涉义素	色度	正色	金黄	赤黄	仓黄	赤黄
			修饰对象	衣、裳、服、冠、袂、缯、丝、布、玉	舄	韐	衣	蔽膝
生成属性	词义来源			约定俗成	引申	约定俗成	约定俗成	引申
	词形结构			单纯结构	单纯结构	单纯结构	单纯结构	单纯结构
使用属性	使用频率	上古前期		6	1	1	0	0
		上古中期		21	0	1	0	0
		上古后期		22	0	0	1	1
		总计		49	1	2	1	1

表4-8　服色黄类词词频统计

文献＼词项		黄	金	秬	绞	缊
上古前期	尚书					
	诗经	4	1	1		
	周易	2				
	总计	6	1	1	0	0
上古中期	周礼	1				
	仪礼	2		1		
	春秋左传	4				
	论语	1				
	孟子					

续表

文献 \ 词项		黄	金	秣	绞	缊
上古中期	庄子	2				
	荀子					
	韩非子					
	吕氏春秋	5				
	老子					
	商君书					
	管子	6				
	孙子					
	总计	21	0	1	0	0
上古后期	礼记	11			1	1
	战国策					
	史记	4				
	淮南子	7				
	总计	22	0	0	1	1

第五节　青类词

上古时期服色青类词共有 4 个：青、绿、苍/仓、葱。

一　青类词词项语义特征

【青】

青，青色。《荀子·劝学篇》："青，取之于蓝而青于蓝。"按，青本指"染料靛青"，引申为其颜色"青色"。

【绿】

绿，青黄色。《诗经·邶风·绿衣》："绿兮衣兮，绿衣黄里。"孔颖达疏："绿，苍黄之间色。"

【苍/仓】

苍，青色，即深绿色。《广雅·释器》："苍，青也。"《墨子·所染》："见染丝者而叹曰：染于苍则苍，染于黄则黄。"仓，通"苍"，青色。《仪礼·聘礼》："缫三采六等朱白仓。"

【葱】

葱，青绿色。本指多年生草本植物"葱"，引申指葱的颜色"青绿色"。

二 青类词词项属性差异

青，青色。在所测查的文献中与服饰相关的共有 32 例，其中上古前期 2 例，上古中期 13 例，上古后期 17 例。

（55）"青青子衿，悠悠我心。纵我不往，子宁不嗣音？青青子佩，悠悠我思。纵我不往，子宁不来？"（《诗经·郑风·子衿》）

（56）"君服青色，味酸味，听角声，治燥气，用八数，饮于青后之井。"（《管子·幼官》）

（57）"具父母，衣纯以青。"（《礼记·深衣》）

绿，青黄色。在所测查的文献中与服饰相关的共有 11 例，其中上古前期 5 例，上古中期 1 例，上古后期 5 例。

（58）"绿兮衣兮，绿衣黄里。心之忧矣，曷维其已？"（《诗经·邶风·绿衣》）

（59）"问诸侯，朱绿缫八寸。"（《仪礼·聘礼》）

（60）"赤绨、绿缯各四十匹。"（《史记·匈奴列传》）

苍/仓，青色，即深绿色。"苍"在所测查的文献中与服饰相关的共有 11 例，其中上古中期 4 例，上古后期 7 例。另，"仓"在所测查的文献中通"苍"的有 6 例，其中上古中期的《仪礼》1 例，上古后期的《礼记》4 例、《史记》1 例。

（61）"缫三采六等，朱白仓。"（《仪礼·聘礼》）

（62）"今窃闻大王之卒，武力二十余万，苍头二千万，奋击二十万，厮徒十万，车六百乘，骑五千匹。"（《战国策·魏一·苏子为赵合从说魏王》）

葱，青绿色。在所测查的文献中与服饰相关的有 2 例，分别见于上古前期的《诗经》和上古后期的《礼记》。

（63）"朱芾斯皇，有玱葱珩。"（《诗经·小雅·采芑》）

（64）"一命缊韨幽衡，再命赤韨幽衡，三命赤韨葱衡。"（《礼记·

玉藻》)

该类别词语共有 4 个。"青"是正色,"绿、葱"浅于"青","葱"又深于"绿","苍/仓"深于"青",按照颜色由深到浅排序,则为苍/仓、青、葱、绿。"青、绿"词义是约定俗成,"苍/仓、葱"词义是引申而来,都是单音词。"青"修饰范围最广,使用频率最高;"绿、苍/仓"总体使用频率相当,但"苍/仓"上古前期未见;"葱"使用频率最低,仅见其修饰衡、珩,上古前期和上古后期各 1 例。

服色青类词词项属性差异见表 4 - 9,词频统计情况见表 4 - 10。

表 4 - 9　服色青类词词项属性分析

属性 \ 词项				青	绿	苍/仓	葱
语义属性	表义素	类义素		服饰的青颜色			
		核心义素		青色	青黄色	深绿色	青绿色
		关涉义素	色度	正色	浅于青	深于青	浅于青 深于绿
			修饰对象	冕饰(充耳、纮)、屦饰(绚)、衣、服	衣、带、缥、缯	玉、巾、衣	珩、衡
生成属性	词义来源			引申	约定俗成	引申	引申
	词形结构			单纯结构	单纯结构	单纯结构	单纯结构
使用属性	使用频率	上古前期		2	5	0	1
		上古中期		13	1	4	0
		上古后期		17	5	7	1
		总计		32	11	11	2

表 4 - 10　服色青类词词频统计表

文献 \ 词项		青	绿	苍/仓	葱
上古前期	尚书				
	诗经	2	5		1
	周易				
	总计	2	5	0	1

续表

文献 \ 词项		青	绿	苍/仓	葱
上古中期	周礼	1			
	仪礼	2	1		
	春秋左传				
	论语				
	孟子				
	庄子	2			
	荀子				
	韩非子	1			
	吕氏春秋	3		4	
	老子				
	商君书				
	管子	4			
	孙子				
	总计	13	1	4	0
上古后期	礼记	7	4	1	
	战国策			1	1
	史记	1	1	2	
	淮南子	9		3	
	总计	17	5	7	1

第六节　其他服色词

上古时期服色词除了表示单一某一种颜色词之外，还有 6 个表达复杂颜色的词：采/彩、文、章、黼、黻、黼黻文章。

一　服色其他词词项语义特征

【采/彩】

采，彩色。后来写作"彩"。《尚书·益稷》："以五采彰施于五色，作服。"蔡沈集传："采者，青、黄、赤、白、黑也。"

【文】

文，彩色交错。亦指彩色交错的图形。《说文》："文，错画也。"《周易·系辞下》："物相杂，故曰文。"韩康伯注："刚柔交错，玄黄错杂。"《礼记·乐记》："五色成文而不乱。"清王夫之《读四书大全说·论语·泰伯篇十二》："异色成彩之谓文，一色昭著之谓章。"

【章】

章，花纹。《尚书·皋陶谟》："天命有德，五服五章哉。"孔传："尊卑彩章各异。"《左传·僖公二十四年》："耳不听五声之和为聋，目不别五色之章为昧。"特指古代礼服上绣的红白相间的花纹。《周礼·冬官考工记·画缋》："青与赤谓之文，赤与白谓之章，白与黑谓之黼，黑与青谓之黻，五采备谓之绣。"

【黼】

黼，古代礼服上白黑相间的花纹，取斧形，象临事决断。《说文·黹部》："白与黑相次文。"《周礼·冬官考工记》："白与黑谓之黼。"《尔雅·释器》："斧，谓之黼。"疏："黼，盖半白半黑，似斧刃白而身黑，取能断意。一说：白，西方色，黑，北方色，西北黑白之交，干阳位焉，刚健能断，故画黼以黑白为文。"《尚书·益稷》："藻火米粉，黼黻绣绣。"孔传："黼若斧形。"陆德明释文："白与黑谓之黼。"《诗经·大雅·文王》："厥作裸将，常服黼冔。"毛传："黼，白与黑也。"

【黻】

黻，古代礼服上绣的青与黑相间的像亚形的花纹。《说文·黹部》："黻，青与黑相次文。"《尚书·益稷》："藻、火、粉米，黼、黻、绵绣。"孔传："黻，为两己相背。"孔颖达疏："黻谓两己相背，谓刺绣为己字，两己字相背也。"《诗经·秦风·终南》："君子至上，黻衣绣裳。"毛传："黑与青谓之黻，五色备谓之绣。"《荀子·哀公》："黼衣、黻裳者，不茹荤。"杨倞注："黼衣、黻裳，祭服也。白与黑为黼，黑与青为黻。"《周礼·考工记·画缋》："画缋之事，…黑与青谓之黻。刺绣为两己字，以青黑线绣也。"

【黼黻文章】

黼黻文章，礼服上所绣的色彩绚丽的花纹，泛指华美鲜艳的色彩。《荀子·非相》："故赠人以言，重于金石珠玉；观人以言，美于黼黻文章。"杨倞注："黼黻文章，皆色之美者。白与黑谓之黼，黑与青谓之黻，青与赤谓之文，赤与白谓之章。"

二　服色其他词词项属性差异

采/彩，彩色。在所测查的文献中与服饰颜色相关的"采"共有 50 例，其中上古前期 1 例，上古中期 22 例，上古后期 27 例；"彩"仅 1 例，见于《史记》。

（65）"散民不敢服杂采。"（《管子·立政》）

（66）"将冠者采衣，纷，在房中，南面。"（《仪礼·士冠礼》）

（67）"孤子当室，冠衣不纯采。"（《礼记·曲礼上》）

（68）"田单乃收城中得千余牛，为绛缯衣，画以五彩龙文，束兵刃于其角，而灌脂束苇于尾，烧其端。"（《史记·田单列传》）

文，彩色交错。在所测查的文献中与服饰颜色相关的共有 36 例，其中上古中期 25 例，上古后期 11 例。

（69）"青与赤，谓之文；赤与白，谓之章；白与黑，谓之黼；黑与青，谓之黻；五采备，谓之绣。"（《周礼·冬官考工记·画缋》）

（70）"其衣致暖而无文，其兵戈铢而无刃。"（《淮南子·齐俗训》）

章，花纹。在所测查的文献中与服饰相关的共有 23 例，其中上古前期 2 例，上古中期 13 例，上古后期 8 例。

（71）"天命有德，五服五章哉。"（《尚书·皋陶谟》）

（72）"天子服文有章，而夫人不敢以燕以飨庙。"（《管子·立政》）

（73）"盖闻有虞氏之时，画衣冠异章服以为僇，而民不犯。"（《史记·孝文本纪》）

黼，古代礼服上白黑相间的花纹，取斧形，象临事决断。在所测查的文献中共有 25 例，其中上古前期 4 例，上古中期 11 例，上古后期 10 例。

（74）"又何予之？玄衮及黼。"（《诗经·小雅·采菽》）

（75）"火、龙、黼、黻，昭其文也。"（《春秋左传·桓公二年》）

（76）"礼有以文为贵者：天子龙衮，诸侯黼，大夫黻，士玄衣纁裳。"（《礼记·礼器》）

黻，古代礼服上绣的青与黑相间的像亚形的花纹。在所测查的文献中共有 16 例，其中上古前期 2 例，上古中期 8 例，上古后期 6 例。

（77）"君子至止，黻衣绣裳。"（《诗经·秦风·终南》）

（78）"恶衣服，而致美乎黻冕。"（《论语·泰伯》）

（79）"礼有以文为贵者：天子龙衮，诸侯黼，大夫黻，士玄衣纁裳。"（《礼记·礼器》）

黼黻文章，礼服上所绣的色彩绚丽的花纹，泛指华美鲜艳的色彩。在所测查的文献中共有 11 例，其中上古中期 7 例，上古后期 4 例。

（80）"修冠弁衣裳，黼黻文章，琱琢刻镂，皆有等差：是所以藩饰之也。"（《荀子·君道》）

（81）"人主好高台深池，雕琢刻镂，黼黻文章，绨绤绮绣。"（《淮南子·主术训》）

该类别词语都不是表示单一颜色的服色词。"文"比较突出彩色的特点；"章"比较强调花纹；"黼"是黑白相间，且花纹呈斧形；"黻"是青黑相间，花纹呈亚形；"黼黻文章"则强调色彩绚丽、华美鲜艳。该类别词语的使用频率都比较高，可见上古时期的服饰颜色已非常复杂多样。

该类别词词项属性差异见表 4 - 11，词频统计情况见表 4 - 12。

表 4 - 11　服色其他词词项属性分析

属性 \ 词项			采/彩	文	章	黼	黻	黼黻文章
语义属性		类义素	服饰上色彩交错的花纹					
	表义素	核心义素	彩色	花纹	花纹	花纹	花纹	花纹
		关涉义素 色彩	彩色	彩色	彩色	黑白相间	青黑相间	彩色
		关涉义素 纹样		各种图文	各种图文	斧形	亚形	绚丽
		关涉义素 修饰对象	丝、衣、裳、履、服、率、带、绅、藻、纼、布帛	衣、裳、服、	礼服	礼服	礼服	礼服
生成属性		词义来源	引申	约定俗成	引申	约定俗成	约定俗成	语素组合
		词形结构	单纯结构	单纯结构	单纯结构	单纯结构	单纯结构	复合结构

续表

属性		词项	采/彩	文	章	黼	黻	黼黻文章
使用属性	使用频率	上古前期	1	0	2	4	2	0
		上古中期	22	25	13	11	8	7
		上古后期	27	11	8	10	6	4
		总计	50	36	23	25	16	11

表 4 - 12　服色其他词词频统计

文献	词项	采/彩	文	章	黼	黻	黼黻文章
上古前期	尚书	1		1	2	1	
	诗经			1	2	1	
	周易						
	总计	1	0	2	4	2	0
上古中期	周礼	8	3	5	3	1	
	仪礼	2			1		
	春秋左传	1	1	2	1	2	
	论语					1	
	孟子						
	庄子	1	1	1	2	2	
	荀子	1	6	1	4	2	5
	韩非子	3	4				
	吕氏春秋	2	2	1			2
	老子						
	商君书						
	管子	4	8	3			
	孙子						
	总计	22	25	13	11	8	7
上古后期	礼记	9	7	7	9	5	
	战国策						
	史记	4	2	1			1
	淮南子	14	2		1	1	3
	总计	27	11	8	10	6	4

第五章　服饰材料词

服饰材料，指制作服饰所用的材料。服饰材料既包括原始材料，如麻、葛、丝、皮等；也包括直接材料，即由原始材料加工成的布帛等织品和皮革等。上古时期的服饰材料主要有六类：布类、帛类、绵絮类、皮革类、丝麻类、线缕类，与其相应的服饰材料词共有 72 个，另外还有布帛、布缕、屦 3 个词，表示服饰材料。

上古服饰材料词及其语义类别关系见表 5－1。

表 5－1　上古服饰材料词语

类别	词项
布类	布、缔、绉、绤、缌/锡、缌、缌、纻[1]、葛[1]
帛类	素、缟、纤缟、纤、绣、锦、文织、帛、缯、绢、练、练帛、缣、绤、绡、文采、杂采、绨、文秀、锦绣、文锦、织、织文、素沙、丝[1]、绮、绮绣、绮縠、縠、雾縠、罗、纨、罗纨、阿、锦文、采[1]
绵絮类	纩、絮、缊、绵、纶
皮革类	皮、革、韦、狐白
丝麻类	糸/丝、纯、茧丝、麻、纻[2]、葛[2]、枲、菅、蘑、蒯、草
线缕类	绶、缕、线、纠、组、纂、绦
其他	布帛、布缕、屦

第一节　布类词

上古时期，中国没有棉花，以麻、葛为原材料的织品，统称为"布"。布所用之葛、麻有粗糙的，有精细的；织品纹理有细密的，有粗疏的；麻葛织品有用来做丧服的，也有日常生活中使用的。这些情况，都使得麻葛织品名称各不相同。上古时期服饰材料布类词有 9 个：布、缔、绉、绤、缌/锡、缌、缌、纻[1]、葛[1]。

一　布类词词项语义特征

【布】

布，古代麻葛织品称布。《说文·巾部》："布，枲织也。"《小尔雅·广服》："麻纻葛曰布。"《孟子·滕文公上》："许子必织布然后衣乎！"《论语·乡党》："齐，必有明衣，布。"

【绤】

绤，细葛布。《尚书·禹贡》："厥贡盐绤，海物惟错。"孔传："绤，细葛。"《尚书·益稷》："黼黻绤绣。"孔传："葛之精者曰绤。"《小尔雅·广服》："葛之精者曰绤。"《诗经·周南》："为绤为绤。"孔疏："煮葛以为绤绤。"《礼记·曲礼》："为天子削瓜者副之巾以绤。"孔疏："细葛为巾。"

【绉】

绉，细葛布。《说文·糸部》："绉，绤之细者也。"《诗经·墉风·君子偕老》："蒙彼绉绤。"毛传："绤之靡者为葛。"孔颖达疏："绤者，以葛为之。其精尤细靡者绉也。"高亨注："绉、绤，都是细葛布。绉比绤更细。"

【绤】

绤，粗葛布。《诗经·周南·葛覃》："为绤为绤，服之无敌。"毛传："精曰绤，粗曰绤。"《礼记·玉藻》："浴用二巾，上绤下绤。"

【缌/锡】

缌/锡，细麻布。《说文》："缌，细布也。"《仪礼·燕礼》："公尊瓦大两有丰，幂用绤若锡。"郑玄注："今文锡为缌。"《仪礼·丧服》："传曰：锡者，何也？麻之有锡者也。锡者十五升，抽其半，无事其缕，有事其布，曰锡。"郑玄注："谓之锡者，治其布使之滑易也。"《淮南子·修务训》："衣阿锡，曳齐纨。"高诱注："阿，细縠；锡，细布。"《淮南子·齐俗训》："弱缌罗纨。"高诱注："弱缌，细布也。"《文选》司马相如《子虚赋》："郑女曼姬，被阿缌。"李善注引张揖曰："缌，细布也。缌与锡古字通。"

【缌】

缌，细而疏的麻布，古代多用作丧服。《说文·糸部》："缌，细疏布也。"《仪礼·丧服礼》："缌衰者何？以小功之缌也。"郑玄注："凡布细而疏者谓之缌。"《礼记·檀弓上》："绤衰缌裳。"孔颖达疏："疏葛为衰，缌布为裳。"《左传·襄公二十七年》："公丧之，如税服终身。"晋杜预注："税即缌也。丧服缌缞裳，缕细而希。"

【缌】

缌，细麻布。多用作制作丧服。《周礼·天官·典枲》："掌布、缌、缕、纻之麻草之物，以待时颁功而授赍。"郑玄注："缌，十五升布抽其半者。"《仪礼·丧服》："缌者，十五升抽其半，有事其缕，无事其布，曰缌。"郑玄注："谓之缌者，治有缕，细如丝也。"《资治通鉴·晋穆帝永和十二年》："帝及群臣皆服缌，临于太极殿三日。"

【纻[1]】

纻，本义是"苎麻"，引申指"用苎麻为原料织成的粗布"。《礼记·丧服大记》："缔、绤、纻不入。"孔颖达疏："纻是纻布。"《淮南子·人间训》："冬日被裘罽，夏日服缔纻。"

【葛[1]】

葛，本义是指多年生草本植物，茎皮可制葛布，引申指"以葛为原料制成的葛布"。《公羊传·桓公八年》："冬不裘，夏不葛。"何休注："裘葛者御寒暑之美服。"《庄子·让王》："冬日衣皮，夏日衣葛缔。"《小尔雅·广服》："麻纻葛曰布，布，通名也。"胡承珙曰："《诗》疏引陆玑云：'纻亦麻也，科生数十茎，宿根在地中，至春自生，不岁种也。荆、扬之间一岁三收。今南越纻布皆用此麻。'……颜师古《急就篇》注：'纻，织纻为布及疏也。'《文选·吴都赋》'果布辐凑而常然'，刘渊林注云：'布，笺纻之属。'葛者，《仪礼·士虞礼》'幂用缔布'，注云：'缔布，葛属。'《禹贡》疏云：'葛，越南方布名。'是麻、纻、葛皆曰布，布为通名也。"

二　布类词词项属性差异

布，古代麻葛织品称布。在所测查的文献中共有 100 例，其中上古中期 61 例，上古后期 39 例。

（1）"典枲掌布缌缕纻之麻草之物。"（《周礼·天官冢宰·典枲》）

（2）"文公大布之衣、大帛之冠。"（《春秋左传·闵公二年》）

绤，细葛布。在所测查的文献中共有 26 例，其中上古前期 4 例，上古中期 8 例，上古后期 14 例。

（3）"绤兮绤兮，凄其以风。"（《诗经·邶风·绿衣》）

（4）"余立于宇宙之中，冬日衣皮毛，夏日衣葛绤。"（《庄子·让王》）

（5）"尧乃赐舜绤衣，与琴，为筑仓廪，予牛羊。"（《史记·五帝本纪》）

——张守节正义："绤，敕迟反，细葛布衣也。"

绉，细葛布。在所测查的文献中仅有 1 例，见于上古前期的《诗经》。

（6）"蒙彼绉绤，是绁袢也。"（《诗经·墉风·君子偕老》）

绤，粗葛布。在所测查的文献中共有 22 例，其中上古前期 2 例，上古中期 8 例，上古后期 12 例。

（7）"绤兮绤兮，凄其以风。"（《诗经·邶风·绿衣》）

（8）"县子曰：'绤衰、縿裳，非古也。'"（《礼记·檀弓上》）

绵/锡，细麻布。在所测查的文献中共有 6 例，"绵"仅 1 例，见于上古后期的《淮南子》；"锡"有 5 例，其中上古中期 3 例，上古后期 2 例。

（9）"有诡文繁绣，弱绵罗纨，必有菅屩跐踦，短褐不完者。"（《淮南子·齐俗训》）

（10）"主妇被锡，衣移袂，荐自东房，韭菹、醓醢，坐奠于筵前。"（《仪礼·少牢馈食礼》）

縿，细而疏的麻布。在所测查的文献中共有 8 例，其中上古中期 7 例，上古后期 1 例。

（11）"卑绉、黼黻、文织，资粗、衰绖、菲縿、菅屦，是吉凶忧愉之情发于衣服者也。"（《荀子·礼论》）

（12）"县子曰：'绤衰、縿裳，非古也。'"（《礼记·檀弓上》）

緦，细麻布。在所测查的文献中共有 9 例，其中上古中期 6 例，上古后期 3 例。

（13）"外亲之服皆緦也。"（《仪礼·丧服》）

（14）"小功以下左，緦冠缫缨。"（《礼记·杂记上》）

绖[1]，以苎麻为原料织成的粗布。在所测查的文献中共有 10 例，其中上古中期 2 例，上古后期 8 例。

（15）"出也，衣缔纻；后出也，满图圄。"（《吕氏春秋·贵直》）

（16）"布之新不如纻，纻之弊不如布，或善为新，或恶为故。"（《淮南子·说林训》）

葛[1]，以葛草为原料织成的葛布。在所测查的文献中共有 27 例，其中上古中期 5 例，上古后期 22 例。

（17）"冬日衣皮毛，夏日衣葛缔。"（《庄子·让王》）

（18）"妇人不葛带。"（《礼记·檀弓上》）

上古时期以麻、葛为原材料加工而成的服饰材料，统称为"布"。布类服饰词共有 9 个。在所测查的文献中，上古前期使用的有 3 个：缔、绉、绤，使用频率较高的是"缔"；上古中期使用的有 8 个：布、缔、绤、缌/锡、总、缌、纻[1]、葛[1]，使用频率最高的是"布"，"纻[1]"使用频率最低；上古后期使用的有 8 个，使用频率最高的是"布"，其次是"葛[1]"和"缔"，"总"使用频率最低。该类别词语都是单音词，只有"纻[1]、葛[1]"的词义是引申而来，其他词义均属约定俗成。

"布"虽出现于上古中期，但成为以麻葛为原始材料的服饰材料的通名。同样都是葛织品，因精致程度不同而名不同，细者为"缔"，粗者为"绤"；同是麻织品，首先因为制品所制服饰的用途不同而使丧服材料有专名"总、缌"，又因为疏密不同而有别，"总"更突出其细而疏的特点；"纻[1]"是以苎麻为原料织成的粗布，"葛[1]"是以葛草为原料织成的葛布。

布类词词项属性差异见表 5 - 2，词频统计情况见表 5 - 3。

表 5 - 2　布类词词项属性分析

属性			词项	布	缔	绉	绤	缌/锡	总	缌	纻[1]	葛[1]
语义属性	表义素	类义素		以麻葛为原材料的织品								
		核心义素		通名	专名	专名	专名	专名	专名	专名	专名	专名
		关涉义素	粗细		细	细	粗	细	细	细	粗	粗
			疏密							疏		
			原料	麻葛	葛	葛	葛	麻	麻	麻	纻	葛

续表

属性 \ 词项		布	绨	绤	绤	缌/锡	缯	缌	纻¹	葛¹
生成属性	词义来源	约定俗成	约定俗成	约定俗成	约定俗成	约定俗成	约定俗成	约定俗成	引申	引申
	词形结构	单纯结构	单纯结构	单纯结构	单纯结构	单纯结构	单纯结构	单纯结构	单纯结构	单纯结构
使用属性	使用频率 上古前期	0	4	1	2	0	0	0	0	0
	上古中期	61	8	0	8	3	7	6	2	5
	上古后期	39	14	0	12	3	1	3	8	22
	总计	100	26	1	22	6	8	9	10	27

表 5-3　布类词词频统计

文献 \ 词项		布	绨	绤	绤	缌/锡	缯	缌	纻¹	葛¹
上古前期	尚书		1							
	诗经		3	1	2					
	周易									
	总计	0	4	1	2	0	0	0	0	0
上古中期	周礼	1	1		1	1		1		
	仪礼	31	2		6	2	6	5		3
	春秋左传	1							1	
	论语	1	1							
	孟子	3								
	庄子	2	1							1
	荀子	3					1			
	韩非子	2								1
	吕氏春秋	8	2						1	
	老子									
	商君书									
	管子	9	1							
	孙子									
	总计	61	8	0	8	3	7	6	2	5

文献	词项	布	绨	绉	绤	绡/锡	缯	缌	纻[1]	葛[1]
上古后期	礼记	20	6		5	1	1	3	1	18
	战国策	5							2	
	史记	11	4			1			3	2
	淮南子	3	4		7	1			2	2
	总计	39	14	0	12	3	1	3	8	22

第二节　帛类词

以丝为原材料加工而成的服饰材料，统称为"帛"。帛类词在上古时期已相当丰富，共有 36 个，其中上古前期共有 7 个：素、缟、纤缟、纤、绣、锦、织文；上古中期共有 21 个，其中新产生的有 18 个，帛、缯、绢、练、练帛、缣、缘、绡、文采/文彩、杂采、绨、文绣、锦绣、文锦、织、文织、素沙、丝[1]；上古后期共有 33 个，其中新产生的有 11 个：绮、绮绣、绮縠、縠、雾縠、罗、纨、罗纨、阿、锦文、采[1]。

一　帛类词词项语义特征

【素】

素，本色的未染的生帛。《礼记·杂记下》："纯以素，纰以五采。"孔颖达疏："素，谓生帛。"

【缟】

缟，细白的生绢。《尚书·禹贡》："厥篚玄纤缟。"孔传："缟，白缯。"《礼记·王制》："殷人冔而祭，缟衣而养老。"孔颖达疏："缟，白色生绢。亦名为素。"《小尔雅·广服》："缯之精者曰缟，缟之粗者曰素。"

【纤缟】

纤缟，细白绢。《尚书·禹贡》："厥篚，玄纤缟。"孔传："缟，白缯；纤，细也。"

【纤】

纤，细纹织物。《楚辞·招魂》："被文服纤，丽而不奇些。"王逸

注：“纤，谓罗縠也。”《史记·孝文本纪》：“已下，服大红十五日，小红十四日，纤七日，释服。”裴骃集解引服虔曰：“当言大功、小功布也。纤，细布衣也。”

【绣】

绣，有彩色花纹的丝织品。《诗经·唐风·扬之水》：“素衣朱绣，从子于鹄。”《史记·项羽本纪》：“富贵不归故乡，如衣绣夜行，谁知之者？”

【锦】

锦，有彩色花纹的丝织品。《诗经·郑风·丰》：“衣锦褧衣，裳锦褧裳。”孔颖达疏：“言已衣则用锦为之，其上复有禅衣矣；裳亦用锦为之，其上复有禅裳矣。”

【织文】

织文，染丝织成花纹的丝织品。《尚书·禹贡》：“厥贡漆丝，厥篚织文。”孔传：“织文，锦绮之属。”孔颖达疏：“绮是织缯之有文者，是绫锦之别名，故云锦绮之属，皆是织而有文者也。”

【帛】

帛，古代丝织物的通称。《左传·闵公二年》：“卫文公大布之衣，大帛之冠。”《汉书·朱建传》：“臣衣帛，衣帛见；臣衣褐，衣褐见，不敢易衣。”

【缯】

缯，帛。《说文·糸部》：“缯，帛也。”《礼记·礼运》：“故先王秉蓍龟，列祭祀，瘗缯，宣祝嘏辞说，设制度。”郑玄注：“币帛曰缯。”《汉书·灌婴传》：“灌婴，睢阳贩缯者也。”颜师古注：“缯者，帛之总名。”

【绢】

绢，平纹的生丝织物，似缣而疏，挺括滑爽。《急就篇》二：“烝栗绢绀缙红燃。”颜师古注：“绢，生曰缯，似缣而疏者也。”《说文》：“绢，缯如麦稍。”《墨子·辞过》：“治丝麻，捆布绢，以为民衣。”

【练】

练，白色的熟绢。《礼记·玉藻》：“士练带，率下辟。”孔颖达疏：“士用熟帛练为带。”孙希旦集解：“愚谓练，白色熟绢也。”

【练帛】

练帛，熟帛，煮练过的帛。《仪礼·士冠礼》："掩练帛，广终幅，长五尺，析其末。"胡培翚正义："练帛，熟帛。"

【缣】

缣，双丝织的浅黄色细绢。《说文》："缣，并丝缯也。"《淮南子·齐俗训》："夫素之质白，染之以涅则黑；缣之性黄，染之以丹则赤。"《汉书·外戚传上·史皇孙王夫人》："媪为翁须作缣单衣。"颜师古注："缣，即今之绢也。"

【缥（xiāo）】

缥，缣帛。《礼记·檀弓上》："布幕，卫也；缥幕，鲁也。"郑玄注："缥，缣也。缥，读如绡。"《墨子·非乐上》："妇人夙兴夜寐，纺绩织纴，多治麻丝葛绪，捆布缥。"

【绡】

绡，薄的生丝织品；轻纱。《说文》："绡，生丝也。"《玉篇》："素也，纬也。"《急就篇》注："绡，生白缯，似缣而疏者。一名鲜支。"《礼记·玉藻》："君子狐青裘豹褎，玄绡衣以裼之。"郑玄注："绡，绮属也。"《说文》："生丝也。"段注："《韵会》作生丝缯也。今按言缯名则非其次，依郑君则实缯名，当云生丝也，一曰缯名。生丝，未涑之丝也。已涑之缯曰练，未涑之丝曰绡。以生丝之缯为衣，则曰绡衣。古经多作宵，作绣。《特牲礼》：'主妇纚笄宵衣。'注曰：'宵衣，染之以黑，其缯本名曰绡。'《诗》有'素衣朱绡'，《记》有'玄绡衣'，凡妇人助祭者同服也。《少年礼》注曰：'大夫妻尊亦衣绡衣。而侈其袂。'《玉藻》曰：'君子狐青裘豹褎，玄绡衣以裼之。'注曰：'绡，绮属也。'《郊特牲》：'绣黼丹朱中衣。'注曰：'绣读为绡，绡，缯名也。'引《诗》'素衣朱绡'。合此数条知宵、绣皆假借字。以此生丝织缯曰绡，仍从丝得名也。故或云缯名，或云绮属。绮即文缯也。"《文选》曹植《洛神赋》："践远游之文履，曳雾绡之轻裾。"李善注："绡，轻縠也。"

【文采/文彩】

文采，华美的纺织品。《管子·七臣七主》："主好宫室，则工匠巧；主好文采，则女工靡。"汉晁错《论贵粟疏》："（商贾）男不耕耘，女不蚕织，衣必文采，食必粱肉。"《汉书·货殖传》："其帛絮细布千钧，文采千匹。"颜师古注："文，文绘也。帛之有色者曰采。"

【杂采】

杂采，指各色丝织品。《管子·立政》："散民不敢服杂采，百工商贾不得服长鬈貂，刑余戮民不敢服绣，不敢畜连乘车。"

【绨】

绨，厚实平滑而有光泽的丝织物。《说文·糸部》："绨，厚缯也。"《管子·轻重戊》："鲁梁之民俗为绨。"尹知章注："缯之厚者谓之绨。"《汉书·文帝纪赞》："（孝文皇帝）身衣弋绨，所幸慎夫人衣不曳地，帷帐无文绣，以示敦朴，为天下先。"

【文绣】

文绣，刺绣华美的丝织品或衣服。《墨子·节葬下》："文绣素练，大鞅万领。"

【锦绣】

锦绣，花纹色彩精美鲜艳的丝织品。《墨子·公输》："舍其锦绣，邻有短褐，而欲窃之。"

【文锦】

文锦，文彩斑斓的织锦。《汉书·货殖传序》："富者土木被文锦，犬马余肉粟。"

【织】

织，用染丝织成的丝织品。《礼记·玉藻》："士不衣织。"郑玄注："织，染丝织之，士衣染缯也。"《小尔雅·广服》："治丝曰织，织，缯也。"葛其仁曰："《史记集解》引：'织，细缯也。'故知织为缯也。"胡承珙曰："《盐铁论·刺仪篇》云：'文缯薄织，不鬻于市。'是织与缯同物也。"

【文织】

文织，有彩色花纹的丝织品。《周礼·天官·玉府》："凡王之献金玉、兵器、文织、良货贿之物，受而藏之。"郑玄注："文织，画及绣锦。"《荀子·礼论》："卑绢、黼黻、文织、资粗、衰绖、菲繐、菅屦，是吉凶忧愉之情发于衣服者也。"杨倞注："文织，染丝织为文章也。"

【素沙】

素沙，即素纱，白色绉纱。纱，绢之轻细者，古作"沙"。《周礼·

天官·内司服》："掌王后之六服：袆衣、俞狄、阙狄、鞠衣、展衣、缘衣、素沙。"郑玄注："素沙者，今之白缚也。"孙诒让正义："沙、纱，古今字。"王引之《经义述闻·大戴礼记上》："家大人曰：'沙，即今之纱字，非泥沙之沙也。'……古无纱字，故借沙为之。"《礼记·杂记上》："内子以鞠衣、褒衣、素沙。"郑玄注："素沙，若今纱縠之帛也。"

【丝[1]】

丝，本指"细丝"，引申指"丝织品"。《韩非子·诡使》："今死士之孤饥饿乞于道，而优笑酒徒之属乘车衣丝。"汉刘向《说苑·建本》："譬犹食谷衣丝，而非耕织者也。"

【绮】

绮，有素地花纹的丝织品。《说文·系部》："绮，文缯也。"《六书故·工事六》："织采为文曰锦，织素为文曰绮。"《楚辞·招魂》："纂组绮缟，结琦璜些。"洪兴祖补注："绮，文缯也。"

【绮绣】

绮绣，彩色丝织品。《淮南子·主术训》："绨绤绮绣，宝玩珠玉。"高诱注："五采具曰绣也。"《史记·田叔列传》："今徒取富人子上之，又无智略，如木偶人衣之绮绣耳，将奈之何？"

【绮縠】

绮縠，绫绸绉纱之类丝织品的总称。《战国策·齐策四》："士三食不得餍，而君鹅鹜有余食；下宫糅罗纨，曳绮縠，而士不得以为缘。"

【縠】

縠，绉纱。《战国策·齐策四》："王之忧国爱民，不若王爱尺縠也。"吴师道补正："縠，绉纱。"《汉书·江充传》："充衣纱縠禅衣。"颜师古注："纱縠，纺丝而织之也。轻者为纱，绉者为縠。"

【雾縠】

雾縠，薄雾般的轻纱。《文选》宋玉《神女赋》："动雾縠以徐步兮，拂墀声之珊珊。"李善注："縠，今之轻纱，薄如雾也。"《文选》司马相如《子虚赋》："于是郑女曼姬，被阿缟，揄纻缟，杂纤罗，垂雾縠。"刘良注："雾縠，其细如雾，垂之为裳也。"

【罗】

罗，稀疏而轻软的丝织品。《楚辞·招魂》："蒻阿拂壁，罗帱张些。"王逸注："罗，绮属也。"

【纨】

纨，白色细绢。《战国策·齐策四》："下宫糅罗纨，曳绮縠。"鲍彪注："纨，素也。"

【罗纨】

罗纨，泛指精美的丝织品。《战国策·齐策四》："下宫糅罗纨，曳绮縠，而士不得以为缘。"《淮南子·齐俗训》："有诡文繁绣，弱绵罗纨。"高诱注："罗，縠；纨，素也。"汉桓宽《盐铁论·散不足》："夫罗纨文绣者，人君后妃之服也。"

【阿】

阿，细缯。古代一种轻细的丝织品。《楚辞·招魂》："蒻阿拂壁，罗帱张些。"《文选》司马相如《子虚赋》："郑女曼姬，被阿缟。"李善注引张揖曰："阿，细缯也；缟，细布也。"

【锦文】

锦文，织锦。《礼记·王制》："锦文、珠玉成器不于市。"

【采^1】

采，彩色的丝织品。《汉书·货殖传》："文采千匹。"颜师古注："帛之有色者曰采。"

二　帛类服饰材料词词项属性差异

素，本色的未染的生帛。在所测查的文献中共有 6 例，其中上古前期 1 例，上古中期 2 例，上古后期 3 例。

（19）"俟我于著乎而，充耳以素乎而，尚之以琼华乎而。"（《诗经·齐风·著》）

（20）"縠十而守五，绨素满之，五在上，故视岁而藏，县时积岁，国有十年之蓄。"（《管子·事语》）

缟，细白的生绢。在所测查的文献中共有 22 例，其中上古前期 3 例，上古中期 5 例，上古后期 14 例。

（21）"鲁人身善织屦，妻善织缟。"（《韩非子·说林上》）

（22）"后宫十妃，皆衣缟纻，食粱肉，岂有毛嫱、西施哉？"（《战国策·齐四·鲁仲连谓孟尝》）

纤缟，细白绢。在所测查的文献中共有 2 例，分别见于上古前期的《尚书》和上古后期的《史记》。

（23）"贡维土五色，羽畎夏狄，峄阳孤桐，泗滨浮磬，淮夷蟠珠臮鱼，其篚玄纤缟。"（《史记·夏本纪》）

纤，细纹织物。在所测查的文献中共有 5 例，其中上古前期《尚书》1 例，上古后期《史记》4 例。

（24）"厥贡漆、枲、絺、纻。厥篚纤纩。"（《尚书·禹贡》）

（25）"于是郑女曼姬，被阿锡，揄纻缟，杂纤罗，垂雾縠。"（《史记·司马相如列传》）

绣，有彩色花纹的丝织品。在所测查的文献中共有 6 例，其中上古前期 1 例，上古后期 5 例。

（26）"绣十匹，锦三十匹，赤绨、绿缯各四十匹。"（《史记·匈奴列传》）

（27）"绣，以为裳则宜，以为冠则讥。"（《淮南子·说林训》）

锦，有彩色花纹的丝织品。在所测查的文献中共有 59 例，其中上古前期 8 例，上古中期 34 例，上古后期 17 例。

（28）"君子至止，锦衣狐裘，颜如渥丹，其君也哉！"（《诗经·秦风·终南》）

（29）"食夫稻，衣夫锦，于女安乎？"（《论语·阳货》）

织文，染丝织成花纹的丝织品。在所测查的文献中共有 2 例，其中上古前期 1 例，上古后期 1 例。

（30）"厥篚织文。"（《尚书·夏书·禹贡》）

（31）"其贡漆丝，其篚织文。"（《史记·夏本纪》）

帛，古代丝织物的通称。在所测查的文献中共有 131 例，其中上古中期 83 例，上古后期 48 例。

（32）"染人掌染丝帛。"（《周礼·天官冢宰·染人》）

（33）"妾不衣帛，马不食粟，可不谓忠乎？"（《春秋左传·成公十六年》）

（34）"昔令尹子文，缁帛之衣以朝，鹿裘以处。"（《战国策·楚一·威王问于莫敖子华》）

缯，帛。在所测查的文献中共有 17 例，其中上古中期 2 例，上古后期 15 例。

（35）"春赋以敛缯帛，夏贷以收秋实，是故民无废事，而国无失利也。"（《管子·国蓄》）

（36）"洗沐之，为治新缯绮縠衣，闲居斋戒。"（《史记·滑稽列传》）

绢，平纹的生丝织物。在所测查的文献中共有 4 例，其中上古中期的《管子》3 例，上古后期的《淮南子》1 例。

（37）"季绢三十三制当一镒，无绢则用其布。"（《管子·乘马》）

（38）"譬若刍狗土龙之始成，文以青黄，绢以绮绣，缠以朱丝，尸祝袀袨，大夫端冕以送迎之。"（《淮南子·齐俗训》）

练，白色的熟绢。在所测查的文献中共有 21 例，其中上古中期 6 例，上古后期 15 例。

（39）"昔莱人善染练，茈之于莱纯锱，缁绶之于莱亦纯锱也，其周中十金。"（《管子·轻重丁》）

（40）"三年之练冠，亦条属，右缝。"（《礼记·杂记上》）

练帛，熟帛，煮练过的帛。在所测查的文献中仅有 1 例，见于上古中期的《仪礼》。

（41）"掩练帛，广终幅，长五尺，析其末。"（《仪礼·士冠礼》）

缣，双丝织的浅黄色细绢。在所测查的文献中共有 3 例，其中上古中期 1 例，上古后期 2 例。

（42）"泰春功布尔日，春缣衣，夏单衣。"（《管子·山国轨》）

（43）"数赐缣帛，檐揭而去。"（《史记·滑稽列传》）

縿，缣帛。在所测查的文献中共有 2 例，分别见于上古中期的《管子》和上古后期的《礼记》。

（44）"民不得以织为縿绤，而狸之于地。"（《管子·至数》）

绡，薄的生丝织品；轻纱。在所测查的文献中共有 2 例，分别见于上古中期的《管子》和上古后期的《礼记》。

（45）"君子狐青裘豹褎，玄绡衣以裼之。"（《礼记·玉藻》）

（46）"民不得以织为縿绤，而狸之于地。"（《管子·山至数》）

文采/文彩，华美的纺织品。在所测查的文献中共有 10 例，其中上古中期 8 例，上古后期 2 例。

（47）"号令于天下，天下诸侯载黄金珠玉五谷文采布帛输齐，以收石璧。"（《管子·轻重丁》）

（48）"其帛絮细布千钧，文采千匹，榻布皮革千石。"（《史记·货殖列传》）

杂采，指各色丝织品。在所测查的文献中仅有 1 例，见于上古中期的《管子》。

（49）"散民不敢服杂采，百工商贾不得服长鬈貂，刑余戮民不敢服绖，不敢畜连乘车。"（《管子·立政》）

绨，厚实平滑而有光泽的丝织物。在所测查的文献中共有 13 例，其中上古中期 8 例，上古后期 5 例。

（50）"谷十而守五，绨素满之，五在上，故视岁而藏，县时积岁，国有十年之蓄。"（《管子·事语》）

（51）"上常衣绨衣，所幸慎夫人，令衣不得曳地，帏帐不得文绣，以示敦朴，为天下先。"（《史记·孝文本纪》）

文绣，刺绣华美的丝织品。在所测查的文献中共有 24 例，其中上古中期 14 例，上古后期 10 例。

（52）"是故博带梨，大袂列，文绣染，刻镂削，雕琢采。"（《管子·五辅》）

（53）"因以文绣千匹，好女百人，遗义渠君。"（《战国策·秦二·义渠君之魏》）

锦绣，花纹色彩精美鲜艳的丝织品。在所测查的文献中共有 12 例，其中上古中期 2 例，上古后期 10 例。

（54）"乃封苏秦为武安君，饰车百乘，黄金千镒，白璧百双，锦绣千纯，以约诸侯。"（《战国策·赵二·苏秦从燕之赵始合从》）

（55）"百姓短褐不完，而宫室衣锦绣。"（《淮南子·主术训》）

文锦，文彩斑斓的织锦。在所测查的文献中共有 5 例，其中上古中期的《管子》3 例，上古后期的《淮南子》2 例。

（56）"君何不发虎豹之皮文锦以使诸侯，令诸侯以缦帛麂皮报。"（《管子·霸形》）

（57）"工女化而为丝，则不能织文锦。"（《淮南子·兵略训》）

织，用染丝织成的丝织品。在所测查的文献中共有 4 例，其中上古中期的《管子》3 例，上古后期的《礼记》1 例。

（58）"自妾之身之不为人持接也，未尝得人之布织也。意者更容不审耶？"（《管子·戒》）

（59）"民不得以织为缤绪，而狸之于地。"（《管子·山至数》）

文织，有彩色花纹的丝织品。在所测查的文献中共有 3 例，均见于上古中期，其中《周礼》2 例，《荀子》1 例。

（60）"受文织丝组焉。"（《周礼·天官冢宰·典丝》）

素沙，白色绉纱。在所测查的文献中共有 4 例，其中上古中期 2 例，上古后期 2 例。

（61）"辨外内命妇之服，鞠衣、展衣、缘衣，素沙。"（《周礼·天官·内司服》）

丝[1]，丝织品。在所测查的文献中共有 9 例，其中上古中期 3 例，上古后期 6 例。

（62）"今死士之孤饥饿乞于道，而优笑酒徒之属乘车衣丝。"（《韩非子·诡使》）

（63）"晏婴相景公，食不重肉，妾不衣丝，齐国亦治，此下比于民。"（《史记·平津侯主父列传》）

绮，有素地花纹的丝织品。在所测查的文献中共有 10 例，均见于上古后期。

（64）"服绣袷绮衣、绣袷长襦、锦袷袍各一，比余一，黄金饰具带一，黄金胥纰一，绣十匹，锦三十匹，赤绨、绿缯各四十匹，使中大夫意、谒者令肩遗单于。"（《史记·匈奴列传》）

绮绣，彩色丝织品。在所测查的文献中共有 4 例，均见于上古后期。

（65）"今徒取富人子上之，又无智略，如木偶人衣之绮绣耳，将奈之何？"（《史记·田叔列传》）

（66）"譬若刍狗土龙之始成，文以青黄，绢以绮绣，缠以朱丝，尸祝袀袨，大夫端冕以送迎之。"（《淮南子·齐俗训》）

绮縠，绫绸绉纱之类丝织品的总称。在所测查的文献中共有 3 例，均见于上古后期。

（67）"下宫糅罗纨，曳绮縠，而士不得以为缘。"（《战国策·齐四·管燕得罪齐王》）

縠，绉纱。在所测查的文献中共有 7 例，均见于上古后期。

（68）"今王治齐，非左右便辟无使也，臣故曰不如爱尺縠也。"（《战国策·齐四·先生王斗造门而欲见齐宣王》）

雾縠，薄雾般的轻纱。在所测查的文献中仅有 1 例，见于上古后期的《史记》。

（69）"于是郑女曼姬，被阿锡，揄纻缟，杂纤罗，垂雾縠。"（《史记·司马相如列传》）

罗，稀疏而轻软的丝织品。在所测查的文献中共有 6 例，均见于上古后期。

（70）"罗襦襟解，微闻芳泽，当此之时，髡心最欢，能饮一石。"（《史记·滑稽列传》）

纨，白色细绢。在所测查的文献中共有 6 例，均见于上古后期。

（71）"临淄之女，织纨而思行者，为之悖戾。"（《淮南子·说林训》）

罗纨，泛指精美的丝织品。在所测查的文献中共有 4 例，均见于上古后期。

（72）"是犹贯甲胄而入宗庙，被罗纨而从军旅，失乐之所由生矣。"（《淮南子·主术训》）

阿，细缯。在所测查的文献中共有 3 例，均见于上古后期。

（73）"则是宛珠之簪，傅玑之珥，阿缟之衣，锦绣之饰不进于前。"（《史记·李斯列传》）

（74）"尝试使之施芳泽，正蛾眉，设笄珥，衣阿锡，曳齐纨，粉白黛黑，佩玉环。"（《淮南子·修务训》）

锦文，织锦。在所测查的文献中仅有 1 例，见于上古后期的《礼记》。

（75）"锦文、珠玉成器不粥于市。"（《礼记·王制》）

采[1]，彩色的丝织品。在所测查的文献中仅有 1 例，见于上古后期的《礼记》。

（76）"孤子当室，冠衣不纯采。"（《礼记·曲礼上》）

上古时期以丝为原材料加工而成的服饰材料，统称为"帛"。"帛"虽出现于上古中期，但使用频率是最高的，且成为以丝为原始材料的服饰材料的通名。帛类服饰材料词数量之多，可见帛在上古时期应用之广、种类之多。因为使用的原材料丝的不同、颜色的不同、花纹刺绣的不同，帛类词语异常丰富。帛类服饰材料词共有 36 个。在所测查的文献中，上古前期使用的有 7 个：素、缟、纤缟、纤、绣、锦、织文，使用频率最高的是锦，其次是缟。上古中期新产生的服饰材料帛类词有 18 个：帛、缯、绢、练、练帛、缣、缘、绡、文采/文彩、杂采、绨、文秀、锦绣、文锦、织、文织、素沙、丝[1]，沿用上古前期使用的服饰材料词有"素、缟、锦"3 个，上古前期的"纤缟、纤、绣、织文"在上古中期都没有使用。上古中期使用频率最高的服饰材料词是"帛"，其次是"锦"。上古后期新产生的服饰材料帛类词有 11 个：绮、绮绣、绮縠、縠、雾縠、罗、纨、罗纨、阿、锦文、采[1]，"练帛、杂采、织文"在上古后期没有使用。上古后期使用频率最高的服饰材料词仍是"帛"，其次是"锦"。

帛类词词项属性差异见表 5 - 4，词频统计情况见表 5 - 5。

表 5 - 4 帛类词词项属性分析

属性 词项	类义素	语义属性				生成属性		使用属性			
		表义素				词义来源	词形结构	使用频率			
		核心义素	关涉义素					上古前期	上古中期	上古后期	总计
			原材料	颜色	其他						
素	以丝为原材料的织品	生帛	丝	本色		约定俗成	单纯	1	2	3	6
缟		生绢	细丝	白		约定俗成	单纯	3	5	14	22
纤缟		绢	细丝	白		语素组合	复合	1	0	1	2
纤		织物	丝		细纹	约定俗成	单纯	1	0	4	5
绣		泛称	丝	彩色	绣花	引申	单纯	1	0	5	6
锦		泛称	丝	彩色	花纹	约定俗成	单纯	8	34	17	59
织文			染丝		花纹	语素组合	复合	1	0	1	2
帛		通称	丝			约定俗成	单纯	0	83	48	131
缯		总称	丝			约定俗成	单纯	0	2	15	17

属性 词项	语义属性					生成属性		使用属性			
	类义素	表义素				词义来源	词形结构	使用频率			
		核心义素	关涉义素					上古前期	上古中期	上古后期	总计
			原材料	颜色	其他						
绢	专名	生丝			平纹	约定俗成	单纯	0	3	1	4
练	熟绢	熟丝	白色			引申	单纯	0	6	15	21
练帛	熟帛	丝				语素组合	复合	0	1	0	1
縑	细绢	双丝	浅黄			约定俗成	单纯	0	1	2	3
缥	縑帛	丝				约定俗成	单纯	0	1	1	2
绡	专名	生丝			薄	约定俗成	单纯	0	1	1	2
文采/文彩	泛称	丝			华美	引申	复合	0	8	2	10
杂采	泛称	丝	各色			语素组合	复合	0	1	0	1
绨	专名	丝	有光泽	厚实平滑		约定俗成	单纯	0	8	5	13
文绣	泛称	丝	彩色	刺绣		语素组合	复合	0	14	10	24
锦绣	泛称	丝	精美鲜艳	花纹		语素组合	复合	0	2	10	12
文锦	泛称	丝	斑斓	花纹		语素组合	复合	0	3	2	5
织		染丝				引申	单纯	0	3	1	4
文织		丝				语素组合	复合	0	3	0	3
素沙	绉纱	丝	白色			语素组合	复合	0	2	2	4
丝[1]	泛称	丝				引申	单纯	0	3	6	9
绮	专名	丝	素地	花纹		约定俗成	单纯	0	0	10	10
绮绣	总称	丝	彩色	花纹		语素组合	复合	0	0	4	4

续表

属性 词项	语义属性					生成属性		使用属性			
	类义素	表义素				词义来源	词形结构	使用频率			
		核心义素	关涉义素					上古前期	上古中期	上古后期	总计
			原材料	颜色	其他						
绮縠		总称	丝纱		花纹	语素组合	复合	0	0	3	3
縠		绉纱	丝			约定俗成	单纯	0	0	7	7
雾縠		纱	丝		薄	语素组合	复合	0	0	1	1
罗		专名	丝		稀疏轻软	引申	单纯	0	0	6	6
纨		专名	丝	白色	细	约定俗成	单纯	0	0	6	6
罗纨		泛称	丝		精美	语素组合	复合	0	0	4	4
阿		细缯	丝		轻细	引申	单纯	0	0	3	3
锦文		织锦	丝			语素组合	复合	0	0	1	1
采[1]		泛称	丝	彩色		引申	单纯	0	0	1	1

表 5-5 帛类词词频统计 (1)

文献	词项	素	缟	纤缟	纤	绣	锦	织文
上古前期	尚书		1	1	1			1
	诗经	1	2			1	8	
	周易							
	总计	1	3	1	1	1	8	1
上古中期	周礼						1	
	仪礼						13	
	春秋左传		1				11	
	论语						1	
	孟子							
	庄子							

续表

文献	词项	素	缟	纤缟	纤	绣	锦	织文
上古中期	荀子							
	韩非子		2				2	
	吕氏春秋		2				2	
	老子							
	商君书						1	
	管子	2					3	
	孙子							
	总计	2	5	0	0	0	34	0
上古后期	礼记	3	5				11	
	战国策		1					
	史记		4	1	4	4	2	1
	淮南子		4			1	4	
	总计	3	14	1	4	5	17	1

表 5 - 5　帛类词词频统计（2）

文献	词项	帛	缯	绢	练	练帛	缣	缪	绡	文采/文彩
上古前期	尚书									
	诗经									
	周易									
	总计	0	0	0	0	0	0	0	0	0
上古中期	周礼	18		1						
	仪礼	26		3	1					
	春秋左传	5		1						
	论语									
	孟子	7								
	庄子	1								
	荀子	4								
	韩非子	6								2
	吕氏春秋	2								
	老子									1

续表

文献	词项	帛	缯	绢	练	练帛	缣	缪	绡	文采/文彩
上古中期	商君书									
	管子	14	2	3	1		1	1	1	5
	孙子									
	总计	83	2	3	6	1	1	1	1	8
上古后期	礼记	17	1		14			1	1	
	战国策	5								
	史记	23	13				1			2
	淮南子	3	1	1	1		1			
	总计	48	15	1	15	0	2	1	1	2

表 5-5　帛类词词频统计（3）

文献	词项	杂采	绨	文绣	锦绣	文锦	织	文织	素沙	丝[1]
上古前期	尚书									
	诗经									
	周易									
	总计	0	0	0	0	0	0	0	0	0
上古中期	周礼							2	2	
	仪礼									
	春秋左传									
	论语									
	孟子			1						
	庄子			3						
	荀子			3				1		2
	韩非子			1	1					1
	吕氏春秋			1						
	老子									
	商君书									
	管子	1	8	5	1	3	3			
	孙子									
	总计	1	8	14	2	3	3	3	2	3

续表

文献	词项	杂采	绨	文绣	锦绣	文锦	织	文织	素沙	丝¹
上古后期	礼记			2			1		2	2
	战国策			2	5					1
	史记		4	5	2					2
	淮南子		1	1	3	2				1
	总计	0	5	10	10	2	1	0	2	6

表 5 – 5　帛类词词频统计（4）

文献	词项	绮	绮绣	绮縠	縠	雾縠	罗	纨	罗纨	阿	锦文	采¹
上古前期	尚书											
	诗经											
	周易											
	总计	0	0	0	0	0	0	0	0	0	0	0
上古中期	周礼											
	仪礼											
	春秋左传											
	论语											
	孟子											
	庄子											
	荀子											
	韩非子											
	吕氏春秋											
	老子											
	商君书											
	管子											
	孙子											
	总计	0	0	0	0	0	0	0	0	0	0	0
上古后期	礼记										1	1
	战国策	1		1	3		1	1	1			
	史记	5	1	2	4	1	2			2		
	淮南子	4	3				3	5	3	1		
	总计	10	4	3	7	1	6	6	4	3	1	1

第三节　绵絮类词

蚕丝结成的片或团，是上古时期重要的御寒保暖服饰的填充物，这类服饰材料统称为"绵絮"类。因为绵絮质地新旧的不同，各有专名。该类别词语共有 5 个：纩、絮、缊、绵、纶。

一　绵絮类词词项语义特征

【纩】

纩，古时指新丝绵絮，后泛指绵絮。《说文》："纩，絮也。"《尚书·禹贡》："厥篚纤纩。"《礼记·丧大记》："属纩以俟绝气。"郑玄注："纩，今之新绵。"《玉篇》："纩，绵也。"《小尔雅·广服》："纩，绵也。絮之细者曰纩。"宋翔凤曰："（《众经音义》六）'纩，绵也。'……故此云'絮之细者曰纩也'。"葛其仁曰："按：上文云'纩，绵也'，知绵、纩一物，绵之精者为絮，故絮之细者曰纩也。"

【絮】

絮，粗丝绵，即质地差的丝绵。《说文》："絮，敝緜也。"《急就篇》卷二："绛缇絓紬丝絮绵。"颜师古注："渍茧擘之，精者为绵，粗者为絮。今则谓新者为绵，故者为絮。"《孟子·滕文公上》："麻缕丝絮轻重同，则贾相若。"《汉书·文帝纪》："其九十已上，又赐帛，人二匹，絮三斤。"颜师古注："絮，绵也。"

【缊】

缊，旧的绵絮，乱絮。《说文》："缊，绋也。"玄应《一切经音义》引："缊绋，乱麻也。"《礼记·玉藻》："纩为茧，缊为袍。"郑玄注："纩谓今之新绵也。缊谓今纩及旧絮也。"《汉书·东方朔传》："以韦带剑，莞蒲为席，兵木无刃，衣缊无文。"颜师古注："缊，乱絮也。"

【绵】

绵①，蚕丝结成的片或团。《战国策·秦策一》："（苏秦）受相印，革车百乘，绵绣千纯，白璧百双，黄金万溢，以随其后，约从散横，以

---

① 《说文》"绵"作"緜"。

抑强秦 。"

【绤】

绤，絮，即丝绵。《墨子·节葬（下）》："绤组节约，车马藏乎圹。"
孙诒让《闲诂》引许慎曰："绤，絮也。"《淮南子·齐俗训》："绤组节
束。"高诱注："绤，絮也。"《后汉书·章帝纪》："癸巳，诏齐相省冰
纨、方空縠、吹绤絮。"李贤注："绤，似絮而细。"

二　绵絮类词词项属性差异

纩，古时指新丝绵絮，后泛指绵絮。在所测查的文献中共有 13 例，
其中上古前期 1 例，上古中期 7 例，上古后期 5 例。

（77）"寡人欲使帛布丝纩之贾贱，为之有道乎？"（《管子·轻重丁》）

（78）"纩为茧，缊为袍，禅为絅，帛为褶。"（《礼记·玉藻》）

絮，粗丝绵。在所测查的文献中共有 12 例，其中上古中期 1 例，上
古后期 11 例。

（79）"麻缕丝絮轻重同，则贾相若。"（《孟子·滕文公上》）

（80）"故诏吏遗单于秫糵金帛丝絮佗物岁有数。"（《史记·匈奴列
传》）

缊，旧的绵絮，乱絮。在所测查的文献中共有 3 例，其中上古中期 2
例，上古后期 1 例。

（81）"衣敝缊袍，与衣狐貉者立，而不耻者，其由也与？"（《论
语·子罕》）

（82）"纩为茧，缊为袍，禅为絅，帛为褶。"（《礼记·玉藻》）

绵，蚕丝结成的片或团。在所测查的文献中共有 3 例，其中上古中
期 1 例，上古后期 2 例。

（83）"朝缕绵，明轻财而重名。"（《管子·侈靡》）

（84）"裘不可以藏者，非能具绨绵曼帛温暖于身也，世以为裘者，
难得贵贾之物也，而不可传于后世，无益于死者，而足以养生，故因其
资以奢之。"（《淮南子·泛论训》）

绤，絮，即丝绵。在所测查的文献中共有 2 例，均见于上古后期的
《淮南子》。

（85）"繁文滋礼以奟其质，厚葬久丧以亶其家，含珠鳞、施绤组以

贫其财，深凿高垄以尽其力。"（《淮南子·道应训》）

在所测查的文献中，该类别词语共有 5 个：纩、絮、缊、绵、纶。上古前期使用的仅有"纩"；上古中期又增加了"絮、缊、绵"3 个，其中"纩"使用频率最高；上古后期又增加了"纶"，使用频率最高的是"絮"。

因为绵絮质地新旧的不同，各有专名。新绵为"纩"，粗劣的绵为"絮"，旧絮为"缊"。"绵"是该类别词语的通名，"纶"是引申而来的绵絮类词语，指丝绵。这 5 个词语都是单纯结构，整体使用频率都不是很高，"纩"和"絮"是使用最多的两个词。

绵絮类词词项属性差异见表 5-6，词频统计情况见表 5-7。

表 5-6　絮类词词项属性分析

属性 \ 词项				纩	絮	缊	绵	纶
语义属性	表义素	类义素		用以添加在衣物内保暖的蚕丝结成的片状或团状物				
		核心义素		专名	专名	专名	通名	专名
		关涉义素	质地			粗劣		细
			新旧	新		旧		
生成属性		词义来源		约定俗成	约定俗成	约定俗成	约定俗成	引申
		词形结构		单纯结构	单纯结构	单纯结构	单纯结构	单纯结构
使用属性	使用频率	上古前期		1	0	0	0	0
		上古中期		7	1	2	1	0
		上古后期		5	11	1	2	2
		总计		13	12	3	3	2

表 5-7　绵絮类词词频统计

文献 \ 词项		纩	絮	缊	绵	纶
上古前期	尚书	1				
	诗经					
	周易					
	总计	1	0	0	0	0

文献	词项	纩	絮	缊	绵	纶
上古中期	周礼	1				
	仪礼	3				
	春秋左传					
	论语			1		
	孟子		1			
	庄子			1		
	荀子	3				
	韩非子					
	吕氏春秋					
	老子					
	商君书					
	管子				1	
	孙子					
	总计	7	1	2	1	0
上古后期	礼记	4		1		
	战国策				1	
	史记		10			
	淮南子	1	1		1	2
	总计	5	11	1	2	2

第四节　皮革类词

上古时期,有毛为皮,无毛为革,皮是通称,革有时又指皮。皮革是重要的服饰材料,上至冠弁,下至鞮屦,还有御寒的裘服、护体的铠甲、修饰的蔽膝,都需要以皮革为材料。上古服饰材料皮革类词有4个:皮、革、韦、狐白。

一　皮革类词词项语义特征

【皮】

皮,皮毛,皮革。《尚书·禹贡》:"岛夷皮服。"《公羊传·宣公十二年》："古者杆不穿，皮不蠹，则不出于四方。"何休注："皮，裘也。"

【革】

革，去毛并经过加工的兽皮。《说文》："兽皮治去其毛曰革。"《周礼·天官·掌皮》："掌皮，掌秋敛皮，冬敛革，春献之。"孙诒让正义："宋绵初云：'凡连毛者曰皮，裘材也，去毛者曰革，练治之革曰韦。'"清何焯《义门读书记·孟子上》："古者甲以革为之。故函人为攻皮之工。"又指皮。《诗经·召南·羔羊》："羔羊之革，素丝五緎。"毛传："革犹皮也。"

【韦】

韦，去毛熟治的兽皮；柔软的皮革。《仪礼·聘礼》："君使卿韦弁。"郑玄注："皮韦同类，取相近耳。"贾公彦疏："有毛则曰皮，去毛熟治则曰韦。本是一物，有毛无毛为异，故云取相近耳。"

【狐白】

狐白，狐狸腋下的白毛皮。《管子·轻重戊》："代之出狐白之皮，公其贵买之。"《汉书·匡衡传》："夫富贵在身而列士不誉，是有狐白之裘而反衣之也。"颜师古注："狐白，谓狐掖下之皮，其色纯白，集以为裘，轻柔难得，故贵也。"明李时珍《本草纲目·兽二·狐》："毛皮可为裘，腋毛纯白，谓之狐白。"

二 皮革类词词项属性差异

皮，皮毛，皮革。在所测查的文献中作为服饰材料的用例共有90例，其中上古前期2例，上古中期55例，上古后期33例。

（86）"羔羊之皮，素丝五紽。"（《诗经·召南·羔羊》）

（87）"余立于宇宙之中，冬日衣皮毛，夏日衣葛絺。"（《庄子·让王》）

（88）"西方曰戎，被发衣皮，有不粒食者矣。"（《礼记·王制》）

革，去毛并经过加工的兽皮。在所测查的文献中作为服饰材料的用例有18例，其中上古前期1例，上古中期8例，上古后期9例。

（89）"楚人鲛革犀兕以为甲，（鞈）坚如金石。"（《荀子·议兵》）

（90）"自君王以下，咸食畜肉，衣其皮革，被旃裘。"（《史记·匈奴列传》）

韦，熟皮。在所测查的文献中共9例，其中上古中期6例，上古后期3例。

（91）"韠，君朱，大夫素，士爵韦。"（《礼记·玉藻》）

（92）"今夫毛嫱、西施，天下之美人，若使之衔腐鼠，蒙猏皮，衣豹裘，带死蛇，则布衣韦带之人，过者莫不左右睥睨而掩鼻。"（《淮南子·泛论训》）

狐白，狐狸腋下的白毛皮。在所测查的文献中共有7例，其中上古中期6例，上古后期1例。

（93）"狐白应阴阳之变，六月而壹见，公贵买之。"（《管子·轻重戊》）

（94）"狐白之裘，天子被之而坐庙堂，然为狐计者，不若走于泽。"（《淮南子·说山训》）

皮革类词语共有4个：皮、革、韦、狐白。在所测查的文献中，上古前期使用的有"皮、革"，使用频率都不高，上古中期又增加了"韦、狐白"，上古后期仍旧是这4个词语。上古中期和上古后期使用频率最高的都是"皮"。"革、韦"都无毛，生皮为"革"，熟皮为"韦"。"皮、革、韦"都是单音词，"狐白"为复合结构。该类别词词项属性差异见表5-8，词频统计情况见表5-9。

表5-8　皮革类词词项属性分析

属性＼词项				皮	革	韦	狐白
语义属性	表义素	类义素		经过加工的用来制作服饰的动物毛皮			
		核心义素		通名	生皮	熟皮	狐白毛皮
		关涉义素	形制	有毛	无毛	无毛	
			用途	冠、弁、裘、屦、鞎	屦、甲	弁、韠、鞢	裘
生成属性	词义来源			引申	约定俗成	引申	语素组合
	词形结构			单纯结构	单纯结构	单纯结构	复合结构
使用属性	使用频率	上古前期		2	1	0	0
		上古中期		55	8	6	6
		上古后期		33	9	3	1
		总计		90	18	9	7

表 5 – 9　皮革类词词频统计

文献	词项	皮	革	韦	狐白
上古前期	尚书	1			
	诗经	1	1		
	周易				
	总计	2	1	0	0
上古中期	周礼	9	3	1	
	仪礼	19		4	
	春秋左传	5	1		
	论语				
	孟子	1			
	庄子	3			
	荀子	2	1	1	
	韩非子	4			
	吕氏春秋	4	1		
	老子				
	商君书				
	管子	8	2		6
	孙子				
	总计	55	8	6	6
上古后期	礼记	15	2	2	
	战国策				
	史记	14	4		
	淮南子	4	3	1	1
	总计	33	9	3	1

第五节　丝麻类词

　　制作服饰所用的布类服饰材料，是葛麻的茎皮处理加工纺织而成，帛类服饰材料是蚕丝加工纺织而成，还有一些植物的茎皮可以作绳织屦。这类材料可视为原始服饰材料，或间接服饰材料，为描述方便，将其称为丝麻类服饰材料。该类别词语共有 11 个：糸/丝、纯（chún）、茧丝、麻、纻²、葛²、枲、菅、蕑、蒯、莞。

一　丝麻类词词项语义特征

【糸/丝】

糸，细丝。《说文·糸部》："糸，细丝也。"段玉裁注："丝者蚕所吐也。细者，微也。细丝曰糸。"糸与丝，古为异体。《集韵》："丝或省作糸。"

【纯（chún）】

纯，丝。《论语·子罕》："子曰：'麻冕，礼也。今也纯，俭，吾从众。'"何晏集解："纯，丝也。"纯衣，即丝衣。

【茧丝】

茧丝，蚕丝。《荀子·富国》："麻葛、茧丝、鸟兽之羽毛齿革也，固有足以衣人矣。"

【麻】

麻，古代专指大麻，茎皮纤维长而坚韧，可供纺织。《诗经·陈风·东门之池》："东门之池，可以沤麻。"

【纻²】

纻，苎麻，茎皮纤维可以织布。《尚书·禹贡》："厥贡漆枲缔纻。"《诗经·陈风·东门之池》："东门之池，可以沤纻。"

【葛²】

葛，多年生草本植物，茎皮可制葛布。

【枲】

枲，大麻的雄株。只开雄花，不结子，纤维可织麻布。亦泛指麻。《尚书·禹贡》："荆河惟豫州……厥贡漆、枲、缔、纻。"汉刘向《说苑·谈丛》："蓬生枲中，不扶自直。"章炳麟《訄书·明农》："麻枲之坚，蚕桑之瑊，妇工成之。"

【菅】

菅，植物名。多年生草本，叶子细长而尖，花绿色。茎可作绳织履，茎叶之细者可以覆盖屋顶。《楚辞·招魂》："五谷不生，藂菅是食些。"《山海经·南山经》："白菅为席。"

【蒯】

蒯，草名。多年生草本植物，叶线形，花褐色。生长水边或阴湿处，茎可织席、制绳或造纸。《左传·成公九年》："虽有丝床，无弃菅蒯。"
《文选》张衡《西京赋》："草则葴、莎、菅、蒯，薇、蕨、荔、芫。"李
善注引《声类》："蒯，草；中为索。"

【蔗】

蔗，多年生草本植物，生水边，高四尺多，丛生。茎可编席，制绳、
鞋等物。《仪礼·丧服》疏："屦者，蔗蒯之菲也。"

【草】

草，草本植物的总称。上古时期，麻、葛、菅、蒯、蔗、枲等草本
植物，其茎或茎皮等可用来做鞋、笠等，麻葛亦能用来织布。

二　丝麻类词词项属性差异

糸/丝，细丝。在所测查的文献中多为"丝"，共有77例，其中上古
前期15例，上古中期41例，上古后期21例；"糸"仅有1例，见于上
古中期的《管子》。

（95）"丝衣其紑，载弁俅俅。"（《诗经·周颂·丝衣》）

（96）"麻缕丝絮轻重同，则贾相若。"（《孟子·滕文公上》）

（97）"治其麻丝，以为布帛。"（《礼记·礼运》）

（98）"君以织籍籍于系，未为系籍，系抚织再十倍其贾，如此则云
五谷之籍，是故籍于布则抚之系，籍于谷则抚之山，籍于六畜则抚之术，
籍于物之终始而善御以言。"（《管子·轻重丁》）

——戴望校正："系当为糸。五忽为糸，十糸为丝。"马非百新诠：
"织即丝织物……系当作糸。"

纯（chún），丝。在所测查的文献中共有9例，其中上古中期4例，
上古后期5例。

（99）"服其身，则衣之纯。"（《春秋左传·闵公二年》）

（100）"王后蚕于北郊以共纯服。"（《礼记·祭统》）

茧丝，蚕丝。在所测查的文献中仅有1例，见于上古中期的《荀子》。

（101）"麻葛、茧丝、鸟兽之羽毛齿革也，固有足以衣人矣。"（《荀
子·富国》）

麻，古专指大麻，茎皮可供纺织。在所测查的文献中共有59例，其
中上古前期3例，上古中期36例，上古后期20例。

（102）"东门之池，可以沤麻。"（《诗经·陈风·东门之池》）

（103）"治丝麻以成之。谓之妇功。"（《周礼·冬官·考工记》）

（104）"伯余之初作衣也，緂麻索缕，手经指挂，其成犹网罗。"（《淮南子·泛论训》）

纻²，苎麻，茎皮纤维可以织粗布。在所测查的文献中共有 2 例，其中上古前期 1 例，上古中期 1 例。

（105）"厥贡漆枲缔纻。"（《尚书·禹贡》）

（106）"典枲掌布缌缕纻之麻草之物。"（《周礼·天官·冢宰》）

葛²，多年生草本植物，茎皮纤维可织葛布。在所测查的文献中共有 12 例，其中上古前期 5 例，上古中期 7 例。

（107）"纠纠葛屦，可以履霜。"（《诗经·魏风·葛屦》）

（108）"麻葛茧丝、鸟兽之羽毛齿革也，固有余，足以衣人矣。"（《荀子·富国》）

枲，大麻的雄株，纤维可织麻布。在所测查的文献中共有 10 例，其中上古前期 1 例，上古中期 6 例，上古后期 3 例。

（109）"厥贡漆、枲、缔、纻。厥篚纤纩。"（《尚书·禹贡》）

（110）"七曰嫔妇，化治丝枲。"（《周礼·天官·冢宰》）

（111）"执麻枲，治丝茧，织纴、组、紃，学女事，以共衣服。"（《礼记·内则》）

菅，植物名。多年生草本，茎可作绳织履。在所测查的文献中共有 14 例，其中上古前期 3 例，上古中期 9 例，上古后期 2 例。

（112）"东门之池，可以沤菅。"（《诗经·陈风·东门之池》）

（113）"父母之丧，衰冠、绳缨、菅屦，三日而食粥，三月而沐，期十三月而练冠，三年而祥。"（《仪礼·丧服四制》）

（114）"有诡文繁绣，弱緆罗纨，必有菅屩跐踦，短褐不完者。"（《淮南子·齐俗训》）

蒯，多年生草本植物，上古用其茎制绳做鞋。在所测查的文献中共有 2 例，上古中期的《春秋左传》、上古后期的《淮南子》各 1 例。

（115）"虽有丝、麻，无弃菅、蒯。"（《春秋左传·成公九年》）

（116）"有荣华者必有憔悴，有罗纨者必有麻蒯。"（《淮南子·说林训》）

蔍，多年生草本植物，茎可编席，制绳、鞋等物。在所测查的文献中仅有1例，见于上古中期的《仪礼》。

（117）"疏屦者，蔍蒯之菲也。"（《仪礼·丧服》）

草，草本植物的总称。在所测查的文献中与服饰材料义相关的用例共有4例，其中上古中期2例，上古后期2例。

（118）"典枲掌布缌缕纻之麻草之物。"（《周礼·天官·冢宰》）

（119）"黄冠，草服也。大罗氏，天子之掌鸟兽者也，诸侯贡属焉。"（《礼记·郊特牲》）

布帛是制作服饰的直接材料，而丝麻等则是制作布帛的材料，所以丝麻等属于制作服饰的间接材料，亦即原始材料。麻葛等植物的茎皮又是制作草鞋的原始材料。在所测查的文献中，上古前期使用的丝麻等服饰材料词共有"糸/丝、麻、纻²、葛²、枲、臬"6个，均是单音词，其中"糸/丝"的使用频率最高。上古中期在前期的基础上，又新增了"纯、茧丝、蒯、蔍、草"5个词，只有"茧丝"是复合结构词，其中使用频率最高的仍是"糸/丝"，其次是"麻"。上古后期"茧丝、蔍"两个词几乎没有使用，在使用的"糸/丝、纯、麻、纻²、葛²、枲、茧、蒯、草"9个词中，使用频率高的仍是"糸/丝"，其次是"麻"，"麻、糸/丝"也是整个上古时期使用频率高的两个丝麻类服饰材料词，这与布帛的广泛使用是息息相关的。

丝麻类词词项属性差异见表5-10，词频统计情况见表5-11。

表5-10　丝麻类词词项属性分析

属性		词项	糸/丝	纯	茧丝	麻	纻²	葛²	枲	菅	蒯	蔍	草
语义属性		类义素	用来制作布帛或草鞋的材料										
	表义素	核心义素	细丝	丝	蚕丝	麻	苎麻	葛	枲麻	菅	蒯	蔍	草
		用途	丝织品	衣	衣物等	布、鞋等	布	布、屦等	布、鞋等	屦	屦	屦	笠、屦等
生成属性		词义来源	约定俗成	约定俗成	语素组合	引申	约定俗成	约定俗成	约定俗成	约定俗成	约定俗成	约定俗成	约定俗成
		词形结构	单纯结构	单纯结构	复合结构	单纯结构	单纯结构	单纯结构	单纯结构	单纯结构	单纯结构	单纯结构	单纯结构

续表

属性		词项	系/丝	纯	茧丝	麻	绤²	葛²	枲	菅	蒯	藘	草
使用属性	使用频率	上古前期	15	0	0	3	1	5	1	3	0	0	0
		上古中期	41	4	1	36	1	7	6	9	1	1	2
		上古后期	21	5	0	20	0	0	3	2	1	0	2
		总计	77	9	1	59	2	12	10	14	2	1	4

表 5 – 11　丝麻类词词频统计

文献	词项	系/丝	纯	茧丝	麻	绤²	葛²	枲	菅	蒯	藘	草
上古前期	尚书	1						1				
	诗经	14			3	1	5		3			
	周易											
	总计	15	0	0	3	1	5	1	3	0	0	0
上古中期	周礼	16			3	1	2	3				2
	仪礼		3		16		3	1	4		1	
	春秋左传	4	1		2				3	1		
	论语											
	孟子	1			1							
	庄子	1			1							
	荀子	3		1	4		1		2			
	韩非子	6										
	吕氏春秋				2			2				
	老子											
	商君书											
	管子	10			7		1					
	孙子											
	总计	41	4	1	36	1	7	6	9	1	1	2
上古后期	礼记	8	4		6			2				2
	战国策	1										
	史记	3	1		7			1				
	淮南子	9			7				2	1		
	总计	21	5	0	20	0	0	3	2	1	0	2

第六节　线缕类词

服饰的缝纫和服饰材料的纺织用线和缕，服饰的固定、装饰等会用到条、线、带、绳等形的装饰物，这些物品也是服饰的重要材料。根据该类别材料的形态特点，将该类别词语命名为服饰材料线缕类词，共有词语 7 个：缛、缕、线、纠、组、纂、绦。

一　线缕类词词项语义特征

【缛（qīn）】

缛，线。《说文》："缛，绛线也。"《诗经·鲁颂·閟宫》："公徒三万，贝胄朱缛，烝徒增增。"陈奂传疏："朱缛，谓以染朱之线缀贝于胄。"

【缕】

缕，丝线、麻线。《说文》："缕，线也。"《孟子·滕文公上》："麻缕丝絮轻重同，则贾相若。"《后汉书·王符传》："或断截众缕，绕带手腕。"

【线】

线，用丝、麻等材料制成的细缕。《周礼·天官·缝人》："缝人掌王宫之缝线之事。"郑玄注引郑司农曰："线，缕也。"《礼记·内则》："右佩箴、管、线、纩。"陆德明释文："线本又作线。"《公羊传·僖公四年》："中国不绝若线。"何休注："线，缝帛缕，以喻微也。"

【纠】

纠，圆形细带，用丝线编织而成，可以镶衣、枕等物之边。《说文·糸部》："纠，圆采也。"《礼记·内则》："执麻枲，治丝茧，织纴组纠。"郑玄注："纠，绦。"孔颖达疏："薄阔为组，似绳者为纠。"

【组】

组，用作佩印或佩玉的丝带。《说文·糸部》："组，绶属。"朱骏声《说文通训定声》："织丝有文以为绶缨之用者也……阔者曰组为带绶，狭者曰绦为冠缨，圆者曰纠施辖与履之中。"《史记·秦始皇本纪》："子婴即系颈以组，白马素车，奉天子玺符，降轵道旁。"裴骃集解引应劭曰："组者，天子黻也。"

【纂】

纂，赤色丝带。《说文·糸部》："纂，似组而赤。"

【绦】

绦，丝绳，丝带。亦指用于衣服饰物等的绳、带。

二　线缕类词词项属性差异

绶，线。在所测查的文献中仅有 1 例，见于上古前期的《诗经》。

（120）"公徒三万，贝胄朱绶，烝徒增增。"（《诗经·鲁颂·閟宫》）

缕，线。在所测查的文献中共有 20 例，其中上古中期 14 例，上古后期 6 例。

（121）"典枲掌布缌缕纻之麻草之物。"（《周礼·天官冢宰·典枲》）

（122）"伯余之初作衣也，绩麻索缕，手经指挂，其成犹网罗。"（《淮南子·泛论训》）

线，用丝、麻等材料制成的细缕。在所测查的文献中共有 3 例，其中上古中期的《周礼》2 例，上古后期的《礼记》1 例。

（123）"察其线而藏。"（《周礼·冬官　考工记·鲍人》）

纠，绦子，用丝线编织成的镶衣、枕等物之边的圆形细带。在所测查的文献中共有 7 例，其中上古中期 3 例，上古后期 4 例。

（124）"粗布之衣、粗纠之履，而可以养体。"（《荀子·正名》）

（125）"绦可以为绲，不必以纠。"（《淮南子·说林训》）

组，用作佩印或佩玉的丝带。在所测查的文献中共有 34 例，其中上古中期 18 例，上古后期 16 例。

（126）"使其妻织组而幅狭于度，吴子使更之。"（《韩非子·外储说右上》）

（127）"玄冠丹组缨，诸侯之齐冠也。"（《礼记·玉藻》）

纂，赤色丝带。在所测查的文献中共有 5 例，其中上古中期的《管子》2 例，上古后期的《淮南子》3 例。

（128）"伊尹以薄之游女，工文绣纂组，一纯得粟百锺于桀之国。"（《管子·轻重甲》）

（129）"锦绣纂组，害女红者也。"（《淮南子·齐俗训》）

绦，用于衣服饰物等的丝绳、丝带。在所测查的文献中共有 2 例，均见于上古后期的《淮南子》。

（130）"绮绣绦组，青黄相错，不可为象。"（《淮南子·齐俗训》）

在所测查的文献中，线缕类词语在上古前期只有"绶"1个词，且只有1个用例，该词上古中期和上古后期便再无用例。上古中期和上古后期的缝纫和纺织材料有"缕"和"线"，镶衣边用"绌"，衣物上用来系的部件往往用"组"，个别用"纂"，上古后期衣物上的丝带或丝绳称为"绦"。"缕"和"组"的使用频率较高。该类别词语都是单音词，除"组、纂"词义引申而来外，其他词词义都是约定俗成。

该类别词词项属性差异见表5－12，词频统计情况见表5－13。

表 5－12　线缕类词词项属性分析

属性＼词项				绶	缕	线	绌	组	纂	绦
语义属性		类义素		用于缝纫或制作服饰某一部件的线形或绳带形材料						
	表义素	关涉义素	形制	线形	线形	细缕	圆形细带	细带状	赤色	绳或细带状
			用途	饰冔	缝制衣物	缝帛	镶衣边	佩系衣服饰物	佩系衣服饰物	衣物绳带
			材料		丝麻	丝麻	丝线	丝	丝	丝
生成属性		词义来源		约定俗成	约定俗成	约定俗成	约定俗成	引申	引申	约定俗成
		词形结构		单纯结构	单纯结构	单纯结构	单纯结构	单纯结构	单纯结构	单纯结构
使用属性	使用频率	上古前期		1	0	0	0	0	0	0
		上古中期		0	14	2	3	18	2	0
		上古后期		0	6	1	4	16	3	2
		总计		1	20	3	7	34	5	2

表 5－13　线缕类词词频统计

文献＼词项		绶	缕	线	绌	组	纂	绦
上古前期	尚书							
	诗经	1						
	周易							
	总计	1	0	0	0	0	0	0

文献	词项	缦	缕	线	绌	组	纂	绦
上古中期	周礼		1	2				
	仪礼		2			9		
	春秋左传		2					
	论语							
	孟子		2					
	庄子							
	荀子		1		3			
	韩非子					7		
	吕氏春秋							
	老子							
	商君书							
	管子		6			2	2	
	孙子							
	总计	0	14	2	3	18	2	0
上古后期	礼记		1	1	2	11		
	战国策							
	史记		1			2		
	淮南子		4		2	3	3	2
	总计	0	6	1	4	16	3	2

第七节　织物泛称词

上古时期的服饰材料词语已经相当丰富，既有专称，也有泛称。"布帛""布缕"就是语素合成的服饰材料的泛称词语。另外，上古时期的服饰织物材料除布帛类麻葛织物外，还有毛织物，于是就有了相应的词——罽，出现在上古后期，在所测查的文献中仅有 1 个用例。

一　织物泛称词词项语义特征

【布帛】

布帛，古代一般以麻、葛之织品为布，丝织品为帛，因以"布帛"

统称供裁制衣着用品的材料。《礼记·礼运》："昔者衣羽皮，后圣治其麻丝以为布帛。"

【布缕】

布缕，布与线。亦泛指织物。《晏子春秋·谏上五》："晏子乃返，命禀巡氓家有布缕之本而绝食者，使有终月之委。"《孟子·尽心下》："有布缕之征，粟米之征，力役之征。"

【罽】

罽，毛织物。《逸周书·王会》："请令以丹青、白旄、纰罽、江历、龙角、神龟为献。"《后汉书·李恂传》："诸国侍子，及督使贾胡数遗恂奴婢、宛马、金银、香罽之属，一无所受。"李贤注："罽，织毛为布者。"

二　织物泛称词词项属性差异

布帛，在所测查的文献中共有23例，其中上古中期14例，上古后期9例。

（131）"布帛麻丝，旁人奇利，未在其中也。"（《管子·禁藏》）

（132）"布帛精粗不中数，幅广狭不中量，不粥于市。"（《礼记·王制》）

布缕，在所测查的文献中仅有1例，见于上古中期的《孟子》。

（133）"有布缕之征，粟米之征，力役之征。"（《孟子·尽心下》）

罽，在所测查的文献中仅有1例，见于上古后期的《淮南子》。

（134）"冬日被裘罽，夏日服绪绤，出则乘牢车，驾良马。"（《淮南子·人间训》）

织物泛称词词项属性差异见表5－14，词频统计情况见表5－15。

表5－14　织物泛称词词项属性分析

属性 \ 词项				布帛	布缕	罽
语义属性	表义素	类义素		织物类服饰材料的泛称		
		核心义素		织物	织物	毛织物
		关涉义素	功用	制衣物	制衣物	制御寒之服
			材料	布与帛	布与线	毛

续表

属性		词项	布帛	布缕	黼
生成属性		词义来源	语素组合	语素组合	约定俗成
		词形结构	复合结构	复合结构	单纯结构
使用属性	使用频率	上古前期	0	0	0
		上古中期	14	1	0
		上古后期	9	0	1
		总计	23	1	1

表 5-15　织物泛称词词频统计

文献		词项	布帛	布缕	黼
上古前期		尚书			
		诗经			
		周易			
		总计	0	0	0
上古中期		周礼	2		
		仪礼			
		春秋左传	1		
		论语			
		孟子		1	
		庄子			
		荀子	1		
		韩非子	4		
		吕氏春秋			
		老子			
		商君书			
		管子	6		
		孙子			
		总计	14	1	0
上古后期		礼记	4		
		战国策			
		史记	5		
		淮南子			1
		总计	9	0	1

上古汉语服饰词汇历时演变研究

上古汉语服饰词汇的分类描写是建立在共时研究的基础之上的，历时演变研究也是词汇研究的重要组成部分，既包括词汇系统的演变，也包括词义系统的演变。上古汉语服饰词汇历时演变研究的重点是上古汉语服饰词汇历时演变的特点及动因、词义演变的轨迹、特点及动因。

第六章　上古汉语服饰词汇的演变

第一节　上古汉语服饰词汇的聚合与演变

根据整理与测查，上古时期共有服饰词414个，其中服饰名物词301个，服色词38个，服饰材料词75个。这些词语在上古的三个阶段呈现出不同的聚合特点，每个阶段产生新词的数量各不相同，新词的特点也各不相同。在新词产生的同时，也有一些词正在逐渐衰弱乃至消亡。

一　首服名物词的聚合与演变

（一）首服名物词的聚合情况

1. 上古前期

首服名物词有13个：冠、冕、弁、冔、缁撮、素冠[2]、麻冕、綦弁、雀弁、巾、笠、胄、台笠。

首服配件名物词有4个：笄、緌、瑱、充耳。

2. 上古中期

首服名物词有31个：冠、冕/絻[1]、弁、委貌、冔、章甫、收、毋追、元服、免/絻、缅、巾、帻、笠、胄、玄冠、黄冠、缟冠、练冠、缘冠、缁布冠、鹬冠、圜冠、皮冠、布冠、希冕、麻冕/麻絻、皮弁、爵弁、韦弁、弁绖。

首服配件名物词有14个：笄、簪、衡、纮、紞、綖、缨、緌、瑱、玉笄、象笄、箭笄、吉笄、恶笄。

3. 上古后期

首服名物词有27个：冠、冕/絻[1]、弁、委貌、冔、章甫、收、毋追、皇、免/絻、笠、胄、玄冠、黄冠、缟冠、练冠、丧冠、厌冠、素冠[1]、缁布冠、布冠、獬冠、麻冕、皮弁、爵弁、弁绖、草笠。

首服配件名物词有 13 个：笄、簪、衡、纮、缨、綏、瑱、武、玉藻、旒、纰、箭笄、恶笄。

（二）首服名物词的演变情况

1. 新生的首服名物词

上古中期新生的首服名物词有 22 个：委貌、章甫、收、毋追、元服、緇、免/絻、玄冠、黄冠、缟冠、练冠、缘冠、缁布冠、鹬冠、圜冠、皮冠、布冠、希冕、皮弁、韦弁、弁绖、帻。新生的首服配件名物词有 11 个：簪、衡、纮、纮、綖、缨、玉笄、象笄、箭笄、吉笄、恶笄。

上古后期新生的首服名物词有 6 个：皇、丧冠、厌冠、素冠[1]、獬冠、草笠。新生的首服配件名物词有 4 个：武、玉藻、旒、纰。

2. 衰弱的首服名物词

首服名物词在上古中后期消亡的有：缁撮、綦弁、台笠、充耳；衰弱的有：元服、缘冠、圜冠、希冕、緇。

委貌、冔、收、毋追，虽在上古后期还有使用，但是上古中期用例的重复，故也属于衰弱的首服词。

二 体服名物词的聚合与演变

（一）衣裳类名物词

1. 衣裳类名物词的聚合情况

（1）上古前期

单音节衣裳类名物词有 7 个：衣、裘、袍、襗、私、泽、裳。

多音节衣类名物词共有 6 个：丝衣、缁衣、褧衣、缟衣、素衣[2]、锦衣。

多音节裘类名物词有 2 个：羔裘、狐裘。

多音节袗类名物词有 2 个：袗衣/卷衣、玄袗/玄裷。

多音节裳类名物词有 4 个：黼裳、黄裳、蚁裳、绣裳。

（2）上古中期

单音节衣裳类名物词有 15 个：衣、裘、袗、衷、袒、褶、袛、袍、襦、襗、衰/缞、褐、裳、襚、绔/袴。

多音节衣类名物词共有 28 个：端委、玄衣、纯衣、宵衣/绡衣、黼衣、朝衣、缁衣、紫衣、朱襦、袯襫、麻衣、缊袍、短褐/裋褐、素衣²、明衣、褮衣¹、褮衣²、朱衣、黄衣、白衣、黑衣、青衣、采衣、锦衣、袗衣、赭衣、纻衣、绣衣。

多音节裘类名物词有 8 个：大裘、良裘、功裘、羔裘、狐裘、麛裘、麑裘、褒裘。

多音节衮类名物词有 2 个：玄衮/玄卷、袾裷。

多音节裳类名物词有 7 个：帷裳、黼裳、甲裳、玄裳、杂裳、黄裳、素积。

（3）上古后期

单音节衣裳类名物词有 15 个：衣、裘、卷、襌、䌹（jiōng）、褶、茧、袍、襦、襃、袆、衰/缞、褐、裳、绔/袴。

多音节衣类名物词共有 31 个：玄衣、纯衣、宵衣/绡衣、朝衣、缁衣、素衣¹、麻衣、练衣、端衰、深衣、襜褕、缟衣、缊袍、短褐/裋褐、中衣、褶衣、明衣、褮衣¹、褮衣²、税衣、朱衣、黄衣、白衣、黑衣、青衣、锦衣、赭衣、纻衣、罗襦、绣衣、绨衣。

多音节裘类名物词有 7 个：大裘、羔裘、鹿裘、黼裘、狐白裘/狐白、狐裘、麛裘。

多音节衮类名物词有 2 个：衮衣/卷衣、龙衮/龙卷。

多音节裳类名物词有 4 个：缥裳、素裳、纁裳、素积。

2. 衣裳类名物词的演变情况

（1）新生的衣裳类名物词

单音节衣裳类名物词在上古时期共有 20 个，其中上古前期有 7 个，上古中期新生 10 个：衮/卷、衷、袙、褶、茧、襦、衰/缞、褐、襃、绔/袴，上古后期新生 3 个：襌、䌹（jiōng）、袆。

多音节衣类名物词在上古中期共有 41 个，其中上古前期有 6 个，上古中期新生 25 个：端委、玄衣、纯衣、宵衣/绡衣、黼衣、朝衣、紫衣、朱襦、袯襫、麻衣、缊袍、短褐/裋褐、明衣、褮衣¹、褮衣²、朱衣、黄衣、白衣、黑衣、青衣、采衣、袗衣、赭衣、纻衣、绣衣，上古后期新生 10 个：素衣¹、练衣、端衰、深衣、襜褕、中衣、褶衣、税衣、罗襦、绨衣。

多音节裘类名物词在上古时期共有 11 个，其中上古前期有 2 个，上古中期新生 6 个：大裘、良裘、功裘、麛裘、麑裘、褒裘，上古后期新生 3 个：麂裘、貒裘、狐白裘/狐白。

多音节衮类名物词在上古时期共有 4 个，其中上古前期有 2 个，上古中期新产生的仅 1 个：袾袋，上古后期新产生的也是 1 个：龙衮/龙卷。

多音节裳类名物词在上古时期共有 12 个，其中上古前期有 4 个，上古中期新生 5 个：帷裳、甲裳、玄裳、杂裳、素积，上古后期新生 3 个：缥裳、素裳、纁裳。

（2）衰弱的衣裳类名物词

单音节衣裳类名物词在上古中后期消亡的有 2 个：私、泽；衰弱的有 3 个：衷、袒、襄。

多音节衣类名物词在上古中后期消亡的有 2 个：丝衣、袈衣；衰弱的有 6 个：端委、貒衣、被褉、素衣²、采衣、衿衣。

多音节裘类名物词在上古中后期衰弱的有 4 个：良裘、功裘、麛裘、袭裘。

多音节衮类名物词在上古中后期衰弱的有 2 个：袾袋、玄衮/玄袋。

多音节裳类名物词在上古中后期消亡的有 2 个：蚁裳、绣裳；衰弱的有 2 个：帷裳、貒裳。

（二）带韠类名物词

1. 带韠类名物词的聚合情况

（1）上古前期

带类名物词共有 2 个：带、鞶带。

韨韠类名物词共有 5 个：韨/绂/芾、赤韨/赤芾、朱绂/朱芾、韠、韐。

绖类名物词为 0 个。

（2）上古中期

带类名物词共有 9 个：带、绅、缟带、鞶、鞶鉴、布带、散带、绞带、绳带。

韨韠类名物词共有 4 个：韠、爵韠、韐、韨¹。

绖类名物词共有 5 个：绖、绖带、苴绖、首绖、要绖。

（3）上古后期

带类名物词共有 15 个：带、大带、绅、素带、练带、锦带、缟带、革带、韦带、杂带、麻带、葛带、布带、散带、绞带。

被韨类名物词共有5个：被/绂/芾、缊被、赤被/赤芾、韠、爵韠。

绖类名物词共有3个：绖、绖带、要绖。

2. 带韠类名物词的演变情况

（1）新生的带韠类名物词

带类名物词在上古时期共有19个，其中上古前期有2个，上古中期新生8个：绅、缟带、鞶、鞶鉴、布带、散带、绞带、绳带，上古后期新生9个：大带、素带、练带、锦带、革带、韦带、杂带、麻带、葛带。

被韠类名物词杂上古时期共有9个，其中上古前期有5个，上古中期新生2个：爵韠、韍[1]，上古后期新生1个：缊被。

绖类名物词在上古时期共有5个，全部产生于上古中期：绖、绖带、苴绖、首绖、要绖。

（2）衰弱的带韠类名物词

带类名物词在上古中后期消亡的有1个：鞶带；衰弱的有3个：鞶、鞶鉴、绳带。

被韠类名物词在上古中后期衰弱的有2个：朱绂/朱芾、韍[1]。

绖类名物词在上古后期衰弱的有2个：苴绖、首绖。

（三）服冕类名物词

1. 服冕类名物词的聚合情况

（1）上古前期

服冕总名有6个：服、衣服、丧服、常服、冕服、命服。

吉服名物词仅有1个：象服。

凶服名物词为0个。

戎服名物词有2个：甲、甲胄。

燕服名物词有1个：缟衣。

（2）上古中期

服冕总名有13个：服、衣服、吉服、凶服、戎服、燕服、祭服、朝服、丧服、常服、冕服、命服、章服。

吉服名物词共有20个：衮冕/卷冕、鷩冕、毳冕、希冕[1]、玄冕、端冕、端、玄端、元端、素端、皮弁服、爵弁服、冠弁服、裧玄、袆衣、揄狄、阙狄/屈狄、鞠衣、展衣、褖衣/缘衣。

凶服名物词共有 15 个：斩衰、齐衰、疏衰、大功、小功、缌麻、繐衰、锡衰、缌衰、疑衰、衰冠、衰麻、衰绖、缟素、素服。

戎服名物词有 7 个：甲、甲胄、介胄、铠、铠甲、韦弁服、鞈。

燕服名物词有 2 个：亵服、布衣。

（3）上古后期

服冕总名有 12 个：服、衣服、吉服、凶服、祭服、朝服、丧服、冕服、命服、章服、列采、胡服。

吉服名物词有 16 个：衮冕/卷冕、玄冕、端冕、纯服、端、玄端、素端、玄赪、皮弁服、爵弁服、袆衣、揄狄、阙狄/屈狄、鞠衣、展衣、褖衣/缘衣。

凶服名物词有 15 个：斩衰、齐衰、疏衰、大功、小功、缌麻、繐衰、锡衰、麻衰、苴衰、衰冠、衰麻、衰绖、缟素、素服。

戎服名物词有 6 个：甲、甲胄、介胄、铠、铠甲、鞈。

燕服名物词有 3 个：燕衣、缟衣、布衣。

2. 服冕类名物词的演变情况

（1）新生的服冕类名物词

服冕总名在上古时期共有 15 个，其中上古前期有 6 个，上古中期新生 7 个：吉服、凶服、戎服、燕服、祭服、朝服、章服，上古后期新生 2 个：列采、胡服。

吉服名物词在上古时期共有 23 个，其中上古前期仅有 1 个，上古中期新生 20 个：衮冕/卷冕、鷩冕、毳冕、希冕[1]、玄冕、端冕、端、玄端、元端、素端、皮弁服、爵弁服、冠弁服、袗玄、袆衣、揄狄、阙狄/屈狄、鞠衣、展衣、褖衣/缘衣，上古后期新生 2 个：纯服、玄赪。

凶服名物词在上古时期共有 17 个，其中上古前期为 0 个，上古中期新生 15 个：斩衰、齐衰、疏衰、大功、小功、缌麻、繐衰、锡衰、缌衰、疑衰、衰冠、衰麻、衰绖、缟素、素服，上古后期新生 2 个：麻衰、苴衰。

戎服名物词在上古时期共有 7 个，其中上古前期有 2 个，上古中期新生 5 个：介胄、铠、铠甲、韦弁服、鞈，上古后期没有新生情况。

燕服名物词在上古时期共有 4 个，其中上古前期 1 个，上古中期新生 2 个：亵服、布衣，上古后期新生 1 个：燕衣。

（2）衰弱的服冕类名物词

服冕总名在上古后期衰弱的有 3 个：戎服、燕服、常服。

吉服名物词在上古中后期消亡的是象服；上古后期衰弱的有 6 个：鷩冕、毳冕、希冕[1]、元端、袗玄、冠弁服。

凶服名物词在上古后期衰弱的有 2 个：緦衰、疑衰。

戎服名物词在上古后期衰弱的是韦弁服。

燕服名物词在上古中期无用例的是缟衣，上古后期无用例的是褻服。

（四）体服部件名物词

1. 体服部件名物词的聚合情况

（1）上古前期

体服部件名物词有 8 个：襋、襮、衿、衽[1]、袂、袪、褢/袖、要。

（2）上古中期

体服部件名物词有 19 个：领、祫、襟/衿、裾、齐（zī）、衽[1]、衽[2]、袂、袪、褢/袖、袩[2]、缘、袡、緆、绅、要、袧、负、适。

（3）上古后期

体服部件名物词有 12 个：领、袷（jié）、襟/衿、齐（zī）、衽[1]、袂、袪、褢/袖、袩[1]、缘、袡、要。

2. 体服部件名物词的演变情况

（1）新生的体服部件名物词

上古时期体服部件名物词共有 23 个，其中上古前期有 8 个，上古中期新生 13 个：领、祫、裾、齐（zī）、衽[2]、袩[2]、缘、袡、緆、绅、袧、负、适，上古后期新生 2 个：袷（jié）、袩[1]。

（2）衰弱的体服部件名物词

体服部件名物词在上古中后期消亡的有 2 个：襋、襮；上古后期衰弱的有 8 个：祫、衽[2]、袩[2]、緆、绅、袧、负、适。

三 足服名物词的聚合与演变

（一）足服名物词的聚合情况

1. 上古前期

足服名物词有 4 个：屦、舄/舃、偪/幅（bī）、葛屦。

足服部件名物词有 0 个。

2. 上古中期

足服名物词有 24 个：屦、舄、履、扉/菲、屣/蹝/蹀、鞮、踊、韉/韤、偪/幅（bī）、葛屦、皮屦、纠屦、素屦、菅屦、疏屦、麻屦、绳屦、缲屦、命屦、功屦、散屦、绚屦、绳扉、菅菲。

足服部件名物词有 4 个：綦、绚、繶、纯。

3. 上古后期

足服名物词有 13 个：屦、舄、履、鞻、扉/菲、属、屣/蹝/蹀、韉、偪/幅（bī）、鞻屦、菅屦、绳屦、苞屦。

足服部件名物词有 3 个：綦、绚、繶。

（二）足服名物词的演变情况

1. 新生的足服名物词

足服名物词在上古时期共有 28 个，其中上古前期有 4 个，上古中期新生 20 个：履、扉/菲、屣/蹝/蹀、鞮、踊、韉/韤、皮屦、纠屦、素屦、菅屦、疏屦、麻屦、绳屦、缲屦、命屦、功屦、散屦、绚屦、绳扉、菅菲；上古后期新生 4 个：鞻、属、鞻屦、苞屦。

足服部件名物词在上古时期共有 4 个，其中上古前期为 0，上古中期新生 4 个：綦、绚、繶、纯；上古后期没有新生情况。

2. 衰弱的足服名物词

足服名物词在上古后期衰弱的有 15 个：鞮、踊、葛屦、皮屦、纠屦、素屦、疏屦、麻屦、缲屦、命屦、功屦、散屦、绚屦、绳扉、菅菲。

足服部件名物词在上古后期衰弱的有 1 个：纯。

四　服色词的聚合与演变

（一）服色词的聚合情况

1. 上古前期

黑类服色词有 4 个：玄、缁、綦、雀。

白类服色词有 1 个：素[1]。

赤类服色词有 3 个：赤、朱、彤。

黄类服色词有 3 个：黄、金、緅。

青类服色词有 3 个：青、绿、葱。

其他服色词有 4 个：采、章、黼、黻。

2. 上古中期

黑类服色词有 6 个：黑、玄、缁、绀、綦、雀/爵。

白类服色词有 4 个：白、素[1]、练、缟。

赤类服色词有 9 个：赤、朱、红、缠、丹、纁、赭、缎、紫。

黄类服色词有 2 个：黄、韎。

青类服色词有 3 个：青、绿、苍/仓。

其他服色词有 6 个：采、文、章、黼、黻、黼黻文章。

3. 上古后期

黑类服色词有 6 个：黑、玄、缁、皂、綦、雀/爵。

白类服色词有 4 个：白、素[1]、练、缟。

赤类服色词有 9 个：赤、朱、缠、丹、绛、纁、赭、紫、赪。

黄类服色词有 3 个：黄、绞、缊。

青类服色词有 4 个：青、绿、苍/仓、葱。

其他服色词有 6 个：采、文、章、黼、黻、黼黻文章。

（二）服色词的演变情况

1. 新生的服色词

上古服色词共有 38 个，黑类服色词有 7 个，白类服色词有 4 个，赤类服色词有 12 个，黄类服色词有 5 个，青类服色词有 4 个，其他服色词有 6 个。

黑类服色词在上古前期有 4 个，上古中期新生 2 个：黑、绀，上古后期新生 1 个：皂。

白类服色词在上古前期有 1 个，上古中期新生 3 个：白、练、缟，上古后期无新生情况。

赤类服色词在上古前期有 3 个，上古中期新生 7 个：红、缠、丹、纁、赭、缎、紫，上古后期新生 2 个：绛、赪。

黄类服色词在上古前期有 3 个，上古中期没有新生情况，上古后期新生 2 个：绞、缊。

青类服色词在上古前期有 3 个，上古中期新生 1 个：苍/仓，上古后期没有新生情况。

其他服色词在上古前期有 4 个，上古中期新生 2 个：文、黼黻文章，上古后期没有新生情况。

2. 衰弱的服色词

黑类服色词在上古后期衰弱的有 1 个：绀。

白类服色词在上古中后期没有消亡，且 4 个词后期使用情况与中期使用情况相当。

赤类服色词在上古中后期消亡的有 1 个：彤；上古后期衰弱的有 2 个：红、缍。

黄类服色词在上古中后期消亡的有 1 个：金；上古后期衰弱的有 1 个：𣽉。

青类服色词只有"葱"在上古中期没有用例，其他成员均没有出现衰弱的迹象。

其他服色词在上古中后期没有出现消亡的情况。

五　服饰材料词的聚合与演变

(一) 服饰材料词的聚合情况

1. 上古前期

布类词有 3 个：绤、绉、䌷。

帛类词有 7 个：素、缟、纤缟、纤、绣、锦、织文。

绵絮类词有 1 个：纩。

皮革类词有 2 个：皮、革。

丝麻类词有 6 个：糸/丝、麻、纻^2、葛^2、枲、菅。

线缕类词有 1 个：缦。

织物泛称类词为 0 个。

2. 上古中期

布类词有 8 个：布、绤、䌷、缯/锡、缌、缌、纻^1、葛^1。

帛类词有 21 个：素、缟、锦、帛、缯、绢、练、练帛、缣、缞、绡、文采、杂采、绨、文绣、锦绣、文锦、织、文织、素沙、丝^1。

绵絮类词共有 4 个：纩、絮、缊、绵。

皮革类词共有 4 个：皮、革、韦、狐白。

丝麻类词有 11 个：糸/丝、纯、茧丝、麻、纻²、葛²、枲、菅、蘪、蒯、草。

线缕类词有 5 个：缕、线、纼、组、纂。

织物泛称词有 2 个：布帛、布缕。

3. 上古后期

布类词有 8 个：布、绨、裕、缌/锡、緵、緦、纻¹、葛¹。

帛类词有 33 个：素、缟、纤缟、纤、绣、锦、织文、帛、缯、绢、练、缣、缘、绡、文采、绨、文绣、锦绣、文锦、织、素沙、丝¹、绮、绮绣、绮縠、縠、雾縠、罗、纨、罗纨、阿、锦文、采¹。

绵絮类词共有 5 个：纩、絮、缊、绵、纶。

皮革类词共有 4 个：皮、革、韦、狐白。

丝麻类词有 9 个：糸/丝、纯、麻、纻²、葛²、枲、菅、蒯、草。

线缕类词有 6 个：缕、线、纼、组、纂、绦。

织物泛称词有 2 个：布帛、斸。

（二）服饰材料词的演变情况

1. 新生的服饰材料词

布类词共有 9 个，其中上古前期有 3 个，上古中期新生 6 个：布、缌/锡、緵、緦、纻¹、葛¹，上古后期没有新生情况。

帛类词在上古时期共有 36 个，其中上古前期有 7 个；上古中期新生 18 个：帛、缯、绢、练、练帛、缣、缘、绡、文采、杂采、绨、文绣、锦绣、文锦、织、文织、素沙、丝¹；上古后期新生 11：绮、绮绣、绮縠、縠、雾縠、罗、纨、罗纨、阿、锦文、采¹。

绵絮类词共有 5 个，其中上古前期有 1 个，上古中期新生 3 个：絮、缊、绵，上古后期新生 1 个：纶。

皮革类词共有 4 个，其中上古前期有 2 个，上古中期新生 2 个：韦、狐白，上古后期没有新生。

丝麻类词共有 11 个，其中上古前期有 6 个，上古中期新生 5 个：纯（chún）、茧丝、蘪、蒯、草，上古后期没有新生情况。

线缕类词共有 7 个，其中上古前期 1 个，上古中期新生 5 个：缕、线、纵、组、纂，上古后期新生 1 个：绦。

织物泛称词于上古中期新生 2 个：布帛、布缕，上古后期新生 1 个：罽。

2. 衰弱的服饰材料词

布类词在上古中后期消亡的有 1 个：绉。

帛类词在上古中后期衰弱的有 3 个：练帛、杂采、文织。

绵絮类词在上古中后期没有消亡。

皮革类词在上古中后期没有消亡，韦、狐白的使用有明显减少。

丝麻类词在上古后期削弱的有 2 个：茧丝、蘸。

线缕类词在上古中后期消亡的有 1 个：缓。

织物泛称词在上古后期消亡的有 1 个：布缕。

总之，上古前期、中期和后期都有一定数量的服饰词语新生，上古中期和上古后期也都有一定数量的服饰词语衰弱甚至衰亡。具体情况见表 6 - 1 和表 6 - 2。

表 6 - 1　服饰词汇上古生成情况

类别	结构	产生时期	词项	数量	比例	
首服名物词	首服	单纯	上古前期	冠、冕、弁、帟、笠、胄、巾	7	47%	37%
			上古中期	收、缅、帻、免/绖、委貌、章甫、毋追	7	47%	
			上古后期	皇	1	6%	
		复合	上古前期	缁撮、素冠²、麻冕、綦弁、雀弁、台笠	6	23%	63%
			上古中期	元服、玄冠、黄冠、缟冠、练冠、缘冠、缁布冠、鹬冠、圜冠、皮冠、布冠、希冕、皮弁、韦弁、弁绖	15	58%	
			上古后期	丧冠、厌冠、素冠¹、獬冠、草笠	5	19%	
	首服配件	单纯	上古前期	笄、緌、瑱	3	25%	63%
			上古中期	簪、衡、纮、紘、綖、缨	6	50%	
			上古后期	武、旒、纸	3	25%	
		复合	上古前期	充耳	1	14%	37%
			上古中期	玉笄、象笄、箭笄、吉笄、恶笄	5	72%	
			上古后期	玉藻	1	14%	

类别	结构	产生时期	词项	数量		比例	
体服名物词	衣裳类						
		单纯	上古前期	衣、裘、袍、襄、私、泽、裳	7	35%	23%
			上古中期	衮/卷、衷、衵、褶、茧、襦、衰/缞、褐、褰、绔/袴	10	20	50%	
			上古后期	禅、绒（jiōng）、祎	3		15%	
		复合	上古前期	丝衣、缁衣、褧衣、缟衣、素衣²、锦衣、羔裘、狐裘、衮衣/卷衣、玄衮/玄裷、黼裳、黄裳、蚁裳、绣裳	14		21%	77%
			上古中期	端委、玄衣、纯衣、宵衣/绡衣、黼衣、朝衣、紫衣、朱襦、袯襫、麻衣、缊袍、短褐/裋褐、明衣、襄衣¹、襄衣²、朱衣、黄衣、白衣、黑衣、青衣、采衣、衿衣、赭衣、纮衣、绣衣、大裘、良裘、功裘、麝裘、麑裘、襃裘、袜裙、帷裳、甲裳、玄裳、杂裳、素积	37	68	54%	
			上古后期	素衣¹、练衣、端衰、深衣、襜褕、中衣、褶衣、税衣、罗襦、绨衣、鹿裘、黼裘、狐白裘/狐白、龙衮/龙卷、缌裳、素裳、缥裳	17		25%	
	带鞶类	单纯	上古前期	带、鞁/绂/芾、鞊、拾	4		50%	25%
			上古中期	绅、鞶、黻¹、绖	4	8	50%	
			上古后期		0		0%	
		复合	上古前期	鞶带、赤鞁/赤芾、朱绂/朱芾	3		12%	75%
			上古中期	鞶鉴、缟带、布带、散带、绞带、绳带、爵韠、绖带、苴绖、首绖、要绖	11	24	46%	
			上古后期	大带、素带、练带、锦带、革带、韦带、杂带、麻带、葛带、缊鞁	10		42%	
	服冕类	单纯	上古前期	服、甲	2		40%	8%
			上古中期	端、铠、袷	3	5	60%	
			上古后期		0		0%	
		复合	上古前期	衣服、丧服、常服、冕服、命服、象服、甲胄、缟衣	8	61	13%	92%

续表

类别	结构	产生时期	词项	数量	合计	比例	合计
体服名物词		上古中期	吉服、凶服、戎服、燕服、祭服、朝服、章服、衮冕/卷冕、鷩冕、毳冕、希冕[1]、玄冕、端冕、玄端、元端、素端、皮弁服、爵弁服、冠弁服、裧玄、袆衣、揄狄、阙狄/屈狄、鞠衣、展衣、褖衣/缘衣、斩衰、齐衰、疏衰、大功、小功、缌麻、繐衰、锡衰、缌衰、疑衰、衰冠、衰麻、衰绖、缟素、素服、介胄、铠甲、韦弁服、亵服、布衣	46		75%	
		上古后期	列采、胡服、纯服、玄赪、麻衰、苴衰、燕衣	7		12%	
体服附件	单纯	上古前期	襺、襮、襟/衿、衵[1]、袂、祛、褒、要	8	23	34%	100%
		上古中期	领、袷、裾、齐（zī）、衽[2]、袘[2]、缘、袡、裼、绅、袧、负、适	13		57%	
		上古后期	袷（jié）、袧[1]	2		9%	
	复合			0		/	0%
足服名物词 / 足服	单纯	上古前期	屦、舄、偪/幅（bī）	3	11	27%	39%
		上古中期	履、扉/菲、屝、蹝/跿、鞮、踊、轙/繶、	6		55%	
		上古后期	鞡、屩	2		18%	
	复合	上古前期	葛屦	1	17	6%	61%
		上古中期	皮屦、纠屦、素屦、菅屦、疏屦、麻屦、绳屦、繶屦、命屦、功屦、散屦、绚屦、绳扉、菅菲	14		82%	
		上古后期	鞮屦、苞屦	2		12%	
足服名物词 / 附件	单纯	上古中期	綦、绚、缲、纯	4	4	100%	100%
	复合			0		/	0%
服色词	单纯	上古前期	玄、缁、綦、雀/爵[1]、素[1]、赤、朱、彤、黄、金、铢、青、绿、葱、采、章、黼、黻	18	37	49%	97%
		上古中期	黑、绀、白、练、缟、红、缥、丹、缲、赭、缇、紫、苍/仓、文	14		38%	
		上古后期	皂、绛、赪、绞、缊	5		14%	
	复合	上古后期	黼黻文章	1	1	100%	3%

续表

类别		结构	产生时期	词项	数量		比例	
服饰材料词	布类	单纯	上古前期	绵、绉、绤	3	9	33%	100%
			上古中期	布、绡/锡、缌、缌、纻[1]、葛[1]	6		67%	
			上古后期		0		0%	
		复合			0	0	/	0%
	帛类	单纯	上古前期	素、缟、纤、绣、锦	5	21	24%	58%
			上古中期	帛、缯、绢、练、縑、缘、绡、绨、织、丝[1]	10		48%	
			上古后期	绮、縠、罗、纨、阿、采[1]	6		28%	
		复合	上古前期	纤缟、织文	2	15	13%	42%
			上古中期	练帛、文采、杂采、文绣、锦绣、文锦、文织、素沙	8		54%	
			上古后期	绮绣、绮縠、雾縠、罗纨、锦文	5		33%	
	绵絮类	单纯	上古前期	纩	1	5	20%	100%
			上古中期	絮、缊、绵	3		60%	
			上古后期	纶	1		20%	
		复合			0	0	/	0%
	皮革类	单纯	上古前期	皮、革	2	3	67%	75%
			上古中期	韦	1		33%	
			上古后期		0		0%	
		复合	上古中期	狐白	1	1	100%	25%
	丝麻类	单纯	上古前期	糸/丝、麻、纻[2]、葛[2]、枲、菅	6	10	60%	91%
			上古中期	纯（chún）、藨、蒯、草	4		40%	
			上古后期		0		0%	
		复合	上古中期	茧丝	1	1	100%	9%
	线缕类	单纯	上古前期	绥	1	7	14%	100%
			上古中期	缕、线、纴、组、纂	5		72%	
			上古后期	绦	1		14%	
		复合			0	0	/	0%
	其他	单纯	上古后期	屬	1	1	100%	33%
		复合	上古中期	布帛、布缕	2	2	100%	67%
总计	414	单纯	上古前期		70	191	37%	46%
			上古中期		96		50%	

续表

类别	结构	产生时期	词项	数量		比例	
		上古后期		25		13%	
	复合	上古前期		35		16%	54%
		上古中期		140	223	63%	
		上古后期		48		21%	

表 6 - 2　服饰词汇上古衰亡情况

属性	结构	类别		词项	数量		比例	
上古中后期均无用例	单纯结构	体服名物词	衣裳类	私、泽	2		44%	18%
			体服附件	襦、襟	2	8		
		服色词		彤、金	2			
		服饰材料词	布类	绉	1			
			线缕类	缌	1			
	复合结构	首服名物词	首服	缁撮、綦弁、台笠	3		56%	
			首服配件	充耳	1	10		
		体服名物词	衣裳类	丝衣、袺衣、蚁裳、绣裳	4			
			带韠类	鞶带	1			
			服冕类	象服	1			
上古后期无用例或中后期用例极少	单纯结构	首服名物词		冔、收、缅	3		33%	82%
		体服名物词	衣裳类	衷、袡、褰	3			
			带韠类	鞶、黻[1]	2			
			体服附件	袷、衽[2]、袍[2]、緆、绊、袧、负、适	8	27		
		足服名物词	足服	鞠、蹻	2			
			足服附件	纯	1			
		服色词		铢、葱、绀、红、缌	5			
		服饰材料词	皮革类	韦	1			
			丝麻类	糸、蘸	2			
	复合结构	首服名物词		委貌、毋追、元服、缞冠、圜冠、希冕	6		67%	
		体服名物词	衣裳类	素衣[2]、玄衮/玄卷、黼裳、端委、黼衣、袯襫、采衣、衫衣、良裘、功裘、麑裘、褒裘、袜裙、帷裳	14	56		

续表

属性	结构	类别		词项	数量	比例
			带鞲类	朱绂/朱芾、鞶鉴、绳带、苴绖、首绖	5	
			服冕类	常服、缟衣、戎服、燕服、鷩冕、毳冕、希冕[1]、元端、冠弁服、祫玄、緦衰、疑衰、韦弁服、褒服	14	
		足服名物词		葛屦、皮屦、紃屦、素屦、疏屦、麻屦、繶屦、命屦、功屦、散屦、绚屦、绳扉、菅菲	13	
	服饰材料词	帛类		练帛、杂采、文织	3	
		丝麻类		茧丝	1	

第二节　上古汉语服饰词汇演变动因

根据文献测查，上古服饰词共有 414 个，其中单音节词 191 个，占上古服饰词的 46%，多音节词 223 个，占上古服饰词的 54%。根据文献测查的最早用例，单音节词产生于上古前期的有 70 个，占上古单音节服饰词的 37%，产生于上古中期的有 96 个，占上古单音节服饰词的 50%，产生于上古后期的有 25 个，占上古单音节服饰词的 13%；多音节服饰词产生于上古前期的有 35 个，占上古服饰合成词的 16%，产生于上古中期的有 140 个，占上古服饰合成词的 63%，产生于上古后期的有 48 个，占上古服饰合成词的 21%。

根据文献用例测查，上古服饰词在上古中后期没有用例的共有 18 个，其中单音节词 8 个，多音节词 10 个；呈衰弱趋势的共有 83 个，其中单音节词 27 个，多音节词 56 个。

总体上，上古服饰词汇演变具有以下特点。

第一，词汇生成方面：在新词产生的数量上，无论是单音节单纯词，还是多音节合成词，上古中期的新词数量都远远高于上古前期和上古后期，可见，上古中期是新词产生的重要阶段。在新词词形结构上，上古前期以单音节为主，上古中期和上古后期双音节合成词成为新词主流。

第二，词汇衰弱方面：在词汇衰弱的数量上，上古后期无用例或上古中后期用例极少的词语，远远多于上古中期和上古后期都无用例的词，可见，词汇的消亡需要更长时间，而用例削减却是比较多见的。在衰弱词汇的词形结构上，多音节词多于单音节词。

词汇演变的动因是多方面的。既有语言自身发展的内部原因，也有社会发展的外部原因。上古时期服饰词汇演变的动因情况如下。

一　语言因素

大量新词的产生是上古汉语服饰词汇演变的主要表现，而且新词以合成词为主。综合考察上古时期的服饰合成词，其大多数构词上所表现出来的特点，体现了汉语词汇造词上的系统性特征。语言自身的构词特点为上古服饰新词的产生提供了可能，成为上古服饰词汇演变不可忽视的重要因素。

上古时期产生的服饰合成词构词情况如表 6 - 3 所示。

表 6 - 3　上古服饰合成词构词分析

类别	类义素	特征义素	词项	构词方式	词项数量
首服名物词	冠	颜色	玄冠、黄冠、缁冠、素冠[2]	偏正式【特征 + 冠】	15
		材料	缟冠、练冠、缩布冠、皮冠、布冠、素冠[1]		
		形状	鹬冠、圜冠、獬冠		
		功用	丧冠、厌冠		
	冕	材料	麻冕	偏正式【特征 + 冕】	2
		形制	希冕		
	弁	材料	皮弁、韦弁	偏正式【特征 + 弁】	6
		颜色	爵弁、綦弁、雀弁		
		形制	弁绖	补充式【弁 + 特征】	
	笠	材料	台笠、草笠	偏正式【特征 + 笠】	2
	笄	材料	玉笄、象笄	偏正式【特征 + 笄】	5
		形制	箭笄		
		功用	吉笄、恶笄		

类别	类义素	特征义素	词项	构词方式	词项数量
衣裳类体服名物词	衣	材料	丝衣、袭衣、缟衣、素衣²、锦衣、纯衣、宵衣/绡衣、麻衣、纻衣、素衣¹、练衣、绨衣	偏正式【特征＋衣】	34
		颜色	缁衣、玄衣、黼衣、紫衣、朱衣、黄衣、白衣、黑衣、青衣、采衣、袗衣、赭衣		
		形制	中衣、深衣、绣衣、袞衣/卷衣、褶衣、税衣		
		功用	明衣、亵衣¹、亵衣²、朝衣		
	襦	颜色	朱襦	偏正式【特征＋襦】	2
		材料	罗襦		
	袍	材料	缊袍	偏正式【特征＋袍】	1
	褐	形制	短褐/裋褐	偏正式【特征＋褐】	1
	裘	材料	羔裘、狐裘、麛裘、麂裘、鹿裘、狐白裘/狐白	偏正式【特征＋裘】	11
		工艺	良裘、功裘		
		形制	黼裘		
		地位	大裘		
		功用	亵裘		
	袞	颜色	玄袞/玄衮、袾袞	偏正式【特征＋袞】	3
		形制	龙袞/龙卷		
	裳	颜色	黼裳、黄裳、蚁裳、玄裳、杂裳、素裳、纁裳	偏正式【特征＋裳】	11
		功用	甲裳、缞裳		
		形制	帷裳、绣裳		
带鞸类体服名物词	带	材料	鞶带、缟带、布带、素带、练带、锦带、革带、韦带、杂带、麻带、葛带	偏正式【特征＋带】	15
		形制	散带、绞带、绳带、大带		
	韨	颜色	赤韨/赤芾、朱绂/朱芾、缊韨	偏正式【特征＋韨】	3
	鞸	颜色	爵鞸	偏正式【特征＋鞸】	1
	绖	位置	首绖、要绖	偏正式【特征＋绖】	4
		材料	苴绖		
		统称	绖带	并列式【绖＋带】	

类别	类义素	特征义素	词项	构词方式	词项数量
服冕类体服名物词	服	功用	丧服、常服、命服、吉服、凶服、戎服、燕服、祭服、朝服	偏正式【特征＋服】	18
		形制	冕服、象服、章服、皮弁服、爵弁服、冠弁服		
		颜色	纯服		
		服者	胡服		
		总名	衣服	并列式【衣＋服】	
		颜色	缟衣、鞠衣	偏正式【特征＋衣】	6
		形制	袆衣、褖衣/缘衣、展衣		
		功用	燕衣		
	翟衣	形制	揄狄、阙狄/屈狄	偏正式【特征＋特征＋衣（省）】	2
	冕服	形制	衮冕、鷩冕、毳冕、希冕[1]、端冕	并列式【服＋冕】	6
		颜色	玄冕		
	端服	颜色	玄端、素端	偏正式【特征＋端（服）】	3
		其他	元端		
	礼服	颜色	袗玄、玄赪	并列式【颜色＋颜色】	3
			列采	动宾式【列＋颜色】	
	戎服	统称	甲胄、介胄	并列式【体服＋首服】【体服＋体服】	3
			铠甲		
	戎服	形制	韦弁服	偏正式【特征＋服】	1
	燕服	功用	亵服	偏正式【特征＋服】	2
		材料	布衣	偏正式【特征＋衣】	
	衰	丧礼	斩衰、齐衰、疏衰、疑衰	偏正式【特征＋衰】	12
		材料	緦衰、繐衰、锡衰、麻衰、苴衰		
			衰麻	补充式【衰＋特征】	
		统称	衰冠	并列式【衰＋冠】	
			衰绖	并列式【衰＋绖】	
	丧服	工艺	大功、小功	偏正式【特征＋功】	4
		颜色	素服	偏正式【特征＋服】	
			缟素	并列式【缟＋素】	

续表

类别	类义素	特征义素	词项	构词方式	词项数量
足服名物词	屦	材料	葛屦、皮屦、素屦、菅屦、麻屦、繐屦、鞮屦、苞屦	偏正式【特征＋屦】	15
		形制	纠屦、绳屦、散屦、绚屦		
		功用	疏屦		
		工艺	命屦、功屦		
	菲	材料	菅菲	偏正式【特征＋菲】	2
		形制	绳扉		
服饰材料词	采	形制	文采	偏正式【特征＋采】	2
		颜色	杂采		
	绣	形制	文绣、锦绣	偏正式【特征＋绣】	3
		统称	绮绣	并列式【绮＋绣】	
	纱	颜色	素沙	偏正式【特征＋菲】	1
	縠	统称	绮縠	并列式【绮＋縠】	2
		形制	雾縠	偏正式【特征＋菲】	
	丝织品	精美	罗纨	并列式【罗＋纨】	1
	布帛	统称	布帛	并列式【布＋帛】	2
			布缕	并列式【布＋缕】	

上古大量服饰合成词的产生，从语言内部造词方面考虑，主要有以下动因。

（一）系统性标记事物的需要，促使合成词大量生成

从语言内部看，与单音节单纯词相比，合成词的构词优势是其大量产生并成为新词主流的重要原因。词汇的产生，是在原有语言基础之上进行的。这一点正如葛本仪所指出："造词活动和语言本身也是密切相关的。在有语言存在的社会里，任何方式的造词活动无一不是在原有语言要素的基础上进行的。"① 当新事物新概念出现的时候，人们为其命名的思维活动应该是有规律可循的。根据对上古服饰合成词构词的整理，新词的产生有如下主要特点。

① 葛本仪：《汉语词汇研究》，外语教学与研究出版社，2006（2009 年重印），第 37 页。

1. 事物的主要特征成为词汇的显性词素

人们认识事物，首先是对事物的突出特点加以观照，并通过特征对比来区别事物，从而认识到此物非彼物。服饰词也说明了词汇的生成与人们认识事物的思维是一致的。或者说，词汇的生成就是人们思维的反映。

服饰合成词通常由类义素和特征义素两部分构成，特征义素成为一个词汇最重要的区别性成分，如同一事物区别于他事物的关键性特征一般。特征义素在服饰名物词中一般为颜色、材料、形制、功用、工艺等五个方面，其中材料和颜色是最常用的特征义素。

2. 事物的类义素成为词汇的核心义素，并表现为词汇系统的类型化和系统化显性特征

事物的种属类系成为服饰新词造词的基础。冠、衣、服、裳、带、屦等表示类别的义素，成为具有派生性的能产词素，不仅在与特征义素结合的过程中产生大量新词，而且使词汇具有系统性，表现出突出的类型化特征。

3. 偏正式结构是新词的主要结构方式

在所考察的 204 个服饰合成词中，偏正式结构的有 180 个，并列式结构的有 21 个，补充式结构的有 2 个，动宾式结构的有 1 个。可见，偏正式结构是上古服饰合成词的主要结构方式。

综合以上分析，合成词的系统性表现是非常突出的。在类义素的系联之下，结合特征义素，采用说明性的方法，就可以产生大量的服饰合成词，并且自成体系，多而不乱。

（二）清晰准确表意方面，合成词优于单纯词

语言是人们思维的具体反映。词汇的生成是人们对客观世界认识的主观投射。对于一事物的命名，足以说明人们认识事物的特点和规律。葛本仪认为："造词活动和人们的认识以及具体的环境条件是密切相关的。……人们在造词时，主要考虑的是用什么名称命名合适的问题，并不是而且也不会去考虑名称的内部结构形式如何，比如用偏正结构呢？还是用主谓结构呢？"[1] 葛本仪的观点，其实说的是两个问题：一是命名

---

[1]　葛本仪：《汉语词汇研究》，外语教学与研究出版社，2006（2009 年重印），第 37 页。

是思维活动，二是词汇结构是词汇研究的一个侧面。但，词汇生成后的结构研究，能辅助我们发现思维活动的特点。人们在给事物命名时为什么选择合成词，这应该首先是表意清晰准确的需要，而不是韵律的需要。

多音节合成词与单音词相比，表意有比较明显的优势。

1. 表意明晰。单音词词义相对比较而言不太容易确定，而多音节词，尤其是合成词，词义比较容易捕捉。汉语词汇的复音化，语言内部的因素是重中之重。最主要的内部因素是"为了避免同音词和一个词负载太多的义项，同时也是为了词汇表义的精确性和明晰性。"①

2. 词义确定性强。单音词的词义是"隐性的"，且往往一词多义，在语境中词义不容易判定。相对比较而言，合成词的词义是"显性的"，一词多义现象比较少，词义更加具有单一性，在语境中合成词的使用使表达和接受的双方都能迅速领会词义。王力（1941）在分析古语死亡的四种原因时指出："由综合变为分析，即由一个字变为几个字。例如有'渔'变为'打鱼'，由'汲'变为'打水'，由'驹'变为'小马'，由'犊'变为'小牛'。"② 汉语词汇词义从隐含到呈现，是汉语词汇造词的一个重大变化，使概念变"隐含"为"显现"了，使词汇的表达力更强了。

（三）解决问题的简单性原则，促使合成词大量生成

语言能反映人类对世界的认识与理解，也是人类表达的重要工具。人类在创造和使用语言的过程中，是遵循人类解决问题的简单性原则的，新词的产生也符合人们解决问题的最简原则。合成词的系统性和表意的清晰准确，都提高了人们解决语言问题的效率，使表达更便捷。另外，合成词造词方法简单、灵活，给语言表达带来更大的便利。

合成词的产生具有极大的灵活性。在已有词汇基础上，运用常规造词法，即可产生大量新词，且容易理解接受。只要把握好类义素和特征义素，根据具体事物或概念的种属关系和特征表现，可以非常快捷地造词，而且不会给使用者和接受者带来运用和理解上的困难。同样，合成词的消亡也不会给词汇系统带来特别大的影响。统计数据足以说明，仅

---

① 周俊勋：《中古汉语词汇研究纲要》，巴蜀书社，2009，第167页。
② 转引自周俊勋《中古汉语词汇研究纲要》，巴蜀书社，2009，第183页。

在上古时期，在已有的27个类义素基础上，加上突出的特征义素，就产生了200多个新词。而随着社会的发展和人们的需要，又有约70个服饰词走向衰弱。新词的产生，给人们的表达与沟通带来了便利，而新词的衰亡，也没有给人们的语言生活带来不利影响。而单纯词则不具备这样的优势。可见，合成词比单纯词更能满足人们解决语言问题的最简原则需要。

二　社会因素

相对于语音、语法而言，词汇是语言中变化得最快的，这主要是因为词汇受文化发展、礼俗变迁等社会因素的影响特别大。服饰词汇是物质文化词汇的重要组成部分，物质文化的发展变化促使上古汉语服饰词汇演变的社会因素是不容忽视的。

（一）服饰词汇是名物词，物质的丰富导致名物词大量增加

新事物的出现，促使新词不断产生。上古时期新生的词比衰亡的词要多很多，除了语言自身表意的需要外，与社会的发展、新事物的出现是分不开的。如服饰材料词中的"帛类词"，基本上都是上古中期和上古后期出现的，这与纺织新材料的出现和纺织技术的提高而导致的新事物的出现密切相关。服饰材料的变化，产生了许多因制作所用材料不同而命名不同的服饰，于是，服饰名物词伴着服饰材料的丰富而出现了倍增的现象。如，首服名物词，上古前期只有13个，而上古中期增加了22个，上古后期又增加了6个。所增加的28个首服名物词中，大部分都与服饰材料的细化和服色的增加有关系。体服名物词和足服名物词亦是如此。

（二）服饰词汇是文化词，礼俗文化的变迁导致服饰词汇的新生或衰亡

上古时期，礼俗文化的变迁，促使一些具有礼俗文化内涵的服饰词汇涌现，也使一些服饰词汇随着礼俗的改变而很少使用，甚至部分服饰词语淡出历史的视线，逐渐呈现衰弱的态势。如"冔、收"，它们都属于特定历史时期的文化词，随着朝代的更迭，其特殊的内涵也消失了，从而导致物换新名。再如，丧礼是到上古中期而得到强化并繁复起来的，与丧礼相关的文化词也是在上古中期大量涌现的。"衰/缞""麻""绖"

是丧礼服饰的标志，上古中期，"斩衰、齐衰、疏衰、大功、小功、缌衰、锡衰、缌衰、疑衰、衰冠、衰麻、衰绖、绞带、绳带、绖带、苴绖、首绖、要绖"等体服名物词的产生，都与丧礼的繁复密切相关。还有丧服、冕服、吉服、凶服、戎服、祭服、朝服、燕服等都是与相应的礼仪相对应的服饰词汇，随着礼仪的兴衰而演变。

（三）服饰词汇中的基本词汇，是汉语基本词汇的重要组成部分，是社会生活的基本反映，亦具有基本的稳固性

上古汉语服饰词汇的演变，既有其变化的部分，也有相对稳定的部分。服饰是人们社会生活的必需品，所以，服饰词汇中的基本词汇是稳固不变的，在上古的各个时期都保持着较稳定的使用频率。上古时期，冠、冕、弁、巾、笠、笄等是首服的基本词汇，衣、裳、服、裘、带等是体服的基本词汇，屦是足服的基本词汇，玄、素、赤、黄、青是服色的基本词汇，布、帛、丝、麻、皮、革等是服饰材料的基本词汇。这些词语在上古时期表现出了强大的构词能力与相当高的使用频率。服饰词汇中的基本词汇，是上古时期社会生活中的服饰文化基本面貌的反映。

总之，社会的发展和礼俗文化的变迁，为名物的细化提供了物质基础，合成词的构词优势为词汇的系统生成提供了语言条件，二者是上古汉语服饰词汇系统演变，尤其是新词产生的主要动因。

第七章　上古汉语服饰词词义引申现象分析

陆宗达、王宁总结训诂学界对于词义引申的一般观点："训诂家公认本义是引申的出发点，而且决定引申的方向，而本义则一般是指字形所反映出的字义（有的确曾在语言中使用过，也可称为词义）。"① 周祖谟在《汉语词汇讲话》中，就词的多义性问题谈到了引申义。周祖谟认为，"词的基本意义是词在语言中长期使用所固定下来的最常见、最主要的意义。从基本意义发展出来的意义可以称为'转义'……转义包括引申的意义和比喻的意义。"并进一步指出，"引申的意义一般称为'引申义'。引申义是由原义发展出来的另外的意义……引申义的产生跟意义内容的相类似相接近有关系……有的引申义是用原来具体的意义转指其他现象或类似的事物。"②

对于"本义""基本意义""引申义"等概念，历来说法不一，这里有必要明确以下几方面。

第一，本义、基本意义、引申义是相对概念，是多义词的多个词义间相互关系的反映。

第二，本义，一个词有且只有一个，是该词最初的使用意义。引申义，一个词可能有一个或多个引申义，有的是从本义引申而得，有的则是从引申义引申而得。我们把词义引申出发的意义称作基础义。

第三，基本意义与本义不同，基本意义可能是本义，也可能是引申义，基本意义是一个词在长期使用过程中词义使用频度的反映，是因为常见、常用而成为人们所熟识的词义，但未必是本义，而且在不同的历史时期，一个词的基本意义是有可能变化的。

第四，每一个引申义，都有一个引申的出发点，这个出发点不一定

都是本义，有的是本义，有的是引申义。所以，以本义为参照点，词义引申有直接引申，也有间接引申。直接引申指引申义是从本义引申所得的词义运动；间接引申指引申义是从引申义引申所得的词义运动。引申义只有一个的，且称之为单义引申；引申义有两个以上（含两个）的为多义引申。

第五，一个多义词的各个引申义，都有其引申路径，对所有引申义的引申路径进行描写，会形成该词的词义引申路径图，有学者将词义引申路径图的模式称为"引申类型"，这种称谓有待进一步商榷。

第六，引申类型，从引申义与本义的关系角度，分为直接引申和间接引申；从引申义的数量角度，分单义引申和多义引申；根据多义引申路径图的模式，多义引申中，所有的引申义都是从本义引申所得的词义引申模式，为辐射引申；只有一个引申义是从本义直接引申所得，其他的每一个引申义都是从上一个引申义引申所得的单线式引申模式，即为连锁引申；既有直接引申又有间接引申的引申模式为综合引申。

明确以上有关词义引申的概念后，可以采取传统训诂学词义引申研究的步骤，对上古汉语服饰词进行词义引申研究。"传统训诂学研究引申的第一项工作就是探求本义这个词义引申的起点，或出发点；第二项工作是沿着引申的一个或数个方向，整理引申系列（简称义列）。"① 上古汉语服饰词汇的词义引申研究，就是在前人研究的基础上，明确服饰词的本义，然后进行引申系列的整理，梳理出每个服饰词的词义引申路径图。

综合考察上古汉语服饰词在上古时期的词义引申情况，就引申义与本义的关系来看，既有直接引申，也有间接引申；就一个服饰词的所有词义引申情况来看，既有单义引申，也有多义引申；多义引申既有辐射引申，也有连锁引申，亦有综合引申。

第一节　服饰名物词词义引申现象分析

服饰名物词在上古时期的词义引申，有单义引申和多义引申。首服名物词和体服名物词的词义引申都包括单义引申和多义引申，且多义引

---

① 陆宗达、王宁：《训诂与训诂学》，山西教育出版社，1994，第110～111页。

申又有辐射引申、连锁引申、综合引申等模式；足服名物词词义引申只有多义综合引申一种模式。为行文方便，本节将首服和体服名物词的词义引申分别分为单义引申、多义辐射引申、多义连锁引申、多义综合引申几个方面来分析。

一　首服名物词词义引申

具有服饰义的首服及首服配件名物词在上古时期的词义引申我们重点分析如下 10 个：笄、绥、充耳、簪、巾、冠、弁、缨、收、衡。

（一）单义引申

【笄】

笄，本义指"古时女子用以盘头发、男子用以贯发或固定弁、冕的簪子"。女子用笄于成年时开始，女子成年时行礼，要在头上插笄，相当于男子的冠礼。故"笄"引申指女子成年之礼。如：

（1）"女子许嫁，笄而醴之称字。"（《仪礼·士昏礼》）

——郑玄注："笄，女之礼，犹冠男也。"

（2）"女子十有五年而笄。"（《礼记·内则》）

——郑玄注："谓应年许嫁者。女子许嫁，笄而字之。其未许嫁，二十则笄。"

"笄"的词义引申路径为：

笄：簪子 → 女子成年之礼

【绥】

绥，本义是"帽带末端下垂的部分"。因"物之垂者"的共性，喻指"蝉长在腹下垂状的针喙。"如：

（3）"范则冠而蝉有绥。"（《礼记·檀弓下》）

——郑玄注："范，蜂也。蝉，蜩也。绥为蜩喙，长在腹下。"

"绥"的词义引申路径为：

绥：帽带末端下垂的部分 → 蝉长在腹下垂状的针喙

【充耳】

充耳，本义是"塞住耳朵"。如：

（4）"叔兮伯兮，褎如充耳。"（《诗经·邶风·旄丘》）

——郑玄笺："充耳，塞耳也。言卫之诸臣，颜色褎然，如见塞耳，无闻知也。"

（5）"充耳而设瑱。"（《荀子·礼论》）

引申指"挂在冠冕两旁的饰物，下垂及耳，可以塞耳避听"。如：

（6）"彼都人士，充耳琇实。"（《诗经·小雅·都人士》）

"充耳"的词义引申路径为：

充耳：塞住耳朵 → 挂在冠冕两旁下垂及耳且可以塞耳避听的饰物

（二）多义辐射引申

【簪】

簪，古人用来绾定发髻或冠的长针。

1）用于动词指"插、戴"。如：

（7）"（张安世）本持橐簪笔事孝武帝数十年。"（《汉书·赵充国传》）

2）引申指"连缀"。如：

（8）"复者一人，以爵弁服簪裳于衣左。"（《仪礼·士丧礼》）

——郑玄注："簪，连也。"胡培翚正义："簪裳于衣，谓连缀其裳于衣，使合为一。"

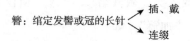

簪：绾定发髻或冠的长针　插、戴／连缀

【巾】

巾，本义"佩巾，擦抹用布"。《说文·巾部》："巾，佩巾也。"《仪礼·士丧礼》："沐巾一，浴巾二。"郑玄注："巾，所以拭污垢。"

1）引申为用巾包裹。如：

（9）"盛以箧衍，巾以文绣。"（《庄子·天运》）

2）冠的一种，即"头巾"。如：

（10）"缟衣綦巾，聊乐我员……缟衣茹藘，聊可与娱。"（《诗经·郑风·出其东门》）

"巾"的词义引申路径为：

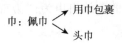

巾：佩巾　用巾包裹／头巾

（三）多义连锁引申

【弁】

弁，冠名，引申为动词"戴弁"，又引申为"加冠的通称"。如：

（11）"婉兮娈兮，总角丱兮，未几见兮，突而弁兮。"（《诗经·齐风·甫田》）

——孔颖达疏："指言童子成人加冠。"

"弁"的词义引申路径为：

弁：礼帽 → 戴弁 → 加冠

（四）多义综合引申

【冠】

冠，本义是古代成年人戴的礼帽。

1）引申为动词"戴冠"。如：

（12）"许子冠乎？"曰："冠。"（《孟子·滕文公上》）

（13）"冠通天，佩玉玺。"（汉张衡《东京赋》）

冠是古代成年男子所戴，古代男子到成年则举行加冠礼，这种特殊仪式上的加冠叫作冠，一般在二十岁。《礼记·曲礼上》："男子二十冠而字。"郑玄注："成人矣，敬其名。""冠"由泛指意义上的"戴冠"引申为特指成年礼的"加冠"。如：

（14）"以昏冠之礼，亲成男女。"（《周礼·春官宗伯·大宗伯》）

（15）"丈夫之冠也，父命之。"（《孟子·滕文公下》）

古代男子举行加冠礼，是成年的标志。"冠"由"加冠"又泛指成年。如：

（16）"午之少也，婉以从令……其冠也，和安而好敬。"（《国语·晋语七》）

——韦昭注："冠，二十也。"

（17）"冠者五六人，童子六七人，浴乎沂，风乎舞雩。"（《论语·先进》）

2）"冠"是戴在头上的，故引申为"为首的，位居第一的，超出众人，居于首位"之义。如：

（18）"夫尧之贤，六王之冠也。"（《韩非子·难三》）

（19）"功冠诸侯，用此得王，亦不免于身为世大僇。"（《史记·黥布列传》）

3）由帽子戴在头上的特点喻指物体的顶端部分。如：

（20）"城上二步一渠，渠立程，长丈三尺，冠长十尺，辟长六尺。"（《墨子·备城门》）

——岑仲勉注："程者，直立之杠。冠即渠顶。"

"冠"的词义引申路径为：

冠：礼帽
泛指戴冠 → 特指加冠 → 泛指成年
为首的，位居第一的物体的顶端部分

【缨】

缨，本义是"系在脖子上以固定冠的带子"。

1）用为动词，谓以缨系冠。如：

（21）"今有同室之人斗者，救之，虽被发缨冠而救之，可也。"（《孟子·离娄下》）

由"系"的动作引申指缠绕。如：

（22）"兼抱济物性，而不缨垢氛。"（《文选》谢灵运《述祖德诗》之一）

——李善注："缨，绕也。"

2）因"系在脖子上"的共性，喻指"驾车时套在马颈上的绳子"。如：

（23）"荐马缨，三就入门，北面交辔，圉人夹牵之。"（《仪礼·既夕礼》）

——郑玄注："缨，今马鞅也。"

进一步引申指绳索。如：

（24）"愿受长缨，必羁南越王而致之阙下。"（《汉书·终军传》）

缨：冠系
以缨系冠 → 缠绕
马鞅 → 绳索

【收】

收，本义为"拘捕"。《说文》："收，捕也。"《诗经·大雅·瞻印》："此宜无罪，汝反收之。"

1)"拘捕"即是对犯罪嫌疑人的"控制"，由此义引申泛指"约束，控制"。如：

（25）"寡人犹且淫佚而不收，怨罪重积于百姓。"（《晏子春秋·外篇下十六》）

——张纯一校注："收，敛也。"

"收"由"拘捕"（对人的收押）引申为对物的"收取、收理"。如：

（26）"太保降，收。"（《尚书·顾命》）

——孔颖达疏："王与太保降阶而下堂，有司于是收彻器物。"

对物的"收取、整理"进一步引申为"聚集、收集"，如：

（27）"假以溢我，我其收之。"（《诗经·周颂·维天之命》）

——毛传："收，聚也。"

冠用来敛发，于是，"收集而控制"喻指夏时用来"敛发"之冠。

（28）"夏后氏收而祭，燕衣而养老。"（《礼记·王制》）

——郑玄注："收，言所以收敛发也。"

收集而集中，进而控制、约束即为收敛，进而引申喻指车箱前后两端的横木。如：

（29）"小戎伐收，五楘梁辀。"（《诗经·秦风·小戎》）

——毛传："收，轸也。"朱熹集传："收，轸也。谓车前后两端横木，所以收敛所载者也。"

2)"收集"之行动，当指收集农作物的果实时为"收获"，又进而引申为名词义"收成、收获"，如：

（30）"一谷不收谓之馑。"（《墨子·七患》）

（31）"（季秋之月）藏帝藉之收于神仓，祗敬必饬。"（《礼记·月令》）

3）当是朝廷的官方"收集"行为导致财务的所有权变更时，为"收缴、没收"。如：

（32）"去三年不反，然后收其田里。"（《孟子·离娄下》）

当是以交易的方式"收集"从而获得财务的所有权时，为"收购"。如：

（33）"天下诸侯载黄金珠玉五谷文采布帛输齐，以收石璧。"（《管

子·轻重丁》)

当以武力等方式得到城、地、国等所有权时，即为"攻取"。如：

（34）"大叔又收贰以为己邑。"（《左传·隐公元年》）

4）"拘捕"行动的终结，即为"结束、止息"。如：

（35）"雷声始收。"（《礼记·月令》）

"收"的词义引申路径为：

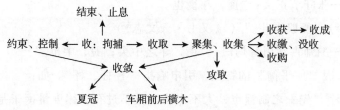

【衡】

衡，本义是"系在牛角上的横木"。《说文》："衡，牛触，横大木其角。"如《诗经·鲁颂·閟宫》："秋而载尝，夏而楅衡。"毛传："楅衡，设牛角以楅之也。"

1）引申为"车辕前端套牲口的横木"。《释名·释车》："衡，横也，衡马颈上也。"如：

（36）"约轵错衡，八鸾玱玱。"（《诗经·小雅·采芑》）

又为架在门窗或房梁上的横木，即桁子或檩子。如：

（37）"衡门之下，可以栖迟。"（《诗经·陈风·衡门》）

——毛传："衡门，横木为门，言浅陋也。"

2）引申为"横"，与"纵"相对。如：

（38）"蓺麻如之何？衡纵其亩。"（《诗经·齐风·南山》）

（39）"穆公衡雕戈出见使者。"（《国语·晋语三》）

3）因"横"而细长的特点，喻指古代天文仪器的部件，形如横管，用以观测天象。如：

（40）"在璇玑玉衡，以齐七政。"（《尚书·舜典》）

——孔颖达疏："玑为转运，衡为横箫，运玑使动于下，以衡望之，是王者正天文之器，汉世以来，谓之浑天仪者是也。"

4）因"横"而细长的特点，喻指用以使冠冕固着于发上的横簪。如：

（41）"掌王后之首服，为副编次追衡笄。"（《周礼·天官·追师》）

——郑玄注："衡，维持冠者。"

（42）"衮、冕、黻、珽、带、裳、幅、舄、衡、统、纮、綖，昭其度也。"（《左传·桓公二年》）

5）因"横向"而且使左右平衡的特点，喻指北斗七星的第五星。如：

（43）"衡殷南斗。"（《史记·天官书》）

——张守节正义："衡，斗衡也。"

（44）"衡殷南斗。"（《汉书·天文志》）

——颜师古注引晋灼曰："衡，斗之中央；殷，中也。"

6）因"使平衡"的特点，引申喻指"秤杆、秤"。如：

（45）"先王之制锺也，大不出钧，重不过石，律度量衡于是乎生。"（《国语·周语下》）

——韦昭注："衡，称上衡。衡有斤两之数。"

（46）"国无礼则不正。礼之所以正国也，犹衡之于轻重也。"（《荀子·王霸》）

进一步引申为"平、正、不偏"。

（47）"天子视不上于袷，不下于带；国君绥视；大夫衡视。"（《礼记·曲礼下》）

——郑玄注："衡，平也。平视，谓视面也。"

（48）"朝有定制衡仪，以尊主位。"（《管子·君臣上》）

——尹知章注："衡，正。"

（49）"衡听、显幽、重明、退奸、进良之术也。"（《荀子·致士》）

——杨惊注："衡，平也。谓不偏听也。"

又引申为"对抗"。如：

（50）"若能以吴越之众与中国抗衡，不如早与之绝。"（《资治通鉴·汉献帝建安十三年》）

"衡"的词义引申路径为：

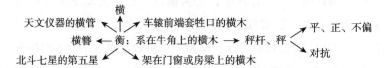

二 体服名物词词义引申

具有服饰义的体服及体服附件名物词在上古阶段词义发生引申的，我们重点分析如下 17 个：禅、袍、蓑、介胄、绅、白衣、衰绖、齐、衰、缘、衣、衷、褰、带、襟、甲、领。

（一）单义引申

【禅】

禅，本义为"单衣"，引申为单，单层。如：

（51）"以禅缁当纺缁，子岂不得哉？"（《吕氏春秋·淫辞》）

（52）"冠禅纚步摇冠，飞翩之缨。"（《汉书·江充传》）

—— 颜师古注："服虔曰：'冠禅纚，故行步则摇，以鸟羽作缨也。'服说是也。纚，织丝为之，即今方目纱是也。"

"禅"的词义引申路径为：

禅：单衣 → 单，单层

【袍】

袍，本义是"棉袍，即有夹层、中着棉絮的长衣"。引申为长衣的通称。如：

（53）"袍襦表里曲领裙。"（《急就篇》卷二）

——颜师古注："长衣曰袍，下至足跗。"

"袍"的词义引申路径为：

袍：有夹层、中着棉絮的长衣 → 长衣的通称

【蓑】

蓑，本义为"蓑衣"。引申为"以草覆盖"。如：

（54）"三月，晋人执宋仲几于京师。仲几之罪何？不蓑城也。"（《公羊传·定公元年》）

——何休《解诂》："若今以草衣城是也。"徐彦疏："谓不以蓑苫城也。"

"蓑"的词义引申路径为：

蓑：蓑衣 → 以草覆盖

【介胄】

介胄，本义是"铠甲和头盔"。引申为"披甲戴盔"。如：

（55）"将吏戍者或介胄而睡。"（汉贾谊《新书·解县》）

"介胄"的词义引申路径为：

介胄：铠甲和头盔 → 披甲戴盔

【绅】

绅，本为"古代士大夫束于腰间，一头下垂的大带"。引申为"约束"。如：

（56）"书曰：'绅之束之。'宋人有治者，因重带自绅束也。"（《韩非子·外储说左上》）

"绅"的词义引申路径为：

绅：绅带 → 约束

（二）多义辐射引申

【白衣】

白衣，本义为"白色衣服"。

1）因为白衣为古代平民的衣服，因即借指平民，亦指无功名或无官职的士人。如：

（57）"及窦太后崩，武安侯田蚡为丞相，绌黄、老、刑名百家之言，延文学儒者数百人，而公孙弘以《春秋》白衣为天子三公，封以平津侯。"（《史记·儒林列传序》）

2）亦指给官府当差的身份低微的小吏。如：

（58）"尚书使胜（龚胜）问常（夏侯常），常连恨胜，即应曰：'闻之白衣，戒君勿言也，奏事不详，妄作触罪。'"（《汉书·龚胜传》）

——颜师古注："白衣，给官府趋走贱人，若今诸司亭长掌固之属。"

"白衣"的词义引申路径为：

白衣：白色衣服 < 平民或无功名或无官职的士人
给官府当差的身份低微的小吏

【衰绖】

衰绖，本义为"丧服"。

1）引申为动词"穿丧服"。如：

（59）"三年之丧，如或遗之酒肉，则受之，必三辞，主人衰绖而受之。"（《礼记·杂记下》）

2）引申为"居丧"。如：

（60）"吾犹衰绖，而子击钟，何也？"（《左传·定公九年》）

"衰绖"的词义引申路径为：

$$衰绖：丧服 \nearrow 穿丧服 \searrow 居丧$$

【齐（zī）】

齐（zī），本义是古长衣下部的缉边。如：

（61）"凡侍于君，绅垂，足如履齐。"（《礼记·玉藻》）

——郑玄注："齐，裳下缉也。"

1）泛指长衣的下摆。如：

（62）"摄齐升堂，鞠躬如也。"（《论语·乡党》）

——何晏集解引孔安国曰："衣下曰齐。摄齐者，抠衣也。"

2）引申用为动词，谓将丧服下部的边折转缝起来。如：

（63）"若齐，裳内衰外。"（《仪礼·丧服》）

——郑玄注："齐，缉也。凡五服之衰，一斩四缉，缉裳者，内展之，缉衰者，外展之。"胡培翚正义："五服之衰与裳，有齐者，有不齐者，故云'若齐'也。齐，谓缉其边也。不齐者，谓斩也……缉裳者则先转其边于内，缉衰者则先转其边于外，而后施针功也。"

"齐（zī）"的词义引申路径为：

$$齐（zī）：长衣下部的缉边 \nearrow 长衣的下摆 \searrow 将丧服下部的边折转缝起来$$

【衰（cuī）】

衰是縗的古字，本义是被于胸前的麻布条。服三年之丧者用之。

1）因丧服有等级之别，后引申有等级次第的差别或依次递减的意思。如：

（64）"相地而衰其政，则民不移矣。"（《管子·小匡》）

——尹知章注："衰，差也。音楚危反。"

（65）"故天子建国，诸侯立家，卿置侧室，大夫有贰宗，士有隶子弟，庶人工商各有分亲，皆有等衰。"（《左传·桓公二年》）

（66）"且昔天子之地一圻，列国一同，自是以衰。"（《左传·襄公二十五年》）

——杜预注："衰，差降。"

进一步引申为"减少，稀疏"。如：

（67）"日食饮得无衰乎？"（《战国策·赵策四》）

（68）"将衰楚国之爵而平其制禄，损其有余而绥其不足。"（《淮南子·道应训》）

2）引申喻指"古代丧服的一种"。如：

（69）"衰，凶器，不以告，不入公门。"（《礼记·曲礼下》）

——孔颖达疏："衰者，孝子丧服也。"

（70）"反无哭泣之节，无衰麻之服。"（《荀子·礼论》）

"衰（cuī）"的词义引申路径为：

衰：被于胸前的麻布条 ⟨ 等级次第的差别或依次递减 ⟶ 减少，稀疏
　　　　　　　　　　　　 古代丧服的一种

（三）多义连锁引申

【缘】

缘，本义是衣物的饰边。引申为"给衣物加上饰边。"如：

（71）"天子之后以缘其领，庶人孽妾缘其履。"（《汉书·贾谊传》）

进一步引申为"围绕，攀缘"。如：

（72）"限之以邓林，缘之以方城。"（《荀子·议兵》）

（73）"赵主父令工施钩梯而缘播吾。"（《韩非子·外储说左上》）

进而引申为"顺应，依照"。如：

（74）"故缘地之利，承从天之指。"（《管子·侈靡》）

——尹知章注："缘，顺也。"

（75）"法者，缘人情而制，非设罪以陷人也。"（汉桓宽《盐铁论·刑德》）

"依照"引申为"依据、凭借、缘由"。

（76）"缘耳而知声可也，缘目而知形可也。"（《荀子·正名》）

后进而引申为"机缘，缘分"。

（77）"长与欢爱别，永绝平生缘。"（《文选》谢灵运《还旧园作见颜范二中书》诗）

——李善注："缘，因缘也。"

后引申为"因为，由于"。如：

（78）"天子崩，赴告诸侯者何？缘臣子丧君，哀痛愤懑，无能不告语人者也。"（汉班固《白虎通·丧服》）

"缘"的词义引申路径为：

缘：衣物的饰边→给衣物加上饰边→围绕→依照→依据→机缘→因为

（四）多义综合引申

【衣】

衣，本义为"上衣"。

1）泛指衣服。

（79）"无衣无褐，何以卒岁！"（《诗经·豳风·七月》）

2）引申用为动词"穿（衣服）"。如：

（80）"衣敝缊袍，与衣狐貉者立，而不耻者，其由也与？"（《论语·子罕》）

——皇侃义疏："衣，尤着也。"

（81）"不耕而食，不织而衣。"（《庄子·盗跖》）

引申为裹束、覆盖。如：

（82）"古之葬者，厚衣之以薪。"（《周易·系辞下》）

3）引申为给人穿（衣服）。如：

（83）"乃生男子，载寝之床，载衣之裳，载弄之璋。"（《诗经·小雅·斯干》）

——朱熹集传："衣之以裳，服之盛也。"

"衣"的词义引申路径为：

衣：上衣　→　给人穿（衣服）　衣服　穿（衣服）→裹束、覆盖

【衷】

衷，本义"贴身内衣"。

1）引申为"贴身穿着，穿在里面"。如：

（84）"陈灵公与孔宁、仪行父通于夏姬，皆衷其袙服，以戏于朝。"（《左传·宣公九年》）

又引申为藏在里面。如：

（85）"先帝制法，论衷刺刀者。"（汉王符《潜夫论·述赦》）

2）"衷"因内衣在"内"的特点，引申为"内心"。如：

（86）"今天诱其衷，使皆降心以相从也。"（《左传·僖公二十八年》）

3）引申为"善"。如：

（87）"惟皇上帝，降衷于下民。"（《尚书·汤诰》）

——孔传："衷，善也。"

又为"正，正派"。如：

（88）"叔向曰：'楚辟，我衷，若何效辟！'"（《左传·昭公六年》）

——杜预注："辟，邪也；衷，正也。"

4）引申为衣服穿得适当，进而为"恰当、适当"。如：

（89）"服之不衷，身之灾也。"（《左传·僖公二十四年》）

——杜预注："衷，犹适也。"

"衷"的引申路径为：

【褰】

褰，本义为"套裤"。古时的套裤两腿，而且不连在一起。

1）引申为"提起（衣服），揭起、撩起"。如：

（90）"子惠思我，褰裳涉溱。"（《诗经·郑风·褰裳》）

——郑笺："揭衣渡溱水。"

（91）"冠毋免，劳毋袒，暑毋褰裳。"（《礼记·曲礼上》）

——郑玄注："褰，揭也。"

进一步引申为"张开、散开"。如：

（92）"褰微罟以长眺，已踉跄而徐来。"（《文选》潘岳《射雉赋》）

——徐爰注："褰，开也。"

2）引申为"缩、紧缩"。如：

（93）"襞积褰绉，纤徐委曲。"（《文选》司马相如《子虚赋》）

——李善注引张揖曰："褰，缩也。"

3）引申为"断绝"。如：

（94）"惊飙褰反信，归云难寄音。"（《文选》陆机《拟行行重行行》）

——吕向注："褰，绝也。惊风之来绝其反信，归云之去难以寄音。"

"褰"的词义引申路径为：

$$
褰：套裤 \begin{cases} 断绝 \\ 提起（衣服）、揭起、撩起 \longrightarrow 张开、散开 \\ 缩、紧缩 \end{cases}
$$

【带】

带，本义为"束衣的带子"。

1）引申为"系束，捆缚"。如：

（95）"胁息然后带，扶墙然后起。"（《墨子·兼爱中》）

进而引申为"佩带"。如：

（96）"仆者右带剑。"（《礼记·少仪》）

——孔颖达疏："右带剑者，带之于腰右边也。"

再进一步引申为"兼领、兼有"。如：

（97）"方今雄桀带州县者，皆无七国世业之资。"（《汉书·叙传上》）

2）又为"围绕"。如：

（98）"秦地半天下，兵敌四国，被山带河，四塞以为固。"（《战国策·楚策一》）

"带"的词义引申路径为：

$$
带：束衣的带子 \begin{cases} 系束 \longrightarrow 佩带 \longrightarrow 兼领 \\ 围绕 \end{cases}
$$

【襟】

襟，本指衣的交领，后指衣的前幅。如：

（99）"列子入，泣涕沾襟以告壶子。"（《庄子·应帝王》）

因襟在衣前，用以借指前面。如：

（100）"安得忘归草，言树背与襟。"（《文选》陆机《赠从兄车骑》诗）

——李善注："《韩诗》曰：'焉得谖草，言树之背。'然衿犹前也。"

又用作动词，（犹如衣襟）屏障于前。如：

（101）"王襟以山东之险，带以河曲之利，韩必为关中之侯。"（《战国策·秦策四》）

"襟"的词义引申路径为：

【甲】

甲，本义为草木萌芽时的外壳，《周易·解》："雷雨作而百果草木皆甲坼。"孙星衍集解引郑玄曰："皮曰甲。"又为某些动物身上的鳞片或硬壳，《山海经·中山经》："有兽焉，其状如犬，虎爪有甲，其名曰獭。"郭璞注："言体有鳞甲。"

1）引申为古代军人穿的甲衣。如：

（102）"函人为甲，犀甲七属，兕甲六属，合甲五属。"（《周礼·考工记·函人》）

（103）"甲坚以新，士选以饱。"（《史记·仲尼弟子列传》）

由"甲衣"引申为"穿甲衣的人"，即"甲士"。如：

（104）"秋九月，晋侯饮赵盾酒，伏甲，将攻之。"（《左传·宣公二年》）

2）由于植物的种子破壳而萌芽是成长的第一步，因此引申为"开始、首位、第一"的意思。如：

（105）"彼子长、子云说论之徒，君山为甲。"（汉王充《论衡·超奇》）

（106）"武安由此滋骄，治宅甲诸第。"（《史记·魏其武安侯列传》）

——裴骃集解引徐广曰："为诸第之上也。"

由"第一"的意思，又引申指"天干之首"。如：

（107）"出国门而轸怀兮，甲之晁吾以行。"（《楚辞·九章·哀郢》）

（108）"星居宿陈，绮错鳞比，辛壬癸甲，为之名秩。"（《文选》何晏《景福殿赋》）

——李善注："辛壬癸甲，十干之名。今取以题坊署，以别先后也。"

"甲"的词义引申路径为：

甲：草木萌芽时的外壳 → 动物的外壳 ┌ 军人甲衣 → 甲士
　　　　　　　　　　　　　　　　　　└ 开始，首位，第一 → 天干之首

【领】

领，本义是"脖子的前部"。如：

（109）"领如蝤蛴，齿如瓠犀。"（《诗经·卫风·硕人》）

——毛传："领，颈也。"

（110）"如有不嗜杀人者，则天下之民皆引领而望之矣。"（《孟子·梁惠王上》）

1）引申指衣领的交合之处。后来又引申指整个衣领。如：

（111）"若挈裘领，诎五指而顿之，顺者不可胜数也。"（《荀子·劝学》）

在脖子处的"被子的被头"亦是领。《礼记·丧大记》："紟五幅，无纮。"汉郑玄注："纮，以组类为之，缀之领侧，若今被识矣。生时禅被有识，死者去之，异于生也。"孔颖达疏："领为被头，侧谓被旁，识谓记识，言缀此组类于领及侧，如今被之记识。"

由"衣领""被头"进一步引申为衣衾的量词。如：

（112）"衣衾三领。"（《荀子·正论》）

——杨倞注："三领，三称也。"

（113）"上赐金钱，缯絮绣被百领，衣五十箧。"（汉荀悦《汉纪·宣帝纪一》）

2）又引申为"治理"。如：

（114）"领父子君臣之节。"（《礼记·乐记》）

——郑玄注："领，犹理治也。"

3）引申为"统率，管领"。如：

（115）"宣帝始亲万机，厉精为治，练群臣，核名实，而相总领众职，甚称上意。"（《汉书·魏相传》）

4）汉代以后，以地位较高的官员兼理较低的职务，谓之"领"。

（116）"大将军光秉政，领尚书事。"（《汉书·昭帝纪》）

"领"的词义引申路径为：

治理 ← 衣领 → 衣的量词
领：脖子
统率，管领 ← 被头 → 被的量词
汉后称兼任较低的官职

三　足服名物词词义引申

上古足服名物词词义发生引申的有屦、蹴、履、綦，均为多义引申。具体情况如下。

（一）多义辐射引申

【綦】

綦，本义是指"鞋带"。

引申指"履迹、脚印"。如：

（117）"带钩矩而佩衡兮，履欃枪以为綦。"（《汉书·扬雄传上》）

—— 颜师古注引晋灼曰："綦，履迹也。"

引申转指"青黑色"。如：

（118）"四人綦弁，执戈上刃。"（《尚书·顾命》）

"綦"的词义引申路径为：

綦：鞋带 ← 履迹、脚印
　　　　 ← 青黑色

（二）多义综合引申

【屦】

屦，本指单底鞋。

1）后亦泛指鞋。如：

（119）"掌王及后之服屦。"（《周礼·天官·屦人》）

2）引申指"踩踏"。如：

（120）"屦般首，带修蛇。"（《文选》扬雄《羽猎赋》）

——李善注："屦，谓践履之也。"

进而引申为"任，担任"。如：

（121）"身屦典军搴旗者数也，可谓壮士。"（《史记·季布栾布列传》）

"屦"的词义引申路径为：

【蹋】

蹋，本义是"草鞋"。

1）也指"无跟的小鞋"，特指舞鞋。如：

（122）"女子弹弦跕蹋，游媚富贵，遍诸侯之后宫。"（《汉书·地理志下》）

——颜师古注："蹋字与屣同。屣谓小履之无跟者也。"

2）引申为"趿拉着（鞋）"。如：

（123）"舒息悒而增欷兮，蹝履起而彷徨。"（《文选》司马相如《长门赋》）

——李善注："蹝履，足指挂履也。"

（124）"胜之开阁延请，望见不疑 容貌尊严，衣冠甚伟，胜之蹝履起迎。"（《汉书·隽不疑传》）

——颜师古注："履不着跟曰蹝。蹝谓纳履未正，曳之而行，言其遽也。"

"蹋"的词义引申路径为：

蹋：草鞋 — 无跟的小鞋 → 舞鞋
　　　　 — 趿拉着（鞋）

【履】

履，本义是"踩，踏"。如：

（125）"履霜坚冰，阴始凝也。"（《周易·坤》）

（126）"战战兢兢，如临深渊，如履薄冰。"（《诗经·小雅·小旻》）

1）引申为"足迹所至的范围"。如：

（127）"赐我先君履。"（《左传·僖公·思念》）

——杜预注："所践履之界。"

2）引申为"鞋"。如：

（128）"庄子衣大布而补之，正絜系履而过魏王。"（《庄子·山木》）

进而引申为"穿鞋"。如：

（129）"儒者冠圜冠者知天时，履句屦者知地形。"（《庄子·田子方》）

3）引申为"执行，实行"。如：

（130）"处其位而不履其事，则乱也。"（《礼记·表记》）

——郑玄注："履，犹行也。"

（131）"夫谋必素见成事焉，而后履之，不可以授命。"（《国语·吴语》）

"履"的词义引申路径为：

$$
履：踩，踏 \Longleftrightarrow
\begin{cases}
足迹所至的范围 \\
鞋 \longrightarrow 穿鞋 \\
执行，实行
\end{cases}
$$

上古汉语服饰名物词共有 301 个，我们重点分析词义引申的有 31 个词，其中有 4 个是双音词，27 个为单音词。考察可知，双音词成为多义词的可能性远远低于单音词。从引申义数量的角度看引申类型，单义引申的有 8 个，多义引申的有 23 个，其中多义辐射引申有 7 个，多义连锁引申有 2 个，多义综合引申有 14 个。在所分析的 31 个服饰名物词中，服饰义为本义的有 23 个，服饰义属引申而来的有 8 个。

具体情况如表 7 – 1 所示。

表 7 – 1　上古汉语服饰名物词词义引申情况

词项 引申 类型		首服名物词		体服名物词		足服名物词	
		本义为服饰义	引申义为服饰义	本义为服饰义	引申义为服饰义	本义为服饰义	引申义为服饰义
单义引申		笄、緌	充耳	禅、袍、襚、介胄、绅			
多义引申	辐射引申	簪	巾	白衣、衰绖、齐	衰	綦	
	连锁引申	弁		缘			
	综合引申	冠、缨	收、衡	衣、衷、襄、带、襟	甲、领	屦、蹋	履

第二节　服色词词义引申现象分析

服色词在上古阶段词义发生引申的有 18 个：青、葱、雀/爵、紫、丹、苍、彤、黑、玄、白、赤、黄、练、朱、赭、金、皂、采。

一　单义引申

【紫】

紫，本义是"蓝和红合成的颜色"。引申指"紫色衣服"。如：

（1）"齐桓公好服紫，一国尽服紫。当是时也，五素不得一紫。"（《韩非子·外储说左上》）

"紫"的词义引申路径为：

紫：蓝和红合成的颜色 → 紫色衣服

【丹】

丹，本义是"丹砂，朱砂"。如：

（2）"砺砥砮丹。"（《尚书·禹贡》）

——孔颖达疏："丹者，丹砂。"

（3）"赪丹明玑。"（《文选》左思《吴都赋》）

——李善注："丹，丹砂也。"

引申为朱砂的颜色，即"赤色"，服饰的丹色因此产生。如：

（4）"绮袖丹裳，蹑蹈丝扉。"（汉蔡邕《青衣赋》）

（5）"皆赤裳赤旐丹甲朱羽之矰，望之如火。"（《国语·吴语》）

"丹"的词义引申路径为：

丹：丹砂、朱砂 → 赤色

【苍】

苍，本义是"草色"，引申为青色，即深绿色。如：

（6）"见染丝者而叹曰：染于苍则苍，染于黄则黄。"（《墨子·所染》）

"苍"的词义引申路径为：

苍：草色 → 青色、深绿色

二　多义引申

（一）辐射引申

【葱】

葱，本义是指多年生草本植物。如：

（7）"脍，春用葱，秋用芥。"（《礼记·内则》）

1）指山中生长的野葱。如：

（8）"边春之山，多葱、葵、韭、桃、李。"（《山海经·北山经》）

——郭璞注："山葱，名茖，大叶。"

2）引申转指葱的颜色"青绿色"，上古服饰有此颜色，"葱珩"即"青色佩玉"。如：

（9）"朱芾斯皇，有玱葱珩。"（《诗经·小雅·采芑》）

——毛传："葱，苍也。"

"葱"的词义引申路径为：

【雀/爵】

雀，本为麻雀的别称。《说文》："雀，依人小鸟也。"段玉裁注："今俗云麻雀者是也。"如：

（10）"谁谓雀无角，何以穿我屋。"（《诗经·召南·行露》）

（11）"为丛驱爵者，鹯也。"（《孟子·离娄上》）

1）泛指小鸟，鸟。如：

（12）"（然明）对曰：'视民如子。见不仁者，诛之，如鹰鹯之逐鸟雀也。'"（《左传·襄公二十五年》）

（13）"众雀嗷嗷，雌雄相失。"（《文选》宋玉《高唐赋》）

——李善注："雀，鸟之通称。"

2）引申指麻雀的颜色"赤黑色"。如：

（14）"二人雀弁执惠，立于毕门之内。"（《尚书·周书·顾命》）

（15）"君朱，大夫素，士爵韦。"（《礼记·玉藻》）

"雀/爵"的词义引申路径为：

（二）连锁引申

【彤】

彤，本义是"以朱色漆涂饰"。《说文·丹部》："彤，丹饰也。"王筠《句读》："案从彡之字，皆文饰之事。而彤弓，毛传曰朱弓；彤管，郑笺曰赤管：则浑言之也。惟左氏以彤与镂对言，明是文饰而非纯赤矣。"汉桓宽《盐铁论·散不足》："及其后，庶人器用即竹柳陶瓠而已，唯瑚琏簵豆而后雕文彤漆。"

引申指"赤色"。如，《尚书·顾命》中的"彤裳"即为"赤色的礼服"。

（16）"太保、太史、太宗皆麻冕彤裳。"（《尚书·顾命》）

——孔颖达疏："彤，赤也。"

又由"赤色"引申指赤色的"赤管笔"。如：

（17）"书笏珥彤，纪言事于仙室。"（《文选》王融《三月三日曲水诗序》）

——刘良注："彤，赤管笔也。"

"彤"的词义引申路径为：

$$彤：以朱色漆染饰 \rightarrow 赤色 \rightarrow 赤管笔$$

（三）综合引申

【玄】

玄，本义是"黑中带红"，后多用以指黑色。

1）由"黑色"转指"天"。如：

（18）"或玄而萌，或黄而芽。"（《文选》扬雄《剧秦美新》）

——刘良注："玄，天也；黄，地也。"

由"天"的深广引申为"深奥、玄妙"。如：

（19）"玄之又玄，众妙之门。"（《老子》）

（20）"上周密则下疑玄矣。"（《荀子·正论》）

——杨倞注："玄谓幽深难知。"

2）古代五色、五行、五方是相互对应的，黑色对应北方，故"玄"由"黑色"转指"北方、北向的"。如：

（21）"天子居玄堂右个。"（《吕氏春秋·季冬》）

——高诱注："玄堂，北向堂也。"

（22）"阴阳相薄为雷……流水就通，而合于玄海。"（《淮南子·地形训》）

——高诱注："北方之海。"

3）五色中的"黑"对应五行中的"水"，故"玄"又转指"水"。如：

（23）"玄舆驰而并集兮，身容与而日远。"（《楚辞》刘向《九叹·离世》）

——王逸注："玄者，水也。言己以水为车与船，并驰而流，故身容与日以远也。"

"玄"的词义引申路径为：

$$玄：赤黑、黑色 \Bigg\langle \begin{matrix} 天 \longrightarrow 深奥、玄妙 \\ 北方、北向的 \\ 水 \end{matrix}$$

【白】

白，本义是"白色"。

1）引申为"洁净"。如：

（24）"巽为木……为白、为长、为高。"（《周易·说卦》）

——孔颖达疏："为白，取其风吹去尘，故洁白也。"

（25）"青黄杂糅，文章烂兮，精色内白，类可任兮。"（《楚辞·九章·橘颂》）

——王逸注："内怀洁白，以言贤者。"

进一步引申为"光明"。如：

（26）"凡殇与无后者，祭于宗子之家，当室之白，尊于东房，是谓阳厌。"（《礼记·曾子问》）

——郑玄注："当室之白，谓西北隅得户明也。"

（27）"瞻彼阕者，虚室生白，吉祥止止。"（《庄子·人间世》）

2）由白色的特点引申为"明显、显明"。如：

（28）"礼义不加于国家，则功名不白。"（《荀子·天论》）

——梁启雄释："白，显明也。"

（29）"欲行义白名，无顾利害，然后能行之。"（《韩诗外传》卷二）

进一步引申为动词"弄清楚、说明白"。

（30）"公等皆死，谁白王不反者！"（《史记·张耳陈余列传》）

进而引申为"告白、禀告"。如：

（31）"厉王母弟赵兼因辟阳侯言吕后，吕后妒，弗肯白，辟阳侯不

强争。"（《史记·淮南衡山列传》）

3）引申指白色之物，一是"银子"的代称。如：

（32）"又有《中篇》八卷，言神仙黄白之术。"（《汉书·淮南厉王刘长传》）

——颜师古注引张晏曰："黄，黄金；白，白银也。"

另指古代祭祀或宴会用的"炒米"。如：

（33）"冬，王使周公阅来聘，飨，有昌歜、白、黑、形盐。"（《左传·僖公三十年》）

——杜预注："白，熬稻；黑，熬黍。"

指"酒杯"。如：

（34）"及赵李诸侍中皆引满举白，谈笑大噱。"（《汉书·叙传》）

"白"的词义引申路径为：

```
              洁净 ——→ 光明
白：白色  ⟨  明显、显明 ——→ 弄清楚、说明白 ——→ 告白、禀告
              白色物
                ↙    ↓    ↘
              银子  炒米  酒杯
```

【赤】

赤，本义是"红色"。《尚书·康诰》："若保赤子，惟民其康乂。"孔颖达疏："子生赤色，故言赤子。"赤子，即初生的婴儿。

1）引申为"空、一无所有"。如：

（35）"晋国大旱，赤地三年。"（《韩非子·十过》）

进一步引申为"杀光、诛灭"。如：

（36）"客徒朱丹吾毂，不知一跌将赤吾之族也。"（《文选》扬雄《解嘲》）

——李善注："赤，谓诛灭也。"

2）引申为"纯真不杂、忠贞不贰"。如：

（37）"功名之所就，存亡安危之所坠，必将於愉殷赤心之所。"（《荀子·王制》）

——王先谦集解："赤心者，本心不杂二。"

"赤"的词义引申路径为：

赤：红色 ⟶ 赤子
　　　　　　空、一无所有 ⟶ 杀光、诛灭
　　　　　　纯真不杂、忠诚不二

【黄】

黄，本义是"黄色，中央土色"。

1）引申特指"玉金等黄色之物"。如：

（38）"充耳以黄乎而。"（《诗经·齐风·着》）

——毛传："黄，黄玉。"

（39）"虞夏之币，金为三品，或黄，或白，或赤。"（《史记·平准书论》）

——司马贞索隐："黄，黄金也。"

2）引申指"草木枯黄"。如：

（40）"何草不黄，何日不行。"（《诗经·小雅·何草不黄》）

——朱熹集传："草衰则黄。"

（41）"草木不待黄而落。"（《庄子·在宥》）

"黄"的词义引申路径为：

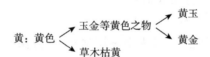

【黑】

黑是古墨字，本义是古代房屋烟囱内壁的灰土，因其色黑，后来为墨，可以染物。墨色黑，后来指黑色。

1）由"黑色"转指"黑色物"，一是指"黑色的黍米"，如：

（42）"朝事之笾，其实麷、蕡、白、黑、形盐。"（《周礼·天官·笾人》）

——郑玄注引郑司农曰："黍曰黑。"

（43）"冬，王使周公阅来聘，飨有昌歜、白、黑、形盐。"（《左传·僖公三十年》）

——杜预注："黑，熬黍。"

另外，指"黑色的猪羊"。如：

（44）"来方禋祀，以其骍黑。"（《诗经·小雅·大田》）

——毛传："骍，牛也。黑，羊豕也。"

2）由"黑色"引申为"黑暗、昏暗无光"。如：

（45）"京房《易传》曰：'……厥异日黑，大风起，天无云，日光晻。'"（《汉书·五行志下之下》）

"黑"的词义引申路径为：

【青】

青，本义是"染料靛青"。如：

（46）"青，取之于蓝而青于蓝。"（《荀子·劝学》）

引申指"青色"，又进一步引申转指青色物。有青玉或系玉的青丝绳、青色的系印纽的丝带等。如：

（47）"俟我于庭乎而，充耳以青乎而。"（《诗经·齐风·着》）

——毛传："青，青玉。"郑玄笺："青纰之青。"

（48）"纡青拖紫，朱丹其毂。"（《文选》扬雄《解嘲》）

——李善注："汉制，公侯紫绶，九卿青绶。"

"青"的词义引申路径为：

$$青：染料靛青 \longrightarrow 青色 \begin{cases} 青色的系印纽的丝带 \\ 青玉或系玉的青丝绳 \end{cases}$$

【练】

练，本义是"将生丝在沸水中煮，使之柔软洁白"。如：

（49）"凡染，春暴练，夏纁玄。"（《周礼·天官·染人》）

——郑玄注："暴练，练其素而暴之。"

1）引申指所练的对象，即白色的熟绢。如：

（50）"昔莱人善染练，茈之于莱纯锱，缎绥之于莱亦纯锱也，其周中十金。"（《管子·轻重丁》）

进一步引申指白色熟绢的颜色"白色"。如：

（51）"墨子见练丝而泣之，为其可以黄，可以黑。"（《淮南子·说林训》）

——高诱注："练，白也。"

2）由练丝使其柔软洁白的过程引申指"训练、熟悉"。如：

（52）"练士厉兵，在大王之所用之。"（《战国策·楚策一》）

后进一步引申指"练达"。如：

（53）"其野沃，其民练，其器利。"（《文选》晋陆机《辩亡论》下）

（54）"（翟方进）荐宣明习文法，练国制度。"（《汉书·薛宣传》）

——颜师古注："练，犹熟也。言其详熟。"

又进而引申指"阅历、经历"。如：

（55）"瞻惟我王，昔靡不练。"（《汉书·韦贤传》）

——颜师古注："练犹阅历之，言往昔之事，皆在王心，无所不阅也。"

"练"的词义引申路径为：

【朱】

朱，《说文·木部》："朱，赤心木也。"朱的本义即为树名。

引申为"大红色"。如：

（56）"我朱孔阳，为公子裳。"（《诗经·豳风·七月》）

（57）"子曰：'恶紫之夺朱也。'"（《论语·阳货》）

——何晏集解引孔安国曰："朱，正色。紫，间色。"

进一步引申指"红色的物品"，胭脂类。如：

（58）"东家之子，增之一分则太长，减之一分则太短；着粉则太白，施朱则太赤。"（战国楚宋玉《登徒子好色赋》）

引申特指朱砂。如：

（59）"染羽，以朱湛丹秫，三月而炽之。"（《周礼·考工记·锺氏》）

——戴震《考工记图》引徐昭庆曰："朱，朱砂也。"

"朱"的词义引申路径为：

朱：赤心木 —→ 红色 ⤳ 朱砂 / 红色胭脂

【赭】

赭，本义是"赤褐色的土"。如：

（60）"又南百二十里曰若山，其上多瓂㻬之玉，多赭，多邽石。"

（《山海经·中山经》）

——郭璞注："赭，赤土。"

（61）"上有赭者，下有铁。"（《管子·地数》）

1）引申指赤红如赭土的颜料。如：

（62）"赫如渥赭。"（《诗经·邶风·简兮》）

——郑玄笺："赫然如厚傅丹。"

2）引申指赤褐色。赭衣，多为古代囚犯所服，有时简称为"赭"，故赭又有"赭衣"之义。如：

（63）"杀，赭衣而不纯。"（《荀子·正论》）

——杨倞注："以赤土染衣，故曰赭衣。"

3）引申为"使赤裸成赤褐色"。如：

（64）"始皇大怒，使刑徒三千人皆伐湘山树，赭其山。"（《史记·秦始皇本纪》）

"赭"的词义引申路径为：

赭：赤褐色的土　　　赤红如赭土的颜料
　　　　　　　　　　赤褐色 → 赭衣
　　　　　　　　　　使赤裸成赤褐色

【金】

金，本义是"铜"。如：

（65）"厥贡惟金三品。"（《尚书·禹贡》）

——郑玄注："金三品者，铜三色也。"

（66）"郑伯始朝于楚，楚子赐之金，既而悔之，与之盟曰：无以铸兵！"（《左传·僖公十八年》）

1）引申为"金属"的通称。如：

（67）"掌凡金、玉、锡、石、丹青之戒令。"（《周礼·秋官·职金》）

——孙诒让正义："《说文·金部》云：金，五色金也。黄为之长；银，白金也；铅，青金也；铜，赤金也；铁，黑金也。案金为黄金，亦为五金之总名。但古制器多用铜，故经典通称铜为金。"

（68）"分府库之金，散仓廪之粟，以镇抚其众。"（《吕氏春秋·怀宠》）

——高诱注："金，铁也，可以为田器，皆布散以与人民。"

后来专指"黄金"。如：

（69）"采金之禁：得而辄辜磔于市，甚众，壅离其水也，而人窃金不止。"（《韩非子·内储说上》）

（70）"宝金兮委积，美玉兮盈堂。"（汉王褒《九怀·匡机》）

2）因古代的货币用金制成，故引申转指"钱财、货币"。如：

（71）"前日于齐，王馈兼金一百而不受。"（《孟子·公孙丑下》）

（72）"嫂曰：以季子之位尊而多金。"（《战国策·秦策一》）

进一步引申指"货币单位"。如：

（73）"请献十金。"（《墨子·公输》）

（74）"十九年之中三致千金。"（《史记·货殖列传》）

3）引申转指金属制成的器物。

箭头，如：

（75）"抽矢扣轮去其金。"（《孟子·离娄下》）

——朱熹集注："金，镞也。"

军中用于指挥的工具钲铙之类，如：

（76）"金，所以坐也，所以退也，所以免也。"（《管子·兵法》）

钟鼎，如：

（77）"如是而铸之金，磨之石。"（《国语·周语下》）

——韦昭注："铸金以为钟也。"

刀锯斧钺之类刑具，如：

（78）"为外刑者，金与木也；为内刑者，动与过也。"（《庄子·列御寇》）

——郭象注："金谓刀锯斧钺，木谓捶楚桎梏。"

金印，如：

（79）"盗管金。"（《淮南子·泛论训》）

——高诱注："金，印封。"

4）引申指"金黄色"。如：

（80）"赤芾金舄，会同有绎。"（《诗经·小雅·车攻》）

——郑玄笺："金舄，黄朱色也。"

5）引申指"像金属一样坚固的"。如

（81）"不谨萧蔷之患而固金城于远境。"（《韩非子·用人》）

"金"的词义引申路径为：

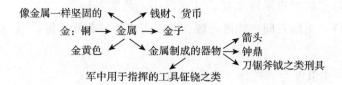

【皂】

"皂"的本义是"喂马槽"。如：

（82）"使不羁之士与牛骥同皂。"（《史记·鲁仲连邹阳列传》）

——裴骃集解引《汉书音义》曰："食牛马器，以木作，如槽也。"

1）由"喂马槽"引申指"养马之官、服劳役的人"。如：

（83）"人有十等……故王臣公，公臣大夫，大夫臣士，士臣皂，皂臣舆，舆臣隶，隶臣僚，僚臣仆，仆臣台，马有圉，牛有牧，以待百事。"（《左传·昭公七年》）

2）引申为量词，十二匹马为一皂。如：

（84）"乘马一师四圉，三乘为皂。"（《周礼·夏官·校人》）

——郑玄注引郑司农曰："四匹为乘。"

3）由"喂马槽"隐喻指称植物"皂斗"，因为皂斗壳煮汁可以染黑，故引申转指"黑色"。如：

（85）"是以每相、二千石至，彭祖衣皂布衣，自行迎，除二千石舍。"（《史记·五宗世家》）

4）引申指"谷粒未成熟"。如：

（86）"既方既皂，既坚既好，不稂不莠，去其螟螣。"（《诗经·小雅·大田》）

——毛传："实未坚者曰皂。"

"皂"的词义引申路径为：

【采】

采，本义是"摘取"。如：

（87）"参差荇菜，左右采之。"（《诗经·周南·关雎》）

1）引申为"采集、收集"。如：

（88）"故古有采诗之官。"（《汉书·艺文志》）

（89）"玉隐石间，珠匿鱼腹，非玉工珠师，莫能采得。"（《论衡·自纪》）

进一步引申为"选择、采取"。如：

（90）"采上古'帝'位号，号曰'皇帝'。"（《史记·秦始皇本纪》）

2）引申为"开采"。如：

（91）"往者豪强大家得管山海之利，采铁石鼓铸，煮海为盐。"（汉桓宽《盐铁论·复古》）

3）引申为"彩色"。如：

（92）"以五采彰施于五色，作服。"（《尚书·益稷》）

——蔡沈集传："采者，青、黄、赤、白、黑也。"

由彩色之美引申喻指"文采"，指文章词藻华美。如：

（93）"文质疏内兮，众不知余之异采。"（《楚辞·九章·怀沙》）

——王逸注："采，文采也。"

又由"华美"引申指"风采"。如：

（94）"采色不定，常人之所不违。"（《庄子·人间世》）

另外，以"彩色"转指服饰材料"彩色的丝织品"。如：

（95）"文采千匹。"（《汉书·货殖传》）

——颜师古注："帛之有色者曰采。"

进一步引申指"彩饰、花纹"。如：

（96）"其闲则有虎珀丹青，江珠瑕英，金沙银砾，符采彪炳，晖丽灼烁。"（《文选》左思《蜀都赋》）

——刘逵注："符采，玉之横文也。"

由"彩饰"进一步引申指"文饰，文过其实"。如：

（97）"养失而泰，乐失而淫，礼失而采，教失而伪。"（《汉书·严安传》）

——颜师古注："如淳曰：'采，饰也。'采者，文过其实也。"

"采"的词义引申路径为：

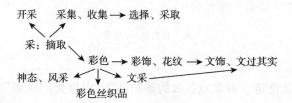

上古汉语服色词发生词义引申的有 18 个，单义引申的有 3 个，多义引申的有 15 个，其中属多义辐射引申的有 2 个，多义连锁引申有 1 个，多义综合引申有 12 个。在发生词义引申的 18 个服色词中，本义为颜色义的有 5 个，颜色义是引申而来的有 13 个。具体情况见表 7-2。

表 7-2　上古汉语服色词词义引申情况

引申类型 ＼ 词项		颜色义为本义的	颜色义为引申义的
单义引申		紫	丹、苍
多义引申	辐射引申		葱、雀
	连锁引申		彤
	综合引申	玄、白、赤、黄	黑、青、练、朱、赭、金、皂、采

第三节　服饰材料词词义引申现象分析

服饰材料词在上古时期词义发生引申的我们重点分析 15 个：帛、绮、缟、绉、缌、缊、绵、皮、绣、组、素、革、纯、罗、麻。

一　单义引申

【帛】

帛，本是古代丝织物的通称。因为古代以帛五匹为一束，用作聘问、馈赠的礼物，于是"帛"特指"束帛"。如：

（1）"子曰：'礼云礼云，玉帛云乎哉？'"（《论语·阳货》）

——朱熹集注："帛，束帛之类。"

（2）"皮帛必可制。"（《仪礼·士昏礼》）

——郑玄注："皮帛，俪皮、束帛也。"

"帛"的词义引申路径为：

帛：丝织物 → 束帛

【绮】

绮，本义是指"有素地花纹的丝织品"，引申指"光彩"。如：

（3）"流绮星连，浮彩艳发。"（《文选》张协《七命》）

——李善注："绮，光色也。"

"绮"的词义引申路径为：

绮：有素地花纹的丝织品 → 光彩

【缟】

缟，本义是"细而白的丝织品"。引申转指"白色生帛"的颜色"白色"。如：

（4）"有文马，缟身朱鬣，目若黄金，名曰吉量。"（《山海经·海内北经》）

"缟"的词义引申路径为：

缟：细而白的丝织品 → 白色

【绉】

绉，本义为"细葛布"。引申为"皱缩"，如：

（5）"襞积褰绉。"（《史记·司马相如列传》）

——司马贞索隐引苏林曰："褰绉，缩蹙之。"

"绉"的词义引申路径为：

绉：细葛布 → 皱缩

【缌】

缌，本义为"细麻布"。因"缌"多用作制作丧服，引申为古代丧服名，五种丧服之最轻者，以细麻布为孝服，服丧三个月。如：

（6）"缌麻三月者。"（《仪礼·丧服》）

（7）"改葬之礼缌。"（《谷梁传·庄公三年》）

——唐杨士勋疏："五服者，案丧服有斩衰、齐衰、大功、小功、缌麻是也。"

（8）"丧服称亲疏以为重轻，亲者重，疏者轻，故复有粗衰、齐衰、

大红，细红，缌麻，备六，各服其所当服。"（汉贾谊《新书·六术》）

"缌"的词义引申路径为：

缌：细麻布 → 古代丧服名

二 多义引申

（一）辐射引申

【缊】

缊，本义为"新旧混合的绵絮，乱絮"。

1）引申为"乱麻"。如：

（9）"（里母）即束缊请火于亡肉家。"（《汉书·蒯通传》）

——颜师古注："缊，乱麻。"

2）引申为"乱"。如：

（10）"齐桓之时缊，而《春秋》美'邵陵'，习乱也。"（汉扬雄《法言·孝至》）

——李轨注："缊，亦乱也。"

"缊"的词义引申路径为：

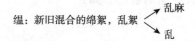

缊：新旧混合的绵絮，乱絮 — 乱麻 / 乱

【绵】

绵，本义是"蚕丝结成的片或团"，即丝绵。

1）引申为"延续，连续"。如：

（11）"长毂五百乘，绵地千里。"（《榖梁传·成公十四年》）

——范宁注："绵犹弥漫。"

（12）"潜服膺以永靖兮，绵日月而不衰。"（《文选》张衡《思玄赋》）

——旧注："绵，连也。"

2）引申为"缠绕"。如：

（13）"秦篝齐缕，郑绵络些。"（《楚辞·招魂》）

——王逸注："绵，缠也。"

3）引申为"软弱，薄弱"。如：

（14）"越人绵力薄材，不能陆战。"（《汉书·严助传》）

——颜师古注："绵，弱也，言其柔弱如绵。"

4）引申为"遥远"。如：

（15）"冬来秋未反，去家邈以绵。"（《文选》陆机《饮马长城窟行》）

——李善注："绵，远也。"

"绵"的词义引申路径为：

遥远　　　　　缠绕

绵：蚕丝结成的片或团

延续，连续　　　软弱，薄弱

【皮】

皮，本指"兽皮"。

1）引申指人的皮肤或动植物体表面的一层组织。如：

（16）"高祖为亭长，乃以竹皮为冠。"（《汉书·高帝纪上》）

2）特指经过加工的动物的皮毛，皮革。如：

（17）"岛夷皮服。"（《尚书·禹贡》）

（18）"古者杆不穿，皮不蠹，则不出于四方。"（《公羊传·宣公十二年》）

——何休注："皮，裘也。"

3）特指古代用兽皮制的射靶。如：

（19）"射不主皮。"（《论语·八佾》）

——何晏集解引马融曰："天子三侯，以熊虎豹皮为之。言射者不但以中皮为善，亦兼取和容也。"

（20）"礼射不主皮。"（《仪礼·乡射礼》）

——郑玄注："主皮者，无侯张兽皮而射之，主于获也。"

4）引申为动词"剥皮"。

（21）"聂政大呼……因自皮面抉眼，自屠出肠，遂以死。"（《战国策·韩策二》）

——《史记·刺客列传》引此文，司马贞索隐："皮面，谓以刀割其面皮，欲令人不识。"

5）引申指"表面、外表"。如：

（22）"延陵子知其为贤者，请问姓字。牧者曰：'子乃皮相之士也，何足语姓字哉！'"（《韩诗外传》卷十）

（23）"夫足下欲兴天下之大事而成天下之大功，而以目皮相，恐失天下之能士。"（《史记·郦生陆贾列传》）

"皮"的词义引申路径为：

剥皮 → 经过加工的动物的皮毛，皮革
皮：兽皮 → 人的皮肤或动植物体表面的一层组织
表面、外表 ← 古代用兽皮制的射靶

【绣】

绣，本义是"经绘画而使五彩具备"。

1）引申指"有彩色花纹的丝织品"。如：

（24）"素衣朱绣，从子于鹄。"（《诗经·唐风·扬之水》）

（25）"富贵不归故乡，如衣绣夜行，谁知之者？"（《史记·项羽本纪》）

2）引申指"刺绣"。如：

（26）"齐部世刺绣，恒女无不能。"（汉王充《论衡·程材》）

"绣"的词义引申路径为：

绣：经绘画而使五彩俱备 → 有彩色花纹的丝织品 / 刺绣

【组】

组，本义是"丝带"。《尚书·禹贡》："厥篚玄纤玑组。"孔传："组，绶类。"

1）引申为动词"编织，编结"。如：

（27）"素丝组之，良马五之。"（《诗经·墉风·干旄》）

——郑玄笺："以素丝缕缝组于旌旗以为之饰。"

（28）"今民衣敝不补，履决不组。"（《吕氏春秋·分职》）

2）古代用丝带系佩印，故引申为佩印用的绶。如：

（29）"子婴即系颈以组，白马素车，奉天子玺符，降轵道旁。"（《史记·秦始皇本纪》）

——裴骃集解引应劭曰："组者，天子黻也。"

（30）"陛下以方寸之印，丈二之组，填抚方外。"（《汉书·严助传》）

——颜师古注："组者，印之绶。"

3）引申为"华丽"。如：

（31）"乱世之征，其服组，其容妇，其俗淫，其志利……治世反是
也。"（《荀子·乐论》）

——王先谦集解："《尚书·禹贡》马注：组，文也。服组谓华侈。"

"组"的词义引申路径为：

$$\text{组：丝带} \begin{cases} \text{编织，编结} \\ \text{佩印用的绶} \\ \text{华丽} \end{cases}$$

（二）综合引申

【素】

素，本义是"本色的未染的生帛。"《礼记·杂记下》："纯以素，纯
以五采。"孔颖达疏："素，谓生帛。"

1）引申转指本色生帛的颜色，即"白色、无色"。如：

（32）"羔羊之皮，素丝五纯。"（《诗经·召南·羔羊》）

——毛传："素，白也。"

2）由"本色未染的特点"引申为"原始、根本、本质"。如：

（33）"定以六律、五声、八音、七始，着其素，蔟以为八，此八伯
之事也。"（《尚书大传》卷一下）

——郑玄注："素，犹始也；蔟，犹聚也。"

（34）"道德者，操行所以为素也。"（《鹖冠子·学问》）

——陆佃解："道德，操行之本，故曰素也。"

一是本然的纯洁性，即"质朴无饰"。如：

（35）"见素抱朴，少私寡欲。"（《老子》）

（36）"其心愉而不伪，其事素而不饰。"（《淮南子·本经训》）

——高诱注："素，朴也。"

二指真实纯粹的心意。如：

（37）"披心腹。见情素。"（《汉邹阳〈狱中上梁王书〉》）

3）引申为"空，白"。如：

（38）"彼君子兮，不素餐兮。"（《诗经·魏风·伐檀》）

——毛传："素，空也。"陈奂传疏："今俗以徒食为白餐。餐，犹
食也。赵岐注《孟子·尽心篇》云：'无功而食，谓之素餐。'"

（39）"以此处下，玄圣、素王之道也。"（《庄子·天道》）

——郭象注："有其道为天下所归，而无其爵者，所谓素王自贵也。"

4）由生帛"未染"的特点隐喻引申指没有荤的食品，即"蔬食"。如：

（40）"古之民未知饮食时，素食而分处。"（《墨子·辞过》）

5）引申为"平素、向来、旧时"。如：

（41）"其众素饱，不可谓老。"（《左传·僖公二十八年》）

——杨伯峻注："素，向来。"

（42）"吴广素爱人，士卒多为用者。"（《史记·陈涉世家》）

"素"的词义引申路径为：

【革】

革，本义是"去毛并经过加工的兽皮"。

1）引申特指"人的皮肤"。如：

（43）"脾生隔，肺生骨，肾生脑，肝生革，心生肉。"（《管子·水地》）

——尹知章注："革，皮肤也。"

（44）"四体既正，肤革充盈，人之肥也。"（《礼记·礼运》）

——孔颖达疏："肤是革外之薄皮，革是肤内之厚皮革也。"

2）引申指"革制成的甲、胄、盾之类"。如：

（45）"往体寡，来体多，谓之王弓之属，利射革与质。"（《周礼·考工记·弓人》）

——郑玄注："革谓干盾。"

（46）"兵革非不坚利也，米粟非不多也。"（《孟子·公孙丑下》）

进一步用"革车"指"兵车"。如：

（47）"凡用兵之法，驰车千驷，革车千乘，带甲十万。"（《孙子·作战》）

"革车"也简称为"革"，如：

（48）"殷事已毕，偃革为轩，倒置干戈，覆以虎皮，以示天下不复用兵。"（《史记·留侯世家》）

——司马贞索隐引苏林曰："革者，兵车也。"

3）引申为八音之一，指革制的鼓类乐器。如：

（49）"皆播之以八音：金、石、土、革、丝、木、匏、竹。"（《周礼·春官·大师》）

——郑玄注："革，鼓鼗也。"

（50）"为木革之声则若雷，为金石之声则若霆。"（《吕氏春秋·侈乐》）

4）引申为"更改，改变"。如：

（51）"惟尔知惟殷先人，有册有典，殷革夏命。"（《尚书·多士》）

（52）"天地革而四时成。"（《周易·革》）

又为"除去"。如：

（53）"革，去故也。"（《周易·杂卦》）

"革"的词义引申路径为：

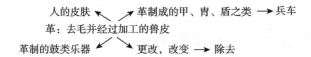

【纯】

纯，本义是"丝"。

1）引申为"精、无杂质的"。如：

（54）"文王之德之纯。"（《诗经·周颂·维天之命》）

——朱熹集传："纯，不杂也。"

（55）"刚健正中，纯粹精也。"（《周易·干》）

由"无杂质"引申为"诚、信、非虚假的"。如：

（56）"颖叔考，纯孝也。"（《左传·隐公元年》）

由"诚、非虚假"引申为"善、美"。如：

（57）"毛、血，告幽全之物也。告幽全之物者，贵纯之道也。"（《礼记·郊特牲》）

——郑玄注："纯，谓中外皆善。"

（58）"非德不纯，形势弱也。"（《史记·汉兴以来诸侯年表》）

——司马贞索隐："纯，善也。"

2）引申为"皆，全，都"。如：

（59）"案有十二寸，枣栗十有二列，诸侯纯九，大夫纯五，夫人以

劳诸侯。"(《周礼·考工记·玉人》)

——郑玄注:"纯,犹皆也。"

(60)"若纯三年而字子,生可以二三年矣。"(《墨子·节用上》)

——孙诒让闲诂:"《周礼·玉人》注:'纯犹皆也。'"

"纯"的词义引申路径为:

$$\text{纯:丝} \longrightarrow \text{精、无杂质的} \begin{cases} \text{诚、信、非虚假的} \longrightarrow \text{善、美} \\ \text{皆,全,都} \end{cases}$$

【罗】

罗,本义是"捕鸟的网"。如,《诗经·王风·兔爰》:"有兔爰爰,雉离于罗。"毛传:"鸟网为罗。"也指"张网捕鸟"。如:《诗经·小雅·鸳鸯》:"鸳鸯于飞,毕之罗之。"《周礼·夏官·大司马》:"罗弊,致禽以祀坊。"郑玄注:"罗弊,罔止也。"

1)引申为"使陷入法网"。如:

(61)"今律令繁多而不约,自典文者不能分明,而欲罗元元之不逮,斯岂刑中之意哉!"(《汉书·刑法志》)

2)捕鸟会使鸟被聚集,由此引申为"招请,聚集,包罗"。如:

(62)"网罗天下异能之士。"(《汉书·王莽传上》)

(63)"万物毕罗,莫足以归。"(《庄子·天下》)

——成玄英疏:"包罗庶物,囊括宇内。"

3)捕鸟的网其网线、网格是有序的排列与分布,由此引申出"陈列、分布"之义。如:

(64)"轩辌既低,步骑罗些。"(《楚辞·招魂》)

——王逸注:"罗,列也。"

(65)"时播百谷草木,淳化鸟兽虫蛾,旁罗日月星辰水波土石金玉。"(《史记·五帝本纪》)

——司马贞索隐:"罗,广布也。"

4)由"捕鸟的网"与"稀疏的丝织品"有相似之处,由此"罗"隐喻指"稀疏而轻软的丝织品"。如:

(66)"翡阿拂壁,罗帱张些。"(《楚辞·招魂》)

——王逸注:"罗,绮属也。"

"罗"的词义引申路径为：

罗：捕鸟的网 → 陈列、分布 → 招请，聚集，包罗
罗：捕鸟的网 → 张网捕鸟 → 使陷入法网
罗：捕鸟的网 → 稀疏而轻软的丝织品

【麻】

麻，本专指大麻。

1）后来成为麻类植物的总名。又指麻的可食子实。如：

（67）"以犬尝麻，先荐寝庙。"（《吕氏春秋·仲秋》）

2）引申指麻的茎皮纤维。如：

（68）"不绩其麻，市也婆娑。"（《诗经·陈风·东门之枌》）

（69）"麻也者，何也？曰：所以为衣也。"（汉刘向《说苑·辨物》）

由于麻的茎皮纤维可以制衣，故引申指麻布丧服。如：

（70）"麻者不绅，执玉不麻，麻不加于采。"（《礼记·杂记下》）

——郑玄注："麻，谓绖也。"

（71）"免麻于序东。"（《礼记·奔丧》）

——郑玄注："麻，亦绖带也。"

"麻"的词义引申路径为：

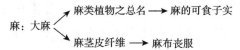

麻：大麻 → 麻类植物之总名 → 麻的可食子实
麻：大麻 → 麻茎皮纤维 → 麻布丧服

上古汉语服饰材料词发生词义引申的全部为单音节词。从引申义数量看引申类型，单义引申有 5 个，多义引申有 10 个，其中多义辐射引申有 5 个，多义综合引申有 5 个，没有多义连锁引申。在所考察的 15 个上古汉语服饰材料词中，服饰材料义是本义的有 11 个，服饰材料义是引申而来的有 4 个。具体情况见表 7 - 3。

表 7 - 3　上古汉语服饰材料词词义引申情况

引申类型＼词项		服饰材料义为本义的	服饰材料义为引申义的
单义引申		帛、绮、缟、绤、缌	
多义引申	辐射引申	缊、绵、组	皮、绣
	综合引申	素、革、纯	罗、麻

第四节　上古汉语服饰词词义引申特征

通过对上古汉语服饰词词义引申情况进行分析，发现其词义引申程度和引申方向都有一定的规律。

一　引申程度

1. 与义素数量成反比

服饰名物词的关涉义素越多越具体，词义引申程度越弱，引申义越少；相反，词义越概括，词义引申程度越强，引申义越多。

如，多音节首服名物词的关涉义素与单音节的首服名物词的关涉义素相比，数量更多，语义更加具体，限定性义素更明确，所以多音节服饰名物词的词义引申非常少，大多数没有发生词义引申。

再如，同是单音节的首服名物词"冠、弁、冕"，都是指礼帽，关涉义素情况为：

冠：上古＋成年男子＋戴在头上＋服饰

弁：周＋成年男子＋戴在头上＋服饰

冕：上古＋帝王、诸侯、卿大夫中的成年男子＋祭礼＋戴在头上＋服饰

通过对比可知，"冕"的关涉义素比"冠、弁"都多，所以"冕"的词义引申能力最弱，上古时期无引申；"冠"与"弁"的关涉义素数量相当，但因为"冠"出现得早，"弁"出现得较晚，"冠"是礼帽的总名，"冠"的词义引申程度最强，"弁"其次。

2. 与使用频率成正比

一般情况下，同一语义类别的词，使用频率越高，引申程度越强。使用频率越低的词，引申程度越弱。

如，同是单音节衣类体服名物词，"衣、袇、襌、袍、襄、衰/缞"的使用频率差距比较大，按照使用频率由高到低排序为：

衣（236）＞衰/缞（45）＞袍（10）＞襄（8）＞袇（1）襌（1）

引申义的情况是：衣有 4 个引申义，衰/缞有 3 个引申义，袍和襄都有 1 个引申义，襌有 1 个引申义，袇没有引申。

3. 通名或总名高于专名

一般情况下，在同一语义类别下，通名或总名的引申程度高于专名的引申程度。

如服饰名物词中的冠、衣、裳、服的引申程度，高于其同一语义类别下的专名词语。服色词中的某一服色类别的总名的引申程度也比其他服色词引申程度强。

二　引申方向

1. 特征义素决定引申方向

词义引申方向的主要决定因素往往是最能凸显该服饰词特征的义素。比如："緌"，帽带末端下垂的部分，其最主要的特征就是"下垂"，这一义素在引申义"蝉长在腹下垂状的针喙"中保留并凸显；"禅"，单衣，主要特征就是"单"，引申义"单层"是其"单"这一特征义素的凸显；"蓑"，蓑衣，是一种用蓑草做的盖住身体以挡雨的衣服，引申义"以草覆盖"就是其"草衣"特征的凸显；"绅"，绅带，最主要的作用就是"束衣"，引申义"约束"是"束衣"的"约束"特征义素的凸显；"衷"，贴身内衣，主要特征是"贴身"，由此引申出"内心"和"穿在里面"两个引申义。

2. 认知类型决定引申方向

隐喻认知作用下的词义引申，在新旧词义间具有明显的相似性。如："冠"，礼帽，是戴在头上的，在人身体的顶部，由此引申出"物体的顶端部分"，二者具有"在顶端"的相似性；"缨"，冠系，是具有固冠的作用的带状物，与"马鞅"具有相似性；"衡""甲"都是隐喻认知作用下，由本义引申才具有服饰名物义的。隐喻认知是不同域的"相似性"映射的结果，所以，在隐喻认知作用下的词义引申，引申义往往与基础义属于不同的语义范畴。

转喻认知作用下的词义引申，在新旧词义间具有一定的相关性。人们由服饰，很容易推断出穿戴该服饰的动作，于是就有了服饰名物词转喻为穿戴服饰的动词，比如："冠""弁""簪""缨""衣""介胄""衰绖"等服饰名物词，都有相应的穿戴该服饰的动词义；由服饰的某一部件，联想到该服饰；由某一种服饰转喻指代该类服饰；由服饰的颜色转喻指代具有该色的服饰或由服饰材料指代该材料制成的衣物；如此等等。转喻认知是在同一认知理想化认知模型中的"相关性"映射的结果，所以，在转喻认知作用下的词义引申，引申义往往与基础义属于同一语义范畴。

第八章　上古汉语服饰词词义转喻分析

词义发展演变的原因是多方面的，既有语言自身方面的内部原因，也有社会文化、语言使用者的思维认知等方面的外部原因。事实上，社会文化、语言使用者的思维认知等方面的原因，是词义发展演变不可忽视的原因。通过对上古汉语服饰词的词义引申分析，不难发现语言使用者的主观认知在词义发展演变中起到了至关重要的桥梁作用，尤其是转喻认知。本章将重点分析转喻在上古汉语服饰词意义变化中的作用及其认知机制。

第一节　转喻与词义引申

关于转喻，经历了修辞研究、语义研究、认知研究三个阶段。转喻的认知研究，使词汇在语义层面的研究更加深入，使词义发展演变的动因与规律的探究更加具体。通过对上古汉语服饰词词义演变的描写可知，转喻对上古汉语服饰词的词义引申所给予的认知动力，远远大于隐喻的作用。

一　转喻认知的本质

从认知的角度关注转喻，源自西方认知语言学。

1. 转喻的定义

认知视域下的转喻，其定义目前并没有特别一致的看法。认知语言学比较有影响力的观点有：

（1）转喻是发生在同一理想化认知模型（ICM）中的代替关系。如果说隐喻是两个不同的概念域之间的映射，那么转喻则是在同一理想化认知模型中的运作。

（2）转喻是一种参照点现象，是一个实体通过转喻表达以参照点的方式为目标体提供心理通道的过程。

（3）转喻是在同一理想化认知模型中，一个概念实体（即源域）为另一概念实体（目标域）提供心理通道的认知操作过程。

李勇忠在总结西方认知语言学研究成果的基础上，提出转喻的定义：转喻是在同一理想化认知模型内，出于交际的需要，语用者用一个认知域激活另一认知域的操作过程。① 这一定义的特点是，认为"激活"比"映射"和"凸显"更能解释转喻的认知语用特点。

周福娟认为，认知域转喻观存在许多问题：认知域概念很模糊，对概念邻近性的理解含混，未探讨影响常规转喻和新奇转喻形成的因素。周福娟认为转喻是认知图式中的映射，空间部分——整体的邻近性是转喻映射的典型。人类体验、社会和文化非语言因素是源实体（source entity）和目标实体（target entity）产生映射的动因。除了指称功能，转喻还可以为目标实体提供心理通道。②

关于转喻定义的探讨，虽未形成一个统一的定义，但对于转喻本质的认识可以概括为以下四个方面。

第一，转喻是人类重要的认知机制之一。

第二，转喻为通过一事物认识其他事物提供心理通道，或是为用事物容易理解或感知的某个方面代替整个事物或其部分提供认知桥梁。

第三，转喻的发生有的受相对凸显原则的制约，有的受具体语境的制约。

第四，转喻有概念邻近性的映射，亦有空间邻近性的映射。

2. 转喻的分类

西方语言学研究，从语用功能的角度将转喻进行分类。一种分类的结果是分为三类：指称转喻、谓词转喻、言外转喻；另一种分类结果是分为两大类四小类：高层次转喻和低层次转喻两大类，每个大类中又包括命题转喻和情境转喻两小类。③

---

① 李勇忠：《语言结构的转喻认知理据》，《外国语》（上海外国语大学学报）2005 年第 6 期，第 40～46 页。

② 周福娟：《认知视域中的指称转喻》，《扬州大学学报》（人文社会科学版）2012 年第 5 期，第 123～128 页。

③ 张辉、孙明智：《概念转喻的本质、分类和认知运作机制》，《外语与外语教学》2005 年第 3 期，第 1～6 页。

　　指称转喻是在一个认知域内部的关系中用一概念代指另一概念，是指称转换的现象。谓词转喻，即述谓转喻，是用一个陈述来借代另一个不同的陈述。言外转喻，简言之就是一种言语行为借代另一种相关的言语行为。低层次命题转喻就是指称转喻；低层次情境转喻是用某一具体的情境中高度凸显的成分来代表整个事件。高层次命题转喻就是语法转喻；高层次情境转喻就是言外转喻，也有称为言语行为转喻的。

　　通过转喻的分类可知，转喻可以是词汇层面的使用，也可以是语法层面的变化，还可能是语句层面的运用。不管是哪种类型的转喻，其共同特点都是以关系的邻近性为前提，在凸显原则的制约下，结合具体语境，人类运用已有知识经验，从一概念或一事物，迅速认识另一概念或事物的过程。

二　转喻与词义引申

　　联想是人类认知的重要能力。联想也是认知作用的结果。面对新事物、新概念，通过联想，运用已有与之相似或相关的语言要素进行诠释和表达，是语言经济性原则的需要，也是人类认知的基本表现。转喻是已被公认的认知基本模式，也是词义引申的重要动因。"研究词义引申规律，首先要研究词义引申的根据，也就是基本义与引申义所反映的概念间的各种关系。"[1]

　　词义引申与人类的认知机制息息相关。高守纲认为："一个词能由指称这种对象而引申为指称另一种对象，是基于这两种对象具有一定的关系，这种关系就是词义引申的根据。"[2] 值得注意的是，高守纲所说的"具有一定的关系"是什么关系？转喻认知正是基于这种"一定的关系"而进行的认知推理。

　　"在特定情况下，甲事物与乙事物之间有没有引人注目的联系，能否引起人们的联想，能引起人们怎样的联想，在某种程度上是由民族认知心理、思维模式直接或间接决定的。"[3] 转喻就是基于基础义与引申义的

---

①　程俊英、梁永昌：《应用训诂学》，华东师范大学出版社，2008，第 52 页。

②　高守纲：《古汉语词义通论》，语文出版社，1994，第 189 页。

③　杨运庚、郭芹纳：《古汉语词义引申的心理认知、思维模式底蕴——以〈段注〉词义引申规律为例》，《社会科学论坛》2003 年第 9 期，第 109～114 页。

"相关"关系而进行的认知。词义在转喻认知的作用下会发生有规律的变化。上古汉语服饰词的词义引申与转喻认知密切相关。

转喻认知的关键是源域与目标域的"相关性"。

关于转喻的研究，更多的集中于语用层面上转喻的定义、分类、认知机制等方面。研究发现，转喻的"相关性"或"邻近性"关系是临时的，并非恒久不变的，所以，对语境的依赖是不可忽视的。在词汇研究中，研究者也注意到了词汇的转喻现象，一般也局限于具体的语境中。通过对上古汉语服饰词词义引申的描写，不难发现基础义与引申义之间的关系中，"相关性"远远多于"相似性"，尤其是与服饰义相关的语义范畴内的引申，基本上是基于转喻认知而进行的词义引申。

束定芳认为转喻的本体和喻体是以隐含的方式在起作用，本体和喻体之间是一种替代的关系。喻体之所以可以替代本体是因为它代表了本体的某一特征，提及这一特征，听话者就能够推断出所指的实际上是本体。① 转喻成为语言输出和语言理解的桥梁，使人们在交际中无须把所有信息都用语言表达出来，只需"点到为止"，即可达到一定的交际效果。当有些词在使用中某种转喻情况成为固定用法后，就会产生引申义。

转喻认知是词义引申的动因之一，是不可忽视的。

上古汉语服饰词的词义引申中，有很多是转喻认知的作用。服饰名物、服色、服饰材料之间，具有很强的"相关性"与"邻近性"。当服饰名物或服色或服饰材料的某些特征比较"凸显"，在具体环境中与相关的动作、对象或该服饰穿戴者具有强烈的对应性时，在转喻认知的作用下，就会发生词义的变化，即引申，我们在这里称之为转喻引申。

第二节　上古汉语服饰词词义转喻引申

上古汉语服饰词基于转喻认知作用下的词义引申，基础义与引申义之间体现出典型的相关性，而且基本都属于与服饰相关的语义范畴。

---

① 束定芳：《认知语义学》，上海外语教育出版社，2009（重印本），第177页。

一　服饰名物词转喻引申

由衣物到穿戴衣物、由衣物到穿戴该衣物之人、由衣物的一部分到整件衣物或一种衣物到一类衣物，是人类认知中极易发生的联想，转喻认知因此成为名物词词义引申的动因。

（一）语法范畴的转喻：以服饰代指穿戴该服饰

在人的认知域中，事物与其相关行为、动作具有极强的邻近性，由行为、动作联想到其目标物，或由事物联想到其相关的行为、动作，构成了转喻引申中较普遍的一种，上古服饰名物词该引申较多。

1. 冠，原来是指"帽子"，引申为"戴冠"。如：

（1）庄子曰："周闻之，儒者冠圜冠者，知天时；履句屦者，知地形……"（《庄子·田子方》）

（2）"丘少居鲁，衣逢掖之衣；长居宋，冠章甫之冠。"（《礼记·儒行》）

（3）"静郭君来，衣威王之服，冠其冠，带其剑。"（《吕氏春秋·知士》）

2. 冕，古代天子、诸侯、卿、大夫等行朝仪、祭礼时所戴的礼帽，引申为"戴冕"。如：

（4）"一人冕执刘，立于东堂；一人冕执钺，立于西堂。"（《尚书·顾命》）

（5）"诸侯适天子，必告于祖，奠于祢，冕而出视朝。"（《礼记·曾子问》）

3. 弁，由"冠名"引申为动词"戴弁"。如：

（6）"王与大夫尽弁，以启金縢之书。"（《尚书·金縢》）

4. 衣，由"上衣"引申为"穿（衣服）"。

（7）"君子虽贫，不粥祭器；虽寒，不衣祭服；为宫室，不斩于丘木。"（《礼记·曲礼下》）

（8）"妾不衣帛，马不食粟，可不谓忠乎？"（《左传·成公十六年》）

5. 裘，是"用毛皮制成的御寒衣服"，引申为"穿上毛皮衣"。如：

（9）"（孟冬之月）是月也，天子始裘。"（《礼记·月令》）

（10）"仲都冬倮而体温，夏裘而身凉。"（三国魏嵇康《答难养生论》）

6. 要绖，缚在腰间的麻带，引申为动词"腰束麻带"。如：

（11）"闵子要绖而服事。"（《公羊传·宣公元年》）

（12）"孔子要绖，季氏飨士，孔子与往。"（《史记·孔子世家》）

7. 缘，衣服边上的镶绳；衣服的边。引申为"给衣履等物镶边或绲边"。如：

（13）"以缁缘缁，吾何以知其美也；以素缘素，吾何以知其善也。"（《管子·四称》）

（14）"文彩双鸳鸯，裁为合欢被，着以长相思，缘以结不解。"（《文选》古诗《客从远方来》）

——李善注引《礼记》郑玄注："缘，饰边也。"

8. 袖，衣袖，引申为"藏于袖中"。如：

（15）"辟阳侯出见之，即自袖铁椎椎辟阳侯，令从者魏敬刭之。"（《史记·淮南衡山列传》）

（16）"王叔文以度支使设食于翰林中，大会诸阉，袖金以赠。"（唐李肇《唐国史补》卷中）

9. 卷冕，帝王的礼服和礼帽。引申为"服卷冕"。如：

（17）"天子卷冕北面。"（《礼记·祭义》）

——孔颖达疏："天子亲执奠道，服衮冕北面。"

（18）"君卷冕立于阼。"（《礼记·祭统》）

10. 衰绖，丧服，引申为动词"穿丧服"。如：

（19）"三年之丧，如或遗之酒肉，则受之，必三辞，主人衰绖而受之。"（《礼记·杂记下》）

（20）"交趾国王遣使者十二人衰绖致祭，使者号泣震野。"（《续资治通鉴·元世祖至元十六年》）

11. 戎服，军服，亦指着军服。如：

（21）"郑子产献捷于晋，戎服将事。"（《左传·襄公二十五年》）

12. 甲胄，原指"铠甲和头盔"，引申指"披甲戴盔"。如：

（22）"是故君子衰绖则有哀色……甲胄则有不可辱之色。"（《礼记·表记》）

（23）"甲胄而效死，戎之政也。"（《国语·晋语三》）

13. 介胄，铠甲和头盔，引申为"披甲戴盔"。如：

（24）"介胄执枹，立于军门。"（《管子·小匡》）

（25）"副净扮高杰，末扮黄得功……俱介胄上。"（清孔尚任《桃花扇·争位》）

14. 屦，单底鞋，引申为动词"穿鞋"。如：

（26）"亲戚之不仕与倦而归者，不在东阡在北陌，可杖屦来往也。"（唐韩愈《孔公墓志铭》）

15. 履，鞋，引申为"穿鞋"。如：

（27）"衡免冠徒跣待罪，天子使谒者诏衡冠履。"（《汉书·匡衡传》）

（28）"自履藤鞋收石蜜，手牵苔絮长莼花。"（唐李贺《南园》诗之十一）

16. 屩，草鞋，后引申为"穿着草鞋"。如：

（29）"（孟元阳）屩而立于涂，役休乃就舍，故田辄岁稔，而军食常足。"（《新唐书·孟元阳传》）

17. 韤，足衣，袜子。引申为"着袜"。如：

（30）"褚师声子韤而登席。"（《左传·哀公二十五年》）

——注："古者见君解韤。"

（二）指称转喻

指称转喻在服饰名物词词义引申中是比较多的。

1. 以一种服饰代指穿戴该服饰之人

上古服饰与礼制息息相关，往往一种穿着，就是一种身份的象征，于是上古时期由一种服饰联想到一种人成为非常自然的事。封建礼制对上古服饰文化的继承，使得服饰之名转喻为穿戴该服饰之人成为服饰词词义引申的一种常见现象。

1）冕弁，冕和弁，为古代帝王、诸侯、卿、大夫所戴的礼帽。借指仕宦者。如：

（31）"始兵部赐第于靖安里，下及天宝，五世其居，冕弁骈比，罗列省寺。"（唐元稹《告赠皇祖祖妣文》）

2）章甫，商代的一种冠，朝服。借指仕宦。如：

（32）"辄以山水为富，不以章甫为贵，任性浮沉，若淡兮无味。"（北魏杨衒之《洛阳伽蓝记·正始寺》）

3）獬冠，即獬豸冠，古代御史等执法官吏戴的帽子。借指御史等执法官吏。如：

（33）"越人自贡珊瑚树，汉使何劳獬豸冠。"（唐韦縠《杜侍御送贡物戏赠》诗）

（34）"生前不惧獬豸冠，死来图画麒麟像。"（元关汉卿《玉镜台》第一折）

4）缨緌，冠带与冠饰。借指官位或有声望的士大夫。如：

（35）"于时缨緌之徒，绅佩之士，望形表而影附，聆嘉声而响和者，犹百川之归巨海，鳞介之宗龟龙也。"（汉蔡邕《郭有道碑文》）

（36）"吏道何其迫，窘然坐自拘。缨緌为徽纆，文宪焉可踰。"（晋张华《答何劭》诗之一）

5）玉藻，古代帝王冕冠前后悬垂的贯以玉珠的五彩丝绳。借指天子。如：

（37）"千官不起金縢议，万国空瞻玉藻声。"（唐曹唐《三年冬大礼》诗之四）

6）玉笄，玉质的簪子。亦指玉饰的簪子。借指仙女、美女。如：

（38）"玉笄初侍紫皇君，金缕鸳鸯满绛裙。"（唐杨衡《仙女词》）

7）衮，古代帝王及上公穿的绘有卷龙的礼服。古代三公八命，出封时加一命可服衮，后因以借指三公。如：

（39）"董弱冠而司衮兮，设王隧而弗处。"（《文选》张衡《思玄赋》）
　　——李善注："《汉书》曰：董贤年二十二为三公。"

8）衮衣，古代帝王及上公穿的绘有卷龙的礼服，借指帝王或上公。如：

（40）"衮衣前迈，列辟云从。"（南朝梁沈约《梁三朝雅乐歌·俊雅》）

（41）"立傍衮衣，满身香气；回瞻宝座，一朵红云。"（明陆采《明珠记·巡陵》）

9）狐白裘，用狐腋的白毛皮做成的衣服，借指富贵者。如：

（42）"狐白登廊庙，牛衣出草莱。"（唐袁朗《和洗掾登城南坂望京邑》）

10）绅，绅带，引申为"用绅带的人士，绅士"。如：

（43）"邑有公事，当集诸绅会议。"（清无名氏《王氏复仇记》）

11）甲，甲衣，引申为穿甲衣的人，即"甲士"。如：

（44）"秋九月，晋侯饮赵盾酒，伏甲，将攻之。"（《左传·宣公二年》）

（45）"羽林东下雷霆怒，楚甲南来组练明。"（唐杜牧《东兵长句十韵》）

12）介胄，铠甲和头盔，引申为"甲胄之士"，指武士。如：

（46）"爪牙背义，介胄无良。"（《陈书·鲁广达传》）

（47）"登堂来万民，下及介胄属。"（清黄鷟来《甲戌夏至武威晤张蔚生先生喜而有赋》）

13）朝衣，君臣上朝时穿的礼服。后借指朝廷官员。如：

（48）"九歌扬政要，六舞散朝衣。"（唐玄宗《首夏花萼楼观群臣宴宁王山亭回楼下又申之以赏月赋诗》）

14）麻衣，本为丧服，后泛指麻布衣，再后来指举子所穿的麻织物衣服，进而借指应试举子。如：

（49）"暗惊凡骨升仙籍，忽讶麻衣谒相庭。"（唐韩偓《及第过堂日作》诗）

15）白衣，白色衣服。因为白衣为古代平民服，因即借指平民，亦指无功名或无官职的士人。如：

（50）"（曹操）遂令丞相军谋祭酒路粹枉状奏融曰：'少府孔融……又前与白衣祢衡跌荡放言。'"（《后汉书·孔融传》）

亦指给官府当差的身份低微的小吏。如：

（51）"岂有白衣来剥啄，亦从乌帽自欹斜。"（唐高适《重阳》诗）

佛教徒着缁衣，因称俗家为"白衣"。如：

（52）"泰元中，有道人从外国来，自说所受术师白衣，非沙门也。"（《太平御览》卷三五九引荀氏《灵鬼志》）

16）布衣，布制的衣服。因为古代平民不能衣锦绣，所以用布衣借指平民。如：

（53）"古之贤人，贱为布衣，贫为匹夫，食则饘粥不足，衣则竖褐不完。"（《荀子·大略》）

（54）"布衣之怒，亦免冠徒跣，以头抢地尔。"（《战国策·魏四·秦王使人谓安陵君》）

2. 以一种服饰代指一类服饰

以一种服饰代指一类服饰，也就是以下位词代指上位词，是服饰词语中比较普遍的一种转喻现象。

1）弁，由专指古代男子穿礼服时所戴的一种冠泛指帽子。如：

（55）"野弁敧还整，家书拆又封。"（唐陆龟蒙《江墅言怀》诗）

2）衣，本为"上衣"，泛指衣服。

（56）"岂曰无衣？与子同袍。"（《诗经·秦风·无衣》）

（57）"平子每岁贾马，具从者之衣履，而归之于干侯。"（《左传·昭公二十九年》）

3）裳，本指"下身穿的衣裙"，引申泛指衣服。如：

（58）"美人戎裳服，端饰相招携。"（《文选》南朝宋谢惠连《捣衣》诗）

——吕向注："谓美人之徒象备整衣裳服饰，饰以相招携也。"

（59）"于时戎车外动，王命相属，裳冕委蛇，轺轩继路。"（《宋书·索虏传论》）

4）吉服，古祭祀时所着之服。祭祀为吉礼，故称。泛指礼服。如：

（60）"皇太后御崇德殿，百官皆吉服。"（《后汉书·安帝纪》）

（61）"我归自西，君反吉服。"（唐韩愈《祭穆员外文》）

5）常服，古指军服，后泛指通常之服。如：

（62）"戎服急装缚袴，上着绛衫，以为常服，不变寒暑。"（《南史·齐纪下》）

（63）"幅巾常服俨不动，孤臣入门涕自滂。"（宋苏轼《赠写御容妙善诗》）

6）铠甲，古代作战时的护身服装，用金属片或皮革制成，引申泛指武器装备。如：

（64）"我铠甲不精，故前为曹操所败。"（《后汉书·袁谭传》）

7）缁衣，古代用黑色帛做的朝服。亦泛指黑色衣服。如：

（65）"天雨，解素衣，衣缁衣而反。"（《列子·说符》）

8）麻衣，上古为丧服，后泛指麻布衣，平民所穿。如：

（66）"楚人四时皆麻衣，楚天万里无晶辉。"（唐杜甫《前苦寒行》）

（67）"归路逢樵子，麻衣草结裳。"（宋谢翱《青箬亭》诗）

亦可指旧时举子所穿的麻织物衣服。如：

（68）"麻衣黑肥冲北风，带酒日晚歌田中。"（唐李贺《野歌》）

——王琦汇解："唐时举子皆着麻衣，盖苎葛之类。"

（69）"麻衣如再着，墨水真可饮。"（宋苏轼《监试呈诸试官》诗）

9）素裳，白色下衣，古代凶丧之服，亦用于礼服。后泛指一般的白衣。如：

（70）"厥貌淑美，玄衣素裳。"（三国魏明帝《短歌行》）

（71）"移灯就视，弱态含娇，倦眸未启，即黄家素裳侍妾也。"（清俞蛟《梦厂杂着·齐东妄言上·胡承业》）

10）屦，本指单底鞋，后亦泛指鞋。如：

（72）"掌王及后之服屦。"（《周礼·天官·屦人》）

11）屩，草鞋，后泛指鞋。如：

（73）"风烟草屩，满意一川平绿。问前溪、今朝酒熟。"（元刘因《风中柳·饮山亭留宿》词）

3. 服饰某一部分代指服饰

原本是服饰的某一部分，引申后指代服饰，是转喻中以部分代整体的一种。

衰，是缞的古字，本义是被于胸前的麻布条。服三年之丧者用之。引申喻指"古代丧服的一种"。如：

（74）"衰，凶器，不以告，不入公门。"（《礼记·曲礼下》）

——孔颖达疏："衰者，孝子丧服也。"

（75）"反无哭泣之节，无衰麻之服。"（《荀子·礼论》）

二　服色词转喻引申

上古严格的服饰礼制使得服饰颜色具有高度的象征性，加上工艺材料等方面的影响，由服饰颜色联想到服饰、由服饰颜色联想到服饰材料，是较容易发生的联想，是上古服色词转喻引申的主要类型。另外，有一些服饰颜色，也是由于某物具有某色，从而有了该色，进而运用到服饰领域，这里对此类转喻情况也加以分析。

（一）语法范畴的转喻：以服色代指变成该色或染为该色

1）缁，由"黑色"用为动词，指"变黑"。如：

（76）"不曰白乎？涅而不缁。"（《论语·阳货》）

——何晏集解："至白者，染之于涅而不黑。"

2）绛，本为"深红色"，用为动词"染为绛色"。如：

（77）"玄甲耀日，朱旗绛天。"（汉班固《封燕然山铭》）

（78）"交尸布野，流血绛路。"（晋葛洪《抱朴子·诘鲍》）

（二）指称转喻

1. 以服色代指该色的服饰

1）绞，苍黄色，后引申借指"苍黄色单衣"。如：

（79）"逍遥脱单绞，放旷抛轻策。"（唐陆龟蒙皮日休《北禅院避暑联句》）

（80）"岑牟单绞何曾着，莫道猖狂似祢衡。"（唐皮日休《襄州春游》诗）

2）紫，蓝和红合成的颜色，引申指"紫色衣服"。如：

（81）"齐国五素不得一紫，齐王患紫贵。"（《韩非子·外储说左上》）

另引申指"紫色绶带"。如：

（82）"吾闻丈夫处世，当带金佩紫，焉有屈洪流之量，而执丝妇之事。"（南朝宋刘义庆《世说新语·言语》）

3）青，青色，引申转指青色物，有青玉或系玉的青丝绳、青色的系印纽的丝带等。如：

（83）"俟我于庭乎而，充耳以青乎而。"（《诗经·齐风·着》）

——毛传："青，青玉。"郑玄笺："青紞之青。"

（84）"纡青拖紫，朱丹其毂。"（《文选》扬雄《解嘲》）

——李善注："汉制，公侯紫绶，九卿青绶。"

4）朱，大红色，引申指"红色官服"。如：

（85）"高帝谓赤斧曰："颖胄轻朱被身，觉其趋进转美，足慰人意。"（《南史·萧颖胄传》）

5）黼黻，泛指礼服上所绣的华美花纹，引申指绣有华美花纹的礼服，多指帝王和高官所穿之服。如：

（86）"黼黻之美，在于杼轴。"（《淮南子·说林训》）

——高诱注："白与黑为黼，青与赤为黻，皆文衣也。"

（87）"天子负黼黻，袭翠被。"（汉荀悦《汉纪·武帝纪六》）

2. 以服色代指具有该色的服饰材料

1）采，彩色，引申为彩色的丝织品。如：

（88）"文采千匹。"（《汉书·货殖传》）

——颜师古注："帛之有色者曰采。"

（89）"太宗曰：'善。'赐采三百匹。"（唐刘肃《大唐新语·极谏》）

2）红，本义是粉红色，后泛指红色，又进一步引申指红色的布帛之类。如：

（90）"万牛脔炙，万瓮行酒，以锦缠股，以红帕首。"（唐韩愈《元和圣德》诗）

（91）"（周舍云：）待我买红去。（正旦云：）休买红，我箱子里有一对大红罗。"（元关汉卿《救风尘》第三折）

3. 以具有某色之物代指某色

1）彤，原来是指"以朱色漆涂饰"。引申指"赤色"。如：

（92）"太保、太史、太宗皆麻冕彤裳。"（《尚书·顾命》）

——孔颖达疏："彤，赤也。"

2）皂，原指"皂斗"，因为皂斗壳煮汁可以染黑，故引申转指"黑色"。如：

（93）"是以每相、二千石至，彭祖衣皂布衣，自行迎，除二千石舍。"（《史记·五宗世家》）

3）金，原来是指"铜"，引申转指"金黄色"。如：

（94）"赤芾金舄，会同有绎。"（《诗经·小雅·车攻》）

——郑玄笺："金舄，黄朱色也。"

4）练，原指"将生丝在沸水中煮，使之柔软洁白"，引申转喻指所练的对象，即白色的熟绢，进一步引申指白色熟绢的颜色，即"白色"。如：

（95）"墨子见练丝而泣之，为其可以黄，可以黑。"（《淮南子·说林训》）

——高诱注："练，白也。"

5）朱，原指"赤心木"，引申指"大红色"。如：

（96）"素衣朱襮，从子于沃。"（《诗经·唐风·扬之水》）

（97）"委蛇，其大如毂，其长如辕，紫衣而朱冠。"（《庄子·达生》）

6）雀/爵，原来是指"麻雀"，引申为"赤黑色"。如：

（98）"主人爵弁，纁裳缁袘。"（《仪礼·士昏礼》）

（99）"乃易服，服玄冠、玄端、爵韠。"（《仪礼·士冠礼》）

三　服饰材料词转喻引申

上古时期的服饰材料比较丰富，而且特点鲜明，人们由服饰材料极容易联想到其所具有的特点。另外，受社会礼制的制约，服饰材料的用途有高度的规约性，这也为服饰材料词的词义转喻引申提供了极大的可能性。

（一）语法范畴的转喻：以服饰材料代指使用服饰材料的动作

絮，粗丝绵，即质地差的丝绵，引申为动词"在衣、被等物内铺进丝绵或棉絮等"。如：

（100）"明朝驿使发，一夜絮征袍。"（唐李白《子夜吴歌》之四）

（101）"空相忆，寒衣未絮，荻花狼藉。"（宋汪莘《忆秦娥》词）

（二）指称转喻

1. 以服饰材料代指其所具有的颜色

上古时期，某种服饰材料的颜色几乎是固定的，使得服饰材料与其具有的颜色之间形成了极强的关联性，从而发生了以服饰材料代指其所具有的颜色的转喻引申。

1）缟，细而白的丝织品，引申转指"白色生帛"的颜色"白色"。如：

（102）"生于心，如以缟裹朱。"（《素问·五藏生成论》）

——王冰注："缟，白色。"

2）素，本色的未染的生帛，引申转指本色生帛的颜色，即"白色、无色"。如：

（103）"素也者，五色之质也。"（《管子·水地》）

——尹知章注："无色谓之素。"

3）练，煮熟生丝，引申指"白色的熟绢"，进一步引申指白色熟绢的颜色，即"白色"。如：

（104）"墨子见练丝而泣之，为其可以黄，可以黑。"（《淮南子·说林训》）

——高诱注："练，白也。"

2. 以原始材料代指服饰材料或以服饰材料代指服饰

服饰材料是人们对自然之物加工而生成的，在生活中，由原始的自然之物，会很自然地联想到人们加工生成的服饰材料，也会很自然地由服饰材料联想到服饰，由此产生了一些词义的转喻引申，具体情况如下。

1）丝，本为"细丝"，引申为"丝织品"。如：

（105）"爰有大物，非丝非帛，文理成章；非日非月，为天下明。"（《荀子·赋篇》）

（106）"褊布与丝，不知异兮。"（《战国策·楚四·客说春申君》）

2）纻，苎麻，引申指"用苎麻为原料织成的粗布"。如：

（107）"缌、绤、纻不入。"（《礼记·丧服大记》）

——孔颖达疏："纻是纻布。"

（108）"冬日被裘罽，夏日服缔纻。"（《淮南子·人间训》）

3）狐白，狐狸腋下的白毛皮，转喻引申指"狐白裘"。

（109）"士不衣狐白。"（《礼记·玉藻》）

4）葛，多年生草本植物，茎皮可制葛布。引申指"以葛为原料制成的布、衣、带等"。如：

（110）"冬不裘，夏不葛。"（《公羊传·桓公八年》）

——何休注："裘葛者御寒暑之美服。"

（111）"先生居嵩、邙、瀍、谷之间，冬一裘，夏一葛，食朝夕，饭一盂，蔬一盘。"（唐韩愈《送石处士序》）

5）革，去毛并经过加工的兽皮，引申指"革制成的甲胄"。如：

（112）"故坚革利兵不足以为胜，高城深池不足以为固，严令繁刑不足以为威。"（《史记·礼书》）

（113）"掉弃兵革，私习篝篚。"（唐韩愈《元和圣德诗》）

6）缔绤，葛布的统称，引申为葛服。如：

（114）"当暑，袗缔绤，必表而出之。"（《论语·乡党》）

（115）"故圣人之举事也，进退不失时，若夏就绤绤，上车授绥之谓也。"（《淮南子·缪称训》）

7）麻，本专指大麻，后来成为麻类植物的总名，引申指麻的茎皮纤维。又由于麻的茎皮纤维可以制衣，故引申指麻布丧服。如：

（116）"麻者不绅，执玉不麻，麻不加于采。"（《礼记·杂记下》）

——郑玄注："麻，谓绖也。"

（117）"免麻于序东。"（《礼记·奔丧》）

——郑玄注："麻，亦绖带也。"

3. 以服饰材料代指穿着该服饰材料之人

革，本是"去毛并经过加工的兽皮"，引申指"革制成的甲、胄、盾之类"，进一步由"甲胄"引申指穿甲胄的"士兵"。如：

（118）"羕曰：'老革荒悖，可复道邪！'"（《三国志·蜀志·彭羕传》）

——裴松之注："古者以革为兵，故语称兵革，革犹兵也。羕骂备为老革，犹言老兵也。"

4. 以服饰材料代指其突出特征

文绣，本是指"刺绣华美的丝织品或衣服"，引申转指丝织品或衣服上的"刺绣"。如：

（119）"饰羽尚画，文绣鞶帨，离本弥甚。"（南朝梁刘勰《文心雕龙·序志》）

（120）"夫人智能通南北之俗，自文绣工巧，下至炊爨烦辱，皆身亲之。"（宋叶适《高夫人墓志铭》）

上古汉语服饰词在与服饰相关的语义范畴内的引申，大部分是转喻引申，这与人的认知习惯息息相关，与上古时期的礼制文化也分不开。相比较而言，上古汉语服饰词中，名物词转喻引申的数量最多，规律性最强；服色词转喻引申的数量不是很多，类别较为复杂；服饰材料词转喻引申的数量较少，情况也比较复杂。服饰名物词的语法范畴的转喻是服饰词中最多的，指称转喻也比较多；服色词和服饰材料词都以指称转喻为主。

总之，上古汉语服饰词为词义引申提供了语言要素，上古时期的服饰礼制与生产生活现实为服饰词词义引申提供了意义要素，转喻是沟通二者的桥梁，亦是服饰词词义引申的最主要动因。

第三节　转喻引申机制分析

认知语言学强调以客观世界、人类体验为基础来研究心智如何作用于语言，充分肯定现实对于意义产生、语言形成的基础性作用，两者间具有双向互动关系。① 但以往的认知语言学对转喻的研究过多局限于认知语境（域），过多关注转喻的认知心理作用，而对转喻认知机制的动因及功能、认知主体的主观性等非语言因素未能给予足够的重视。② 通过对上古汉语服饰词词义转喻引申的分析，我们发现，转喻认知与语言本身的语义特征和认知主体的主观经验等非语言因素都是密切相关的。上古汉语服饰词转喻引申的大量实例证明，转喻认知机制受制于词语的语义特征和社会礼俗文化。

一　语义特征与转喻认知

人们认识世界、理解世界，已有知识经验是不可或缺的因素。词义引申的前提条件就是已有词语的语义特征是为人们所熟知的，尤其是词义的特征义素，往往决定着词义引申的方向，也是转喻认知的条件，并制约着认知的方向与结果。所谓特征义素，借用的是张联荣在《古汉语词义论》中所主张的观点。张联荣将古汉语词的义素分为区别性义素和指称义素两部分，表示指称对象的义素为指称义素，表示区别性特征的义素为区别性义素，并列举大量词例说明，就区别性义素反映的内容看，表示的都是行为的方式、状态或事物的形态或性质，张联荣将其称为特征类区别性义素，简称特征义素。③

特征义素，既是基础义的主要语义特征，也是引申义的"凸显"义素，没有"凸显"的语义特征，转喻认知就会变得茫然。

比如：袍，本指"棉袍，即有夹层、中着棉絮的长衣"，引申为长衣的通称。黑是古墨字，古代房屋烟囱内壁的灰土，因其色黑，后来为

---

① 王寅：《认知语言学》，上海外语教育出版社，2007，第 284 页。
② 周福娟：《认知视域中的指称转喻》，《扬州大学学报》（人文社会科学版）2012 年第 5 期，第 123～128 页。
③ 张联荣：《古汉语词义论》，北京大学出版社，2000，第 189～191 页。

墨，可以染物。墨色黑，后来指黑色。青，染料靛青，其突出的特征就是"青色"，故引申指"青色"。绣，经绘画而使五彩具备，引申指"有彩色花纹的丝织品"，引申指"刺绣"。缟，本指"细而白的丝织品"，因为缟有别于其他丝织品的特征就是"细而白"，所以引申转指"白色生帛"的颜色"白色"。素，本指"本色的未染的生帛"，引申指本色生帛的颜色，即"白色、无色"。

转喻认知是词义引申的动力，词汇语义特征的特征义素又是转喻认知不可或缺的前提条件。

二　礼俗文化与转喻认知

转喻认知，受社会礼俗文化的制约。了解并熟知社会礼俗文化，才能够实现词义的转移；不了解文化环境，转喻就失去了认知的桥梁，词义引申就无从谈起。我国古代礼俗比较丰富，词义特征也随之丰富，转喻引申的渠道也随之增加。

如：

（1）冠礼文化与转喻认知：古代有男女的成人礼，男子加冠，女子加笄，于是，"冠""笄"受这种礼俗文化的影响，分别发生了转喻引申。"笄"，本指"古时女子用以盘头发、男子用以贯发或固定弁、冕的簪子"，女子用笄于成年时开始，女子成年时行礼，要在头上插笄，相当于男子的冠礼。故"笄"引申指女子成年之礼。"冠"，是古代成年男子所戴，古代男子到成年则举行加冠礼，这种特殊仪式上的加冠叫作冠，一般在二十岁。"冠"由泛指意义上的"戴冠"引申为特指成年礼的"加冠"。古代男子举行加冠礼，是成年的标志。"冠"由"加冠"又泛指成年。

（2）丧礼文化与转喻认知：古代丧礼是非常重要的礼俗，穿戴服饰非常讲究。"衰"，本义是"被于胸前的麻布条"，由于古代丧礼具有披戴麻布的礼俗，于是"衰"就有了古代丧服的引申义。"緦"，本义为"细麻布"，因"緦"多用作制作丧服，引申为古代丧服名，五种丧服之最轻者，以细麻布为孝服，服丧三个月。"麻"，本专指大麻，后来成为麻类植物的总名，又引申指麻的茎皮纤维，由于麻的茎皮纤维可以制衣，而且用于丧礼时所服，故引申指麻布丧服。

（3）其他礼俗文化与转喻认知："帛"，本是古代丝织物的通称，因为古代以帛五匹为一束，用作聘问、馈赠的礼物，于是"帛"特指"束帛"。"白衣"，白色衣服，因为上古时期穿白色衣服的人多是平民或无功名无官职的士人，或者身份低微的小吏，于是"白衣"就有了"平民或无功名或无官职的士人"与"给官府当差的身份低微的小吏"两个引申义，但随着社会风尚的转变，这两个意义又淡化了。

语义特征和礼俗文化对转喻的制约，又是相辅相成的。比如，都是指礼帽，"弁、冕"就没有转喻引申出与"冠"相近的词义，因为在上古时期，成人礼加冠，绝不是加冕或弁，"冕"与"弁"的语义特征具有其自身的特殊性，而不是冠之通名。"笄"，就是簪子。但因为"簪"出现的时间比较晚，"笄"已经被赋予了"笄礼"加笄的语义，所以"簪"的词义引申方向与"笄"不同。

总之，词语的语义特征义素为词义引申提供了语言要素，社会礼俗文化为词义引申提供了意义要素，人们的认知习惯为词义引申提供了认知桥梁，在三者的共同作用下，词义引申成为词语使用的最经济性途径。

通过对上古汉语服饰词汇词义引申的分析，我们发现，转喻认知是词义引申的重要动因。在转喻认知的作用下，人们在已有语言要素的基础上，联系社会生活礼俗文化，可以很便捷、很简洁地解释新的事物与现象，从而满足人们的表达需要。

参考文献

字书、词典类：

[1]（汉）许慎：《说文解字》，上海古籍出版社，2007（2012 年重印）。

[2]（清）段玉裁：《说文解字注》，上海古籍出版社，1981。

[3]（清）郝懿行：《尔雅义疏》，上海古籍出版社，1983。

[4]（清）王先谦：《释名疏证补》，上海古籍出版社，1984。

[5]（清）张玉书等编《康熙字典》（新版横排标点注音简化字本），北京师范大学出版社，1997。

[6]（清）朱骏声：《说文通训定声》，中华书局，1984。

[7] 迟文浚主编《诗经百科辞典（上）》，辽宁人民出版社，1998。

[8] 罗竹风：《汉语大词典》，汉语大辞典出版社，1994。

[9] 王力：《王力古汉语字典》，中华书局，2000。

[10] 向熹编《诗经词典》，四川人民出版社，1986。

[11] 徐中舒：《汉语大字典》，四川辞书出版社、湖北辞书出版社，1986。

[12] 杨伯峻、徐提编《春秋左传词典》，中华书局，1985。

[13] 张双棣：《吕氏春秋词典》，山东教育出版社，1993。

著作类：

[1]（汉）司马迁：《史记》（全三册），中华书局，2005。

[2]（汉）郑玄注、（唐）贾公彦疏《仪礼注疏》，上海古籍出版社，2008。

[3]（南朝梁）顾野王：《原本玉篇残卷》（影印本），中华书局，1985。

[4]（唐）释慧琳、（辽）释希麟：《正续一切经音义：附索隐两种》，上海古籍出版社，1986。

[5]（清）陈奂：《诗毛氏传疏》（影印本），北京市中国书店，1984。

[6]（清）陈立：《白虎通疏证》，吴则虞整理，中华书局，1994。

[7]（清）方玉润：《诗经原始》，中华书局，1986（2009 年重印）。

［8］（清）胡承珙:《小尔雅义证》,黄山书社,2011。

［9］（清）林昌彝:《三礼通释》(影印本),北京图书馆出版社,2006。

［10］（清）刘宝楠:《论语正义》(全二册),中华书局,1990 (2012 年重印)。

［11］（清）阮元:《十三经注疏》,中华书局,1980。

［12］（清）孙希旦:《礼记集解》(全三册),商务印书馆,1935。

［13］（清）孙星衍:《尚书今古文注疏》,中华书局,1986 (2011 年重印)。

［14］（清）孙诒让:《周礼正义》(全七册),中华书局,2013。

［15］（清）王先谦:《诗三家义集疏》,中华书局,1987。

［16］白云:《汉语常用动词历时与共时研究》,中国社会科学出版社,2012。

［17］曹炜:《现代汉语词汇研究》,北京大学出版社,2004。

［18］曹炜:《现代汉语词义学》,学林出版社,2001。

［19］陈建生、夏晓燕、姚尧:《认知词汇学》,光明日报出版社,2011。

［20］陈鼓应:《老子注译及评介》(修订增补本),中华书局,1984 (2013 年重印)。

［21］陈望道:《修辞学发凡》,复旦大学出版社,2008。

［22］程俊英、梁永昌:《应用训诂学》,华东师范大学出版社,2008。

［23］丁凌华:《五服制度与传统法律》,商务印书馆,2013。

［24］董秀芳:《汉语的词库与词法》,北京大学出版社,2004。

［25］符淮青:《现代汉语词汇》(增订本),北京大学出版社,2004。

［26］符淮青:《汉语词汇学史》,外语教学与研究出版社,2012。

［27］高春明:《中国服饰名物考》,上海文化出版社,2001。

［28］高守纲:《古汉语词义通论》,语文出版社,1994。

［29］葛本仪:《汉语词汇研究》(重印本),外语教学与研究出版社,2009。

［30］何九盈、蒋绍愚:《古汉语词汇讲话》,北京出版社,1980。

［31］华梅主编《服饰文化全览上》,天津古籍出版社,2007。

［32］黄淬伯:《诗经考古》,中华书局,2012。

［33］黄能馥、陈娟娟:《中国服饰史》(重印本),上海人民出版社,

2007。

[34] 黄焯：《诗疏平议》，上海古籍出版社，1985。

[35] 何自然、冉永平主编《语用与认知——关联理论研究》，外语教学与研究出版社，2001。

[36] 贾彦德：《语义学导论》，北京大学出版社，1989。

[37] 贾彦德：《汉语语义学》，北京大学出版社，1999。

[38] 蒋绍愚：《古汉语词汇纲要》，北京大学出版社，1989。

[39] 黎翔凤：《管子校注（全三册）》，中华书局，2004（2011 年重印）。

[40] 李葆嘉：《现代汉语析义元语言研究》，世界图书出版公司北京公司，2013。

[41] 李圃主编《古文字诂林》（第一卷），上海教育出版社，1999。

[42] 刘叔新：《汉语描写词汇学》（重排本），商务印书馆，2005。

[43] 刘兴均：《〈周礼〉名物词研究》，巴蜀书社，2001。

[44] 陆宗达、王宁：《训诂与训诂学》，山西教育出版社，1994。

[45] 裴瑞玲、王跟国：《汉语语义问题研究》，光明日报出版社，2013。

[46] 钱宗武：《今文〈尚书〉词汇研究》，河南大学出版社，2012。

[47] 任学良：《汉语造词法》，中国社会科学出版社，1981。

[48] 〔日〕青木正儿著《中华名物考》（外一种），范建明译，中华书局，2005。

[49] 尚秉和：《历代社会风俗事物考》，江苏古籍出版，2002。

[50] 沈从文：《中国古代服饰研究》，世纪出版集团，2005。

[51] 束定芳：《现代语义学》，上海外语教育出版社，2000。

[52] 束定芳编著《认知语义学》（重印本），上海外语教育出版社，2009。

[53] 苏新春：《汉语词义学》，广东教育出版社，1997。

[54] 孙亚编著《语用和认知概论》，北京大学出版社，2008。

[55] 孙银新：《现代汉语词素系统研究》，中国社会科学出版社，2013。

[56] 孙雍长：《训诂原理》，语文出版社，1997。

[57] 王力：《汉语词汇史》，中华书局，2013。

[58] 王力：《汉语史稿》（重排本），中华书局，2012。

[59] 王庆：《词汇学论纲》，中国经济出版社，2013。

[60] 王希杰：《显性语言与潜性语言》，商务印书馆，2013。

［61］王寅：《认知语言学》，上海外语教育出版社，2007。

［62］王作新：《汉字结构系统与传统思维方式》，武汉出版社，1999。

［63］王作新：《中国古代文化语词类谭》，华中师范大学出版社，2007。

［64］吴为善：《认知语言学与汉语研究》，复旦大学出版社，2011。

［65］吴锡有：《常用汉字字理》，长春出版社，2012。

［66］萧国政主编《现代语言学名著导读》，北京大学出版社，2009。

［67］许葵花：《认知语境语义阐释功能的实证研究》，中国人民大学出版社，2007。

［68］许威汉：《汉语词汇学导论》（修订版），北京大学出版社，2008。

［69］徐朝华：《上古汉语词汇史》，商务印书馆，2003。

［70］阎步克：《服周之冕——〈周礼〉六冕礼制的兴衰变异》，中华书局，2009。

［71］杨伯峻编著《春秋左传注》，中华书局，1981。

［72］杨伯峻：《论语译注》，中华书局，2009（2012 年重印）。

［73］杨琳：《训诂方法新探》，商务印书馆，2011。

［74］扬之水：《诗经名物新证》（修订版），天津教育出版社，2012。

［75］叶昌元：《字理——汉字部件通解》，东方出版社，2008。

［76］曾昭聪：《汉语词汇训诂专题研究导论》，暨南大学出版社，2010。

［77］詹人凤：《现代汉语语义学》，商务印书馆，1997。

［78］战学成：《五礼制度与〈诗经〉时代社会生活》，中国社会科学出版社，2014。

［79］张辉、卢卫中：《认知转喻》，上海外语教育出版社，2010。

［80］张竞琼、曹喆：《看得见的中国服装史》，中华书局，2012。

［81］张联荣：《古汉语词义论》，北京大学出版社，2000。

［82］张联荣：《汉语词汇的流变》（重印本），大象出版社，2009。

［83］张素凤：《汉字结构演变史》，上海古籍出版社，2012。

［84］张志毅、张庆云：《词汇语义学》（第三版），商务印书馆，2012。

［85］赵克勤：《古代汉语词汇学》（重印本），商务印书馆，2010。

［86］赵连赏：《服饰史话》，社会科学文献出版社，2011。

［87］周国光：《现代汉语词汇学导论》，广东高等教育出版社，2004。

［88］周光庆：《从认知到哲学：汉语词汇研究新思考》，外语教学与研

究出版社，2009。

[89] 周荐：《汉语词汇结构论》（重印本），上海辞书出版社，2005。

[90] 周俊勋：《中古汉语词汇研究纲要》，巴蜀书社，2009。

[91] 周振甫：《诗经译注》（修订本），中华书局，2010（2013 年重印）。

[92] 周祖谟：《汉语词汇讲话》（重印本），外语教学与研究出版社，2007。

[93] 张双棣：《〈吕氏春秋〉词汇研究》，商务印书馆，2008。

论文集类：

[1] 冯奇：《认知语言学与修辞学研究——2008 年国际研讨会论文集》，
上海大学出版社，2008。

[2] 符淮青：《词典学词汇学语义学文集》（重印本），商务印书馆，2007。

[3] 史存直著，潘文国、汪寿明、李露蕾编《史存直学术文集》，上海
人民出版社，2013。

[4] 张博：《张博词汇学论文集》，北京语言大学出版社，2012。

[5] 张普：《张普应用语言学论文集》，北京语言大学出版社，2012。

[6] 《词汇学理论与应用》编委会：《词汇学理论与应用（三）》，商务
印书馆，2006。

[7] 语言文字应用研究所社会语言学研究室：《语言·社会·文化》，语
文出版社，1991。

论文类：

[1] 曹景园：《从语义角度看〈说文解字〉中的上古汉语服饰词汇》，
《现代语文》2013 年第 2 期。

[2] 柴红梅：《汉语词义演变机制例探》，《浙江社会科学》2014 年第
6 期。

[3] 邓明：《古汉语词义感染例析》，《语文研究》1997 年第 1 期。

[4] 董为光：《词义引申组系的"横向联系"》，《语言研究》1991 年第
2 期。

[5] 董志翘：《〈中国古代服饰研究〉在名物训诂方面的价值——纪念沈
从文先生百年诞辰》，《淮阴师范学院学报》（哲学社会科学版）
2002 年第 5 期。

[6] 黄金贵：《初谈名物训诂》，《语言研究》2011 年第 4 期。

［7］ 黄金贵：《论古代文化词语的训释》，《天津师大学报》1993 年第 3 期。

［8］ 汲传波、刘芳芳：《词义引申方式新探——从隐喻看引申》，《喀什师范学院学报》2001 年第 4 期。

［9］ 江蓝生：《说"麼"与"们"同源》，《中国语文》1995 年第 3 期。

［10］ 蒋绍愚：《词义的发展和变化》，《语文研究》1985 年第 2 期。

［11］ 李敏：《隐喻在汉语词义发展中的体现》，《华北电力大学学报》2003 年第 2 期。

［12］ 李勇忠：《语言结构的转喻认知理据》，《外国语》（上海外国语大学学报）2005 年第 6 期。

［13］ 李占平：《当代汉语词义演变理论述评》，《社会科学评论》2009 年第 4 期。

［14］ 李宗江：《形式的空缺和羡余与语言的自组织性》，《外语学刊》（黑龙江大学学报）1991 年第 6 期。

［15］ 刘桂芳：《义素分析之我见》，《语文教学与研究》1996 年第 1 期。

［16］ 刘兴均：《"名物"的定义与名物词的确定》，《西南师范大学学报》（哲学社会科学版）1998 年第 5 期。

［17］ 罗积勇：《论汉语词义演变中的"相因生义"》，《武汉大学学报》（社会科学版）1989 年第 5 期。

［18］ 罗正坚：《词义引申和修辞借代》，《南京大学学报》（哲学·人文·社会科学）1994 年第 4 期。

［19］ 吕红梅：《服饰词汇中的隐喻研究》，《问题研究》2013 年第 5 期。

［20］ 麦宇红：《思维与词义引申》，《语文学刊》2002 年第 5 期。

［21］ 钱慧真：《试论中国古代名物研究的分野》，《宁夏大学学报》（人文社会科学版）2008 年第 6 期。

［22］ 沈家煊：《转指和转喻》，《当代语言学》1999 年第 1 期。

［23］ 宋永培：《〈说文段注〉总结了汉语词义引申的系统性和规律》，《四川师院学报》1984 年第 2 期。

［24］ 孙雍长：《论词义变化的语言因素》，《湖南师范大学社会科学学报》1989 年第 5 期。

［25］ 谭宏姣：《词义引申的研究视角初探》，《松辽学刊》（哲学社会科

学版）2000 年第 1 期。

[26] 伍铁平：《词义的感染》，《语文研究》1984 年第 3 期。

[27] 谢美英：《〈尔雅·释器〉名物性初探》，《学术交流》2012 年第 4 期。

[28] 王强：《中国古代名物学初论》，《扬州大学学报》（人文社会科学版）2004 年第 6 期。

[29] 杨运庚、郭芹纳：《古汉语词义引申的心理认知、思维模式底蕴——以〈段注〉词义引申规律为例》，《社会科学论坛》2003 年第 9 期。

[30] 尹喜艳：《词义引申的修辞引申》，《张家口职业技术学院学报》2006 年第 1 期。

[31] 俞允海：《词义引申中的三种修辞方式》，《修辞学习》2002 年第 4 期。

[32] 俞允海：《古汉语中的服饰词》，《湖州师专学报》1991 年第 2 期。

[33] 张博：《词的相应分化与义分同族词系列》，《古汉语研究》1995 年第 4 期。

[34] 张辉、孙明智：《概念转喻的本质、分类和认知运作机制》，《外语与外语教学》2005 年第 3 期。

[35] 张荆萍：《隐喻在汉语新词义产生中的生成机制》，《宁波广播电视大学学报》2004 年第 4 期。

[36] 周福娟：《认知视域中的指称转喻》，《扬州大学学报》（人文社会科学版）2012 年第 5 期。

电子文献类：

[1] 台北中研院．汉籍电子文献．瀚典全文检索系统（1999 免费版）[DB]．台北中研院：http://hanji：sinica. edu. tw/，2014_06_01—2016_03_20。

图书在版编目（CIP）数据

上古汉语服饰词汇研究／关秀娇著. -- 北京：社
会科学文献出版社，2019.6（2025.4 重印）
ISBN 978 - 7 - 5201 - 4737 - 8

Ⅰ.①上… Ⅱ.①关… Ⅲ.①服装 – 古汉语 – 词汇 –
研究 Ⅳ.①TS941②H131

中国版本图书馆 CIP 数据核字（2019）第 075540 号

上古汉语服饰词汇研究

著　　者／关秀娇

出 版 人／冀祥德
责任编辑／周志宽
责任印制／岳　阳

出　　版／社会科学文献出版社·人文分社（010）59367215
　　　　　　地址：北京市北三环中路甲 29 号院华龙大厦　邮编：100029
　　　　　　网址：www. ssap. com. cn
发　　行／社会科学文献出版社（010）59367028
印　　装／唐山玺诚印务有限公司

规　　格／开本：787mm×1092mm　1/16
　　　　　　印张：21.25　字数：335 千字
版　　次／2019 年 6 月第 1 版　2025 年 4 月第 2 次印刷
书　　号／ISBN 978 - 7 - 5201 - 4737 - 8
定　　价／128.00 元

读者服务电话：4008918866